全彩图解家装水电工技能一本通

阳鸿钧◎等编著

化学工业出版社
·北京·

本书采用全彩图解的形式，结合家装现场的实际情况，本着学以致用的原则，介绍了家装水电工一线需要掌握的选材施工技能。

本书首先介绍了家装水电工的基础知识，接着介绍了工具的使用和图纸的识读技巧，然后针对实际施工中需要用到的水暖材料、电工材料等进行了讲解，最后重点讲解了水电施工技能、水暖工操作技能、电工操作技能、弱电施工技能以及验收技能等。本书全部结合家装现场来讲，图文并茂，实用性强，方便初学者快速掌握水电工施工技能。

本书适合家装水电工、工装水电工、物业水电工以及有装修需求的业主等阅读使用，也可供职业院校和培训机构相关专业的师生参考。

图书在版编目（CIP）数据

全彩图解家装水电工技能一本通 / 阳鸿钧等编著. —北京：化学工业出版社，2019.7

ISBN 978-7-122-34298-0

Ⅰ. ①全… Ⅱ. ①阳… Ⅲ. ①房屋建筑设备 - 给排水系统 - 建筑安装 - 图解②房屋建筑设备 - 电气设备 - 建筑安装 - 图解 Ⅳ. ① TU82-64 ② TU85-64

中国版本图书馆 CIP 数据核字（2019）第 069410 号

责任编辑：要利娜　　文字编辑：谢蓉蓉
责任校对：刘　颖　　装帧设计：王晓宇

出版发行：化学工业出版社（北京市东城区青年湖南街 13 号　邮政编码 100011）
印　　装：北京缤索印刷有限公司
787mm×1092mm　1/16　印张 15　字数 362 千字　2019 年 9 月北京第 1 版第 1 次印刷

购书咨询：010-64518888　　售后服务：010-64518899
网　　址：http://www.cip.com.cn
凡购买本书，如有缺损质量问题，本社销售中心负责调换。

定　　价：68.00 元

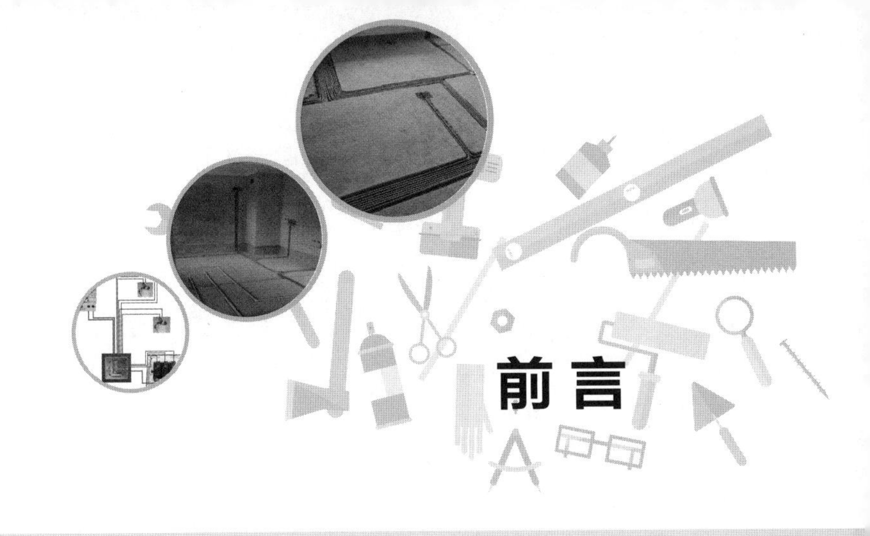

前言

家装水电工程直接关系到家居舒适的程度、安全性的高低。家装水电工程一旦出现隐患故障，则家居损失较大。另外，家装水电维修往往带有较大的破坏性。为此，在家装工程中的水电工程需要引起足够的重视。因此，编著者本着学以致用的理念编写了本书。

本书共 10 章，分别从水电工基础、工具活用、识图制图、水暖材料设备、电工材料设备、水电施工技能、水暖工技能、电工技能、弱电施工技能、验收技能等方面进行了介绍，希望能够使读者快速轻松地学会并能应用家装水电施工技能。

本书各章的主要内容如下。

第 1 章为家装水电工基础，主要包括电流、电压、供配电系统、电阻与绝缘、短路、常见电路保护元件、家装水电施工流程等知识。

第 2 章为活用工具，主要包括通用工具、装修测距工具、垂直 / 水平 / 角度检查工具、结构拆改工具、水暖工专用工具、电路施工工具、水电改造验收工具等知识与技能。

第 3 章为识图制图轻松会，主要包括识图制图概述、用软件绘图等知识与技能。

第 4 章为水暖材料设备轻松懂，主要包括管材、水龙头、阀、坐便器、浴缸、洗手盆、洗面器等知识。

第 5 章为电工材料设备轻松懂，主要包括电线线缆，插座开关，接线盒、底盒与空白面板，设备设施，塑料膨胀管，电工胶布，自粘固定线夹线扣等知识。

第 6 章为水电施工基本技能轻松掌握，主要包括路线形式与准备、定位与定位牌、开槽等知识与技能。

第 7 章为水暖工技能轻松掌握，主要包括卫生洁具安装施工准备、排水管的坡度、洁具出水口的预留、花洒头（喷头）的安装等知识与技能。

第 8 章为电工技能轻松掌握，主要包括配电箱与空开，底盒与线管、线路，开关插座与设备设施等知识与技能。

第 9 章为弱电施工技能轻松掌握，主要包括弱电系统线材的选择、电视线敷设与要求、智能家居 KNX 系统的特点与系统图、灯光调光控制器的接线方法、等电位等知识与技能。

第 10 章为验收技能轻松掌握，主要包括常用验收工具与验收类型、水电管线布局检查验收方法与要求、水管试压验收、电路验收、弱电的检测等知识与技能。

本书由阳鸿钧、阳许倩、阳育杰、欧小宝、阳红艳、许秋菊、许四一、阳红珍、许满菊、许应菊、唐忠良、李珍、任亚俊、许小菊、阳梅开、任俊杰、阳苟妹、唐许静、欧凤祥、罗小伍、罗奕、罗玲、李丽、阳利军、谭小林、李平、李军、朱行艳、张海丽等人员参加编写或支持编写。

由于时间有限，书中难免存在不足之处，敬请读者批评、 指正。

编著者

目录

第 1 章　家装水电工基础

第 2 章　活用工具

第 3 章　识图制图轻松会

第 4 章 水暖材料设备轻松懂

第 5 章 电工材料设备轻松懂

第 6 章 水电施工基本技能轻松掌握

第 7 章 水暖工技能轻松掌握

第 8 章 电工技能轻松掌握

第 1 章 家装水电工基础

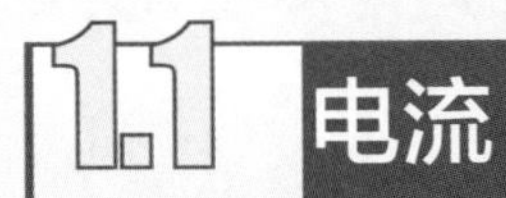

1.1 电流

1.1.1 电流概述

导体中的自由电荷在电场力的作用下做有规则的定向运动形成电流，如图 1-1 所示。电流强度就是单位时间里通过导体任一横截面的电量，简称电流。正电荷定向流动的方向为电流方向。

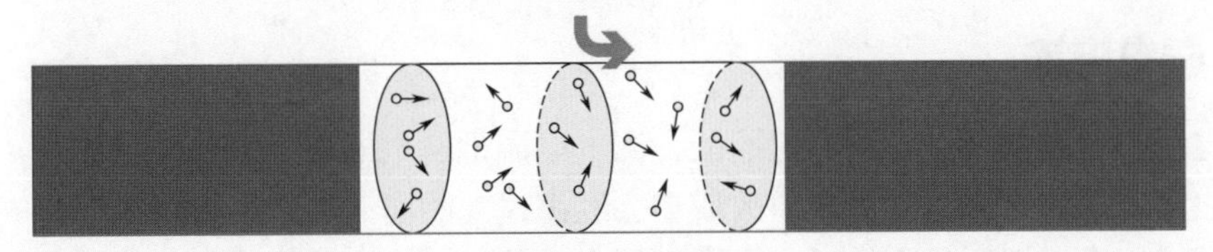

图 1-1　电流

电流用字母 I 来表示，单位为安培（简称安，用符号 A 表示）。电流常用的单位还有毫安（mA）、微安（μA）等。电流单位之间的换算如下：

$$1A=1000mA=1000000\mu A$$

电流分为直流电流和交流电流。直流电流是指方向始终固定不变的电流，交流电流是指方向和大小都随时间做周期性变化的电流。我国居民用电属于正弦交流电。

正弦交流电流表示如图 1-2 所示。

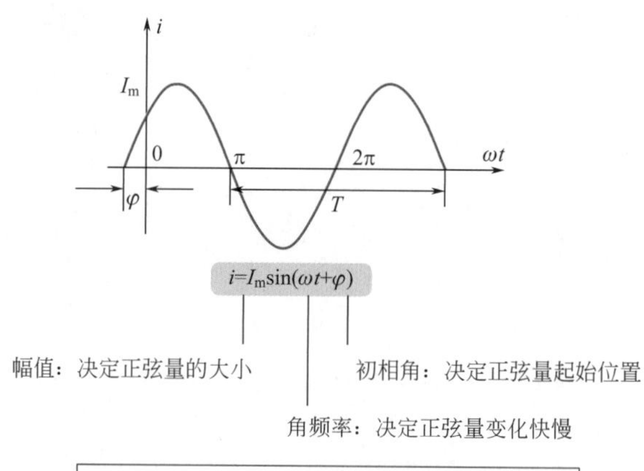

图 1-2　正弦交流电流表示

1.1.2　额定电流

额定电流是指用电设备在额定电压下，根据额定功率运行时的电流。额定电流也就是电气设备在额定环境条件下可以长期连续工作的电流。用电器正常工作时的电流不应超过其额定电流，如图 1-3 所示。

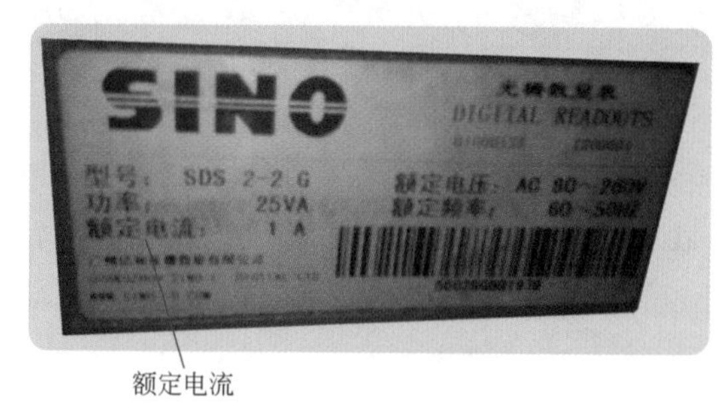

图 1-3　额定电流

1.1.3　漏电电流

漏电电流一般是电器设备漏电引起的，漏电电流是剩余电流的一种。

对发生漏电切断电源时会造成事故或重大经济损失的电气装置、场所，需要安装报警式漏电保护器。用于直接触电防护时，需要选用高灵敏度、快速动作型漏电保护器，并且动作电流不超过 30mA。用于间接触电防护中，需要采用自动切断电源的漏电保护器时，应正确地与低压配电系统接地形式相配合。

必须安装漏电保护器的设备、场所如下。

① 属 Ⅰ 类的移动式电气设备、手持式电动工具。

② 装在潮湿、强腐蚀性等环境恶劣场所的设备。

③ 建筑施工工地的电气施工机械设备。

④ 暂设临时用电的电气设备。

⑤ 机关、学校、企业、住宅、宾馆、饭店、招待所等建筑物内的插座回路。

⑥ 游泳池、喷水池、浴池的水中照明设备。

⑦ 安装在水中的供电线路、设备。

⑧ 医院中直接接触人体的电气医用设备等。

1.1.4　过电流

过电流是超过额定电流的电流。大于回路导体额定载电流量的回路电流也是过电流。

过电流包括过载电流、短路电流。绝缘损坏后的过电流称为短路电流，回路绝缘损坏前的过电流称为过载电流，如图 1-4 所示。

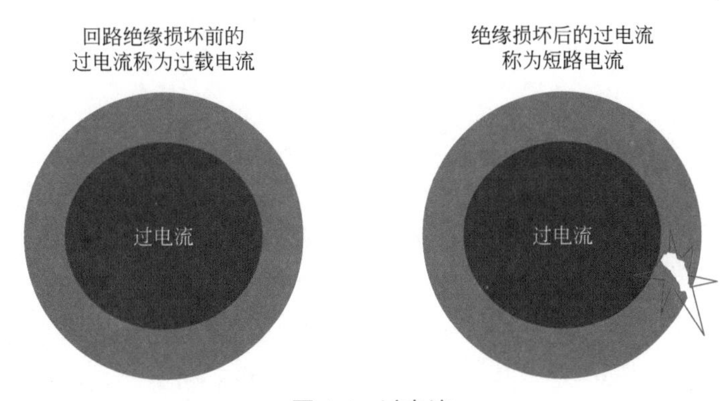

图 1-4　过电流

为了使过载防护电器能够保护回路免于过载，防护电器与被保护回路在一些参数上需要互相配合，需要满足以下条件。

① 防护电器的额定电流或整定电流 I_N 需要不小于回路的计算负载电流 I_B。

② 防护电器的额定电流或整定电流 I_N 需要不大于回路的允许持续载流量 I_Z。

③ 保证防护电器有效动作的电流 I_2 需要不大于回路的允许持续载流量 I_Z 的 1.45 倍。

以上条件用公式表示为

$$I_B \leqslant I_N \leqslant I_Z$$

$$I_2 \leqslant 1.45 I_Z$$

式中，I_B 为回路的负载电流，A；I_2 为保证防护电器有效动作的电流（也就是熔断电流或脱扣电流），A；I_N 为熔断器的额定电流、断路器的额定电流或整定电流，A；I_Z 为回路导体的载流量，A。

1.2　电压

1.2.1　电压概述

电压也称为电势差、电位差。电压是衡量单位电荷在静电场中因电势不同所产生能量差的一个物理量。

电压大小等于单位正电荷受电场力作用从一点移动到另外一点所做的功，如图 1-5 所示。电压的方向规定为从高电位指向低电位的方向。

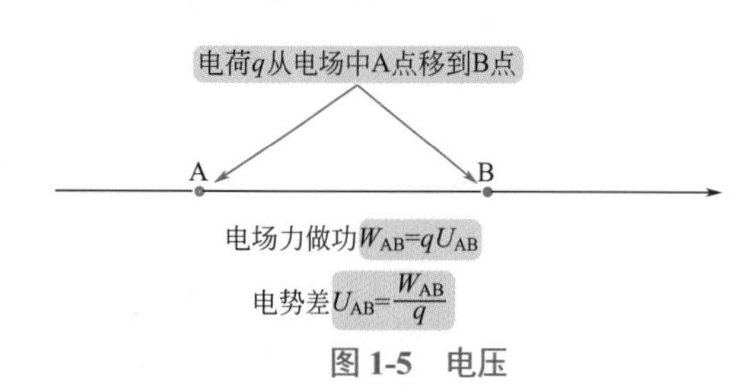

图 1-5　电压

电压单位为伏特（简称为伏，用符号 V 表示）。电压常用的单位还有毫伏（mV）、微伏（μV）、千伏（kV）等。

1V 等于对每 1C 的电荷做了 1J 的功，也就是：

$$1V=1J/C$$

强电压常用千伏（kV）为单位，弱小电压的单位一般用毫伏（mV）、微伏（μV）等来表示。

电压单位之间的换算如下：

$$1kV=1000V$$

$$1V=1000mV$$

$$1mV=1000\mu V$$

电压是推动电荷定向运动形成电流的原因。电流之所以能够在导线中流动，是因为在电流中有着高电势与低电势间的差别。该差别也就是电势差、电压。

电源是向用电器两端提供电压的一种装置。电压的大小可以用电压表、万用表等来测量。

电压分为直流电压和交流电压。直流电压是指方向始终固定不变的电压，交流电压是指方向和大小都随时间做周期性变化的电压。交流电压的表示与其特点如图 1-6 所示。

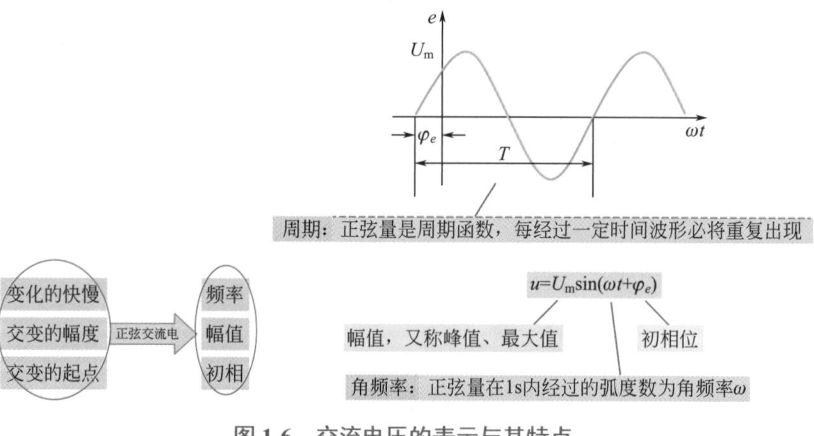

图 1-6　交流电压的表示与其特点

交流电有关特点如图 1-7 所示。

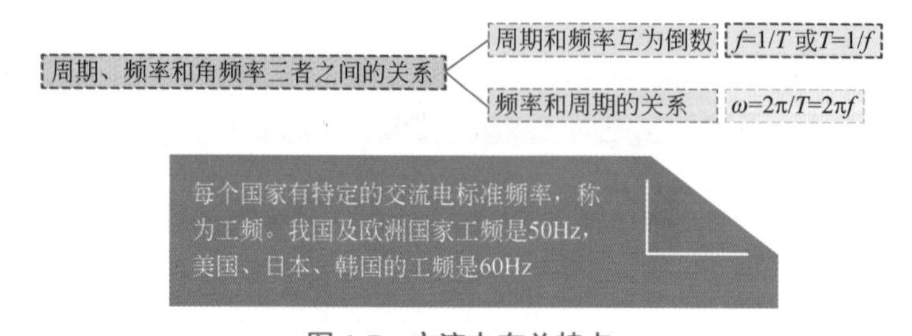

图 1-7　交流电有关特点

交流电的有效值特点如图 1-8 所示。

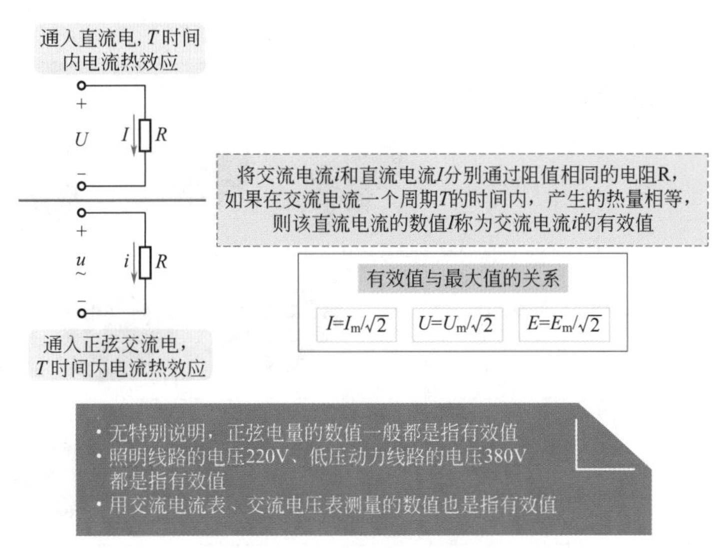

图 1-8　交流电的有效值特点

1.2.2　电压类型

电压可以分为高电压、低电压、安全电压，还可以分为单相电压、三相电压等。

高压、低压的区别：以电气设备的对地电压值为依据，对地电压高于或等于 1000V 的为高压，对地电压小于 1000V 的为低压。低电压包括 220V、380V 等。

安全电压是指人体较长时间接触而不致发生触电危险的电压。国家标准 GB/T 3805—2008《特低电压（ELV）限值》规定为：为了防止触电事故而采用的由特定电源供电的电压系列。我国对工频安全电压规定了五个等级，即 42V、36V、24V、12V、6V。

一些国家的电压与插座类型见表 1-1。

表 1-1　一些国家的电压与插座类型

国家	电压及频率	电源线插头类型	参考图片
日本	100V/50、60Hz	两脚扁形 两脚扁 + 圆形接地脚	
中国	220V/50Hz	两脚扁形 八字形	
韩国	220V/50、60Hz	双脚圆形	
澳大利亚	240V/50Hz	八字形	

续表

国家	电压及频率	电源线插头类型	参考图片
越南	120、220V/50Hz	双脚圆形及扁形	
俄罗斯	220V/50Hz	欧洲规格 双脚圆形	
意大利	220 ～ 230V/50Hz	意大利规格 三脚圆形 欧规双脚圆形	
英国	220 ～ 240V/50Hz	英规三脚扁形	

1.2.3 用电设备、电灯受电电压的要求

如果配线线路较长且导线截面过小，则可能造成电压损失过大，引发电灯发光效率降低等现象。因此，一般对用电设备、电灯的受电电压的规定如下。

① 电动机的受电电压不应低于额定电压的 95%。

② 照明灯的受电电压不应低于额定电压的 95%。

③ 室内配线的电压损失允许值，需要根据电源引入处的电压值而确定。如果电源引入处的电压已低于额定值，则室内配线的电压损失值应相应减小，以保证用电设备、电灯的最低允许受电电压值；如果电源引入处的电压为额定值，则可以根据上述受电电压允许降低值来计算电压损失允许值。

1.3 供配电系统

我国供配电系统主要有 TN 系统、IT 系统、TT 系统。

• 第一个字母表示电源与地的关系：T 表示直接接地，I 表示不接地或通过阻抗接地。

• 第二个字母表示电气设备的外露可导电部分与地关系：T 表示与电源接地点无连接的单独直接接地，N 表示直接与电源系统接地点或与该点引出的导体连接。

1.3.1 TN 系统

我国供配电 TN 系统的特点如图 1-9 所示。

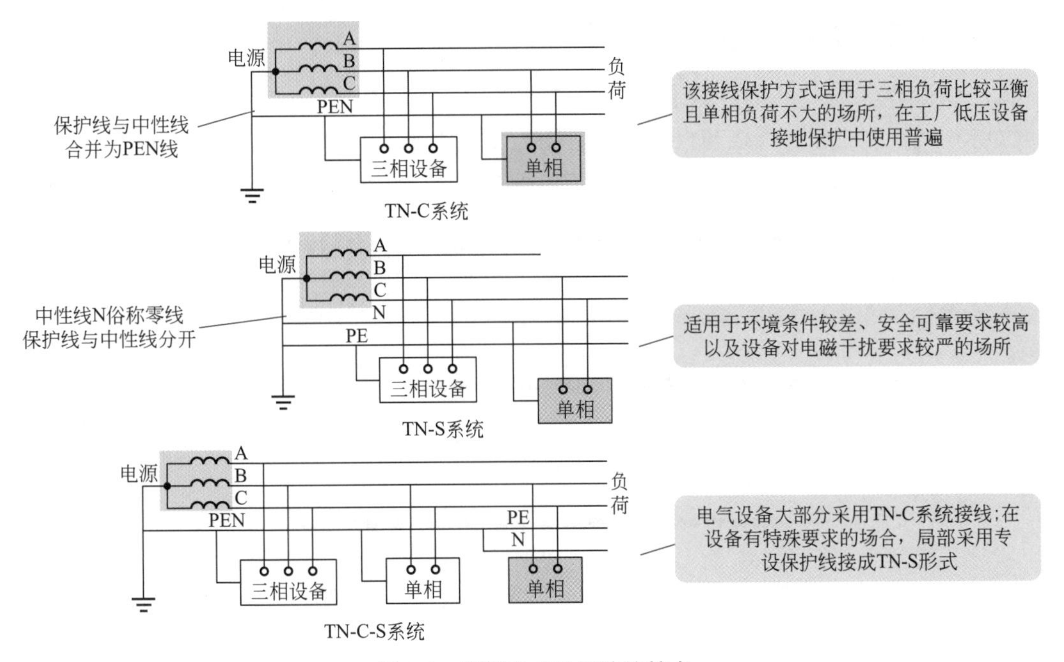

图 1-9　供配电 TN 系统的特点

1.3.2　IT 系统

供配电 IT 系统的特点如图 1-10 所示。

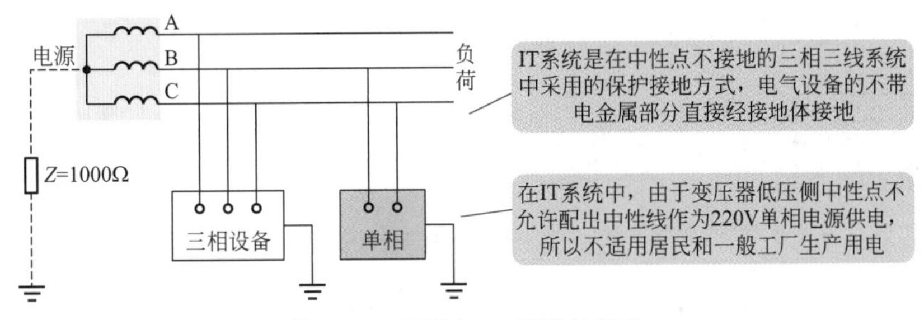

图 1-10　供配电 IT 系统的特点

1.3.3　TT 系统

供配电 TT 系统的特点如图 1-11 所示。

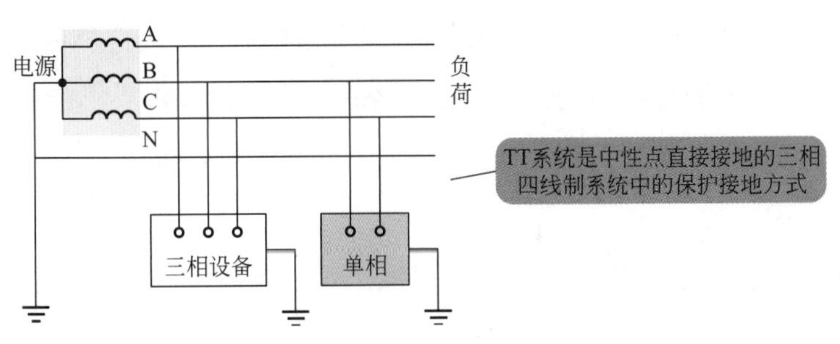

图 1-11　供配电 TT 系统的特点

1.3.4　低压供配电系统电压数字

低压供配电系统电压数字图例如图 1-12 所示。我国规定的三相四线制供电标准：火线（又称相线）有三根，火线与火线之间电压为交流 380V，各相之间的相位差是 120°，俗称工业电。火线与零线之间电压为交流 220V，俗称民用电。供电公司根据国家标准向居民供电。

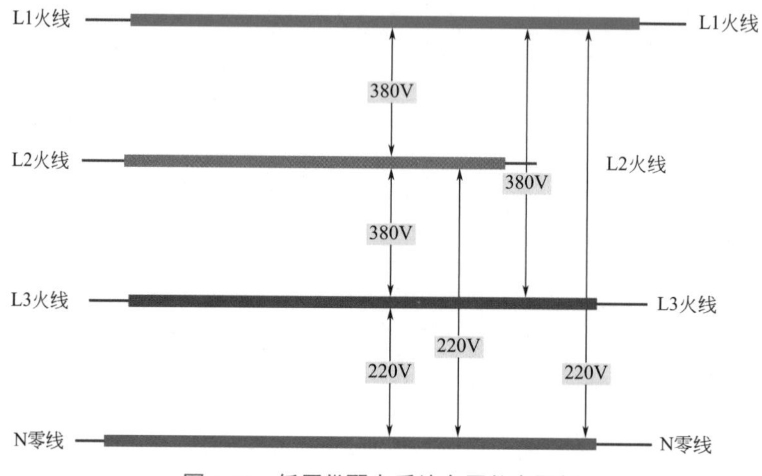

图 1-12　低压供配电系统电压数字图例

地线是与大地可靠连接的导线，接在用电器的外壳上，使外壳的电位始终与大地相连，从而保障人身安全。

零线最终也是接入大地的，所以零线与地线之间没有电压，或者有几伏电压。但是，零线出现故障时也会危及人身安全。因此，也不要轻易触碰零线。

1.3.5　家装强电三线

家装强电三线图例如图 1-13 所示。

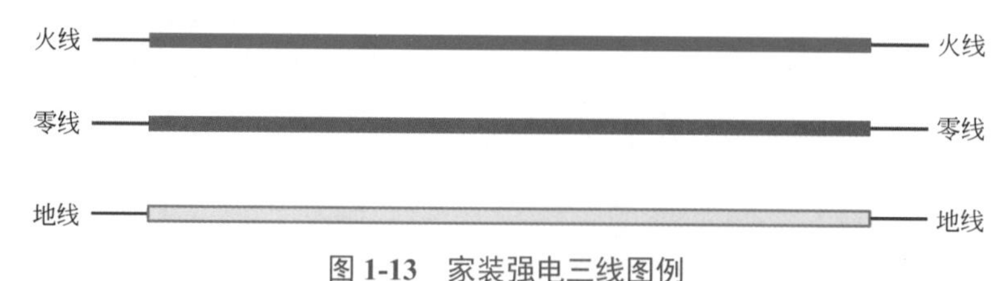

图 1-13　家装强电三线图例

1.4 电阻与绝缘

1.4.1　电阻概述

电阻有两重含义：一重是物理学上的“电阻”这个物理量；另一重是电阻这种电子元器件，一般也称为电阻器。

电阻的基本单位为欧姆（简称欧，用符号 Ω 表示）。电阻的其他单位还有千欧（kΩ）、兆欧（MΩ）。电阻单位之间的转换关系如下：

$$1\text{M}\Omega=1000\text{k}\Omega$$

$$1\text{k}\Omega=1000\Omega$$

1.4.2　欧姆定律

欧姆定律是指在同一电路中，导体中的电流与导体两端的电压成正比，与导体的电阻成反比。欧姆定律的基本公式如下：

$$U=IR\text{（该公式只适用于纯电阻电路）}$$

式中，I 为电流，A；R 为电阻，Ω；U 为电压，V。

欧姆定律公式的意义如图 1-14 所示。

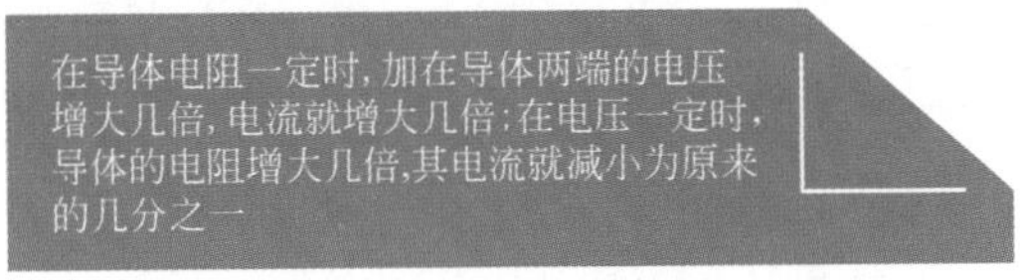

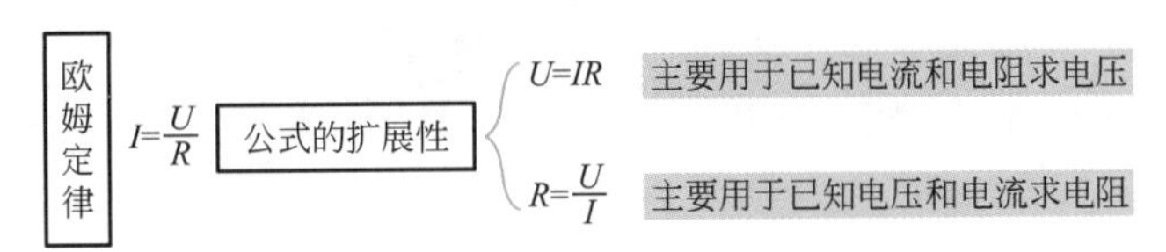

图 1-14　欧姆定律公式的意义

基本欧姆定律公式的扩展如图 1-15 所示。

欧姆定律　$I=\frac{U}{R}$　公式的扩展性

$U=IR$　主要用于已知电流和电阻求电压

$R=\frac{U}{I}$　主要用于已知电压和电流求电阻

图 1-15　基本欧姆定律公式的扩展

1.4.3　绝缘

绝缘是指使用不导电的物质将带电体隔离或包裹起来，从而对触电起保护作用的安全措施。

良好的绝缘对于保证电气设备与线路的安全运行、防止人身触电事故的发生是最基本、最可靠的手段。

绝缘可以分为气体绝缘、液体绝缘、固体绝缘三类，如图 1-16 所示。在实际应用中，固体绝缘使用比较广泛。

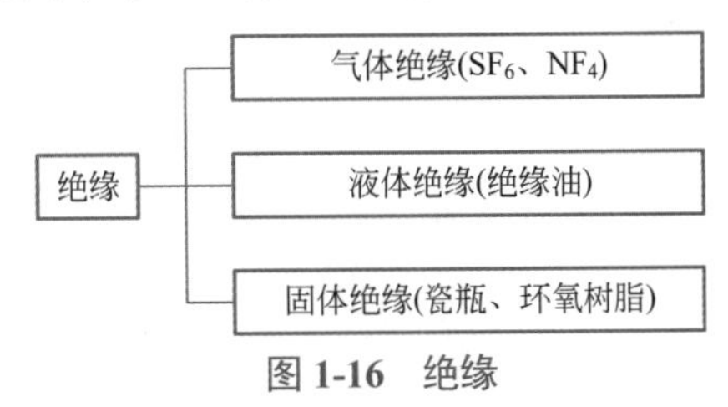

图 1-16　绝缘

1.4.4　绝缘电阻

绝缘电阻是绝缘物在规定条件下的直流电阻。一般电阻是物质对电流的阻碍作用。绝缘电阻与电阻的差异如图 1-17 所示。

绝缘电阻也是电气设备、电气线路最基本的绝缘指标。各种线路与设备在不同条件下应具备一定的绝缘电阻，大致数值如下。

① 控制线中的绝缘电阻一般不应低于 1MΩ。高压线路、设备的绝缘电阻一般不应低于 1000MΩ。

② 低压电器及其连接电缆、二次回路的绝缘电阻一般不应低于 1MΩ，在比较潮湿的环境不应低于 0.5MΩ。

③ 二次回路小母线的绝缘电阻不应低于 10MΩ。

④ I 类手持式电动工具的绝缘电阻不应低于 2MΩ。

⑤ 对于运行中的低压线路、设备，其绝缘电阻不应低于 3MΩ/V。

⑥ 对于在潮湿场合下的设备、线路，其绝缘电阻不应低于 2.5MΩ/V。

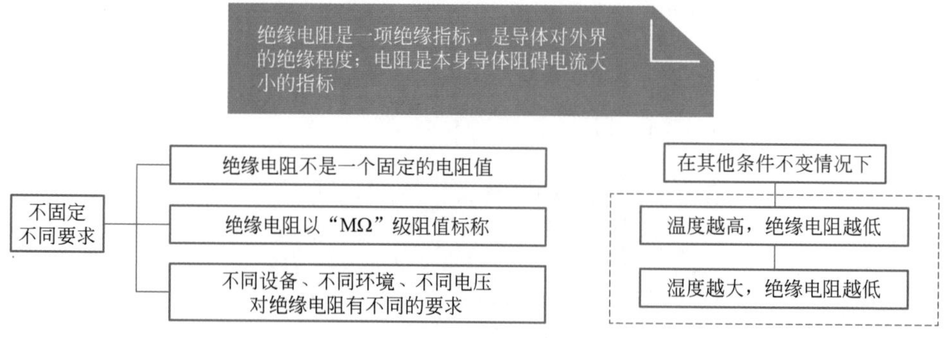

图 1-17　绝缘电阻与电阻的差异

1.5 电路的串并联

1.5.1 串联电路

串联电路特点与规律如图 1-18 所示。

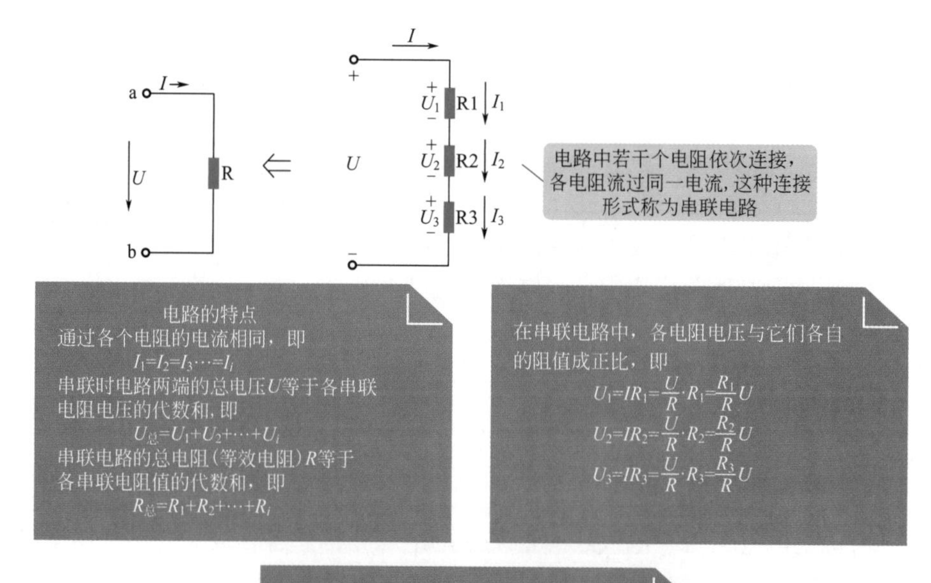

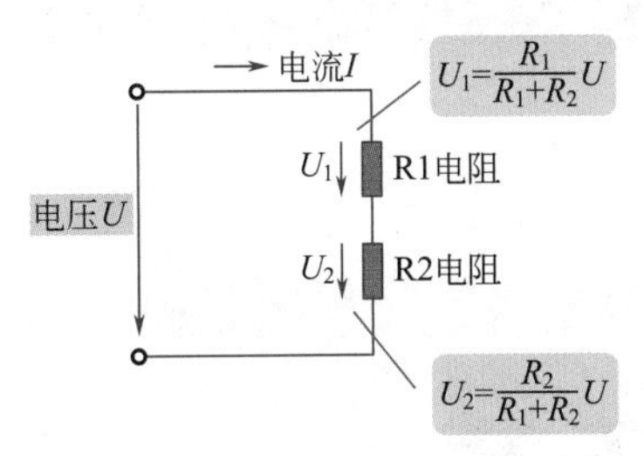

图 1-18　串联电路特点与规律

1.5.2　并联电路

并联电路特点与规律如图 1-19 所示。

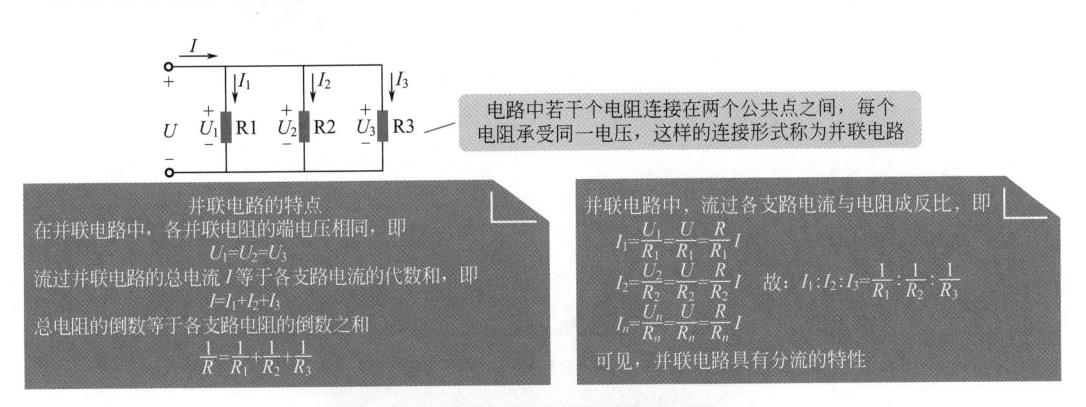

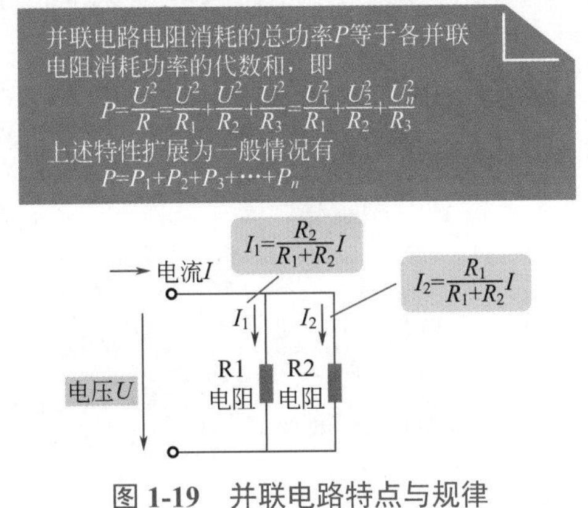

图 1-19　并联电路特点与规律

1.6 短路

1.6.1　短路概述

短路是指电路或电路中的一部分被短接的现象。短路与短路痕迹示意如图 1-20 所示。

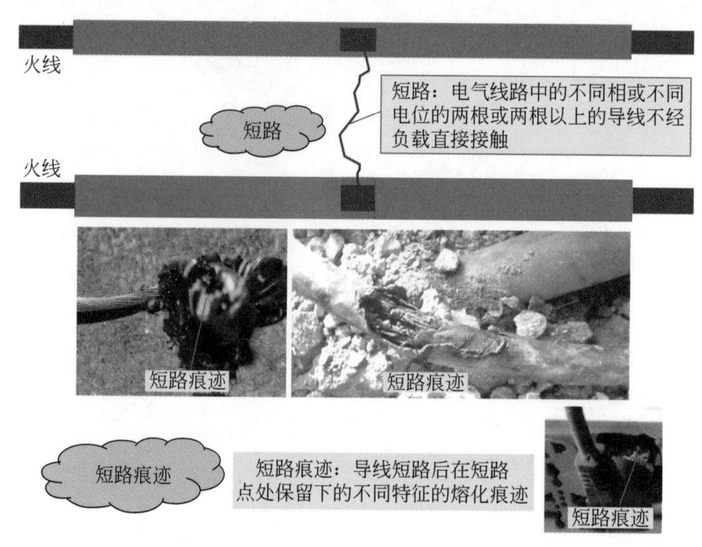

图 1-20　短路与短路痕迹示意

1.6.2　短路类型与表现形式

短路类型与表现形式如图 1-21 所示。

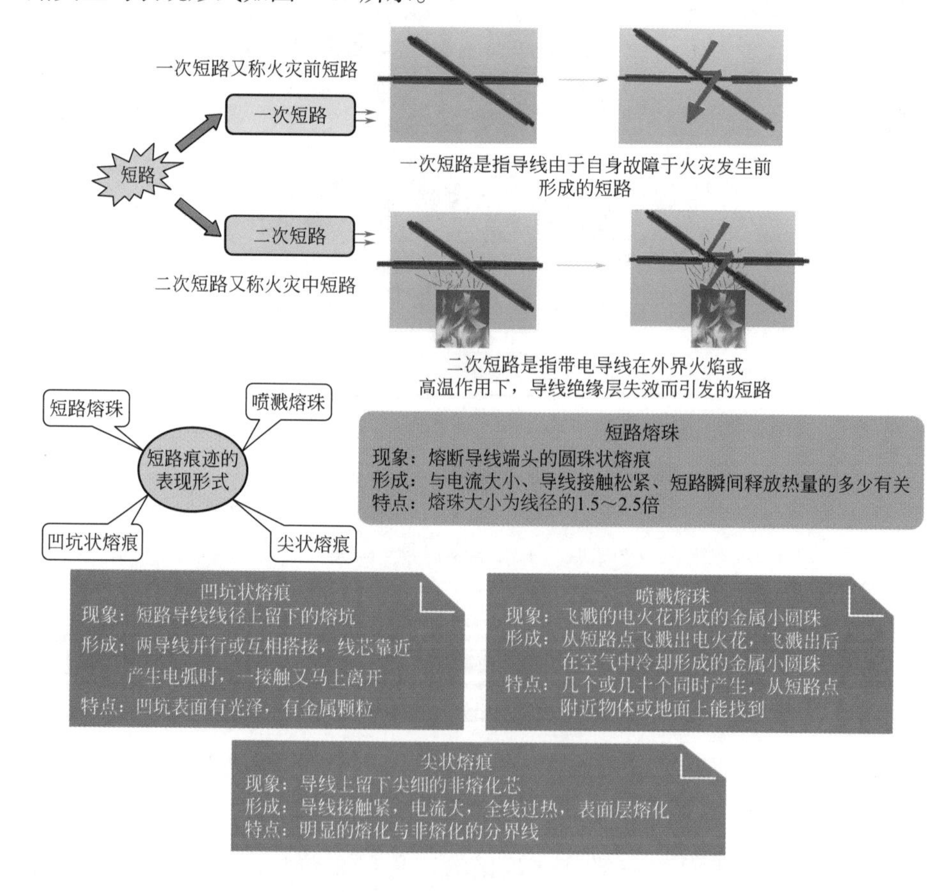

图 1-21　短路类型与表现形式

1.7 其他

1.7.1　常见电路保护元件

常见电路保护元件如图 1-22 所示。

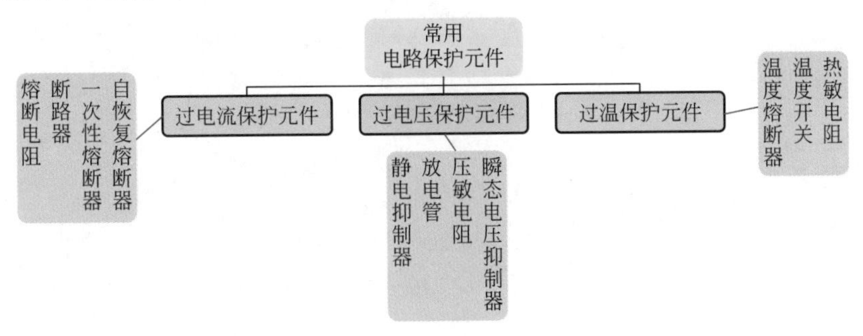

图 1-22　常见电路保护元件

1.7.2　家装水电施工流程

家装水电施工流程如图 1-23 所示。

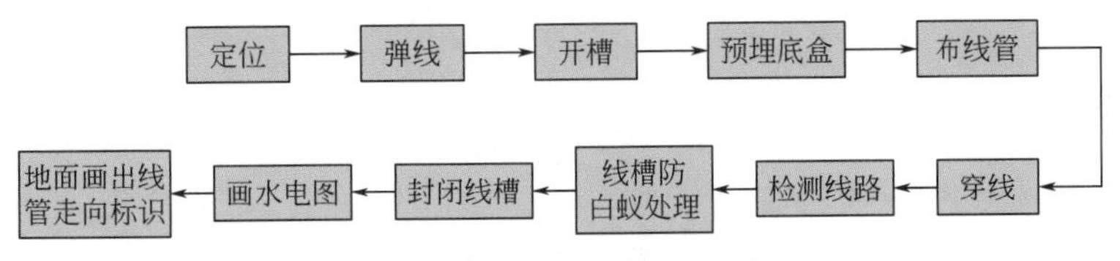

图 1-23　家装水电施工流程

第 2 章 活用工具

2.1 通用工具

2.1.1 美工刀

美工刀可以用来切割质地较软的东西，其多数由塑刀柄、刀片两部分组成，并且多为抽拉式结构（少数美工刀为金属刀柄）。美工刀如图 2-1 所示。

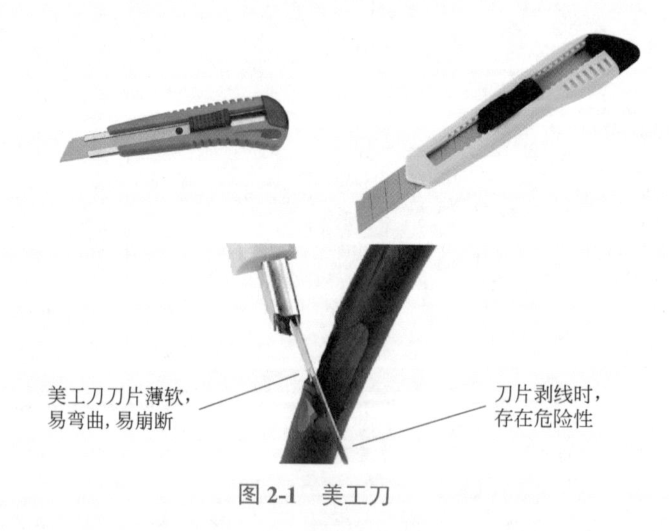

图 2-1　美工刀

美工刀刀片多为斜口，用钝后可顺片身的划线折断，出现新的刀锋，以方便使用。美工刀大小有多种型号。

美工刀刀柄需要根据手形来挑选。美工刀换刀片主要步骤如图 2-2 所示。

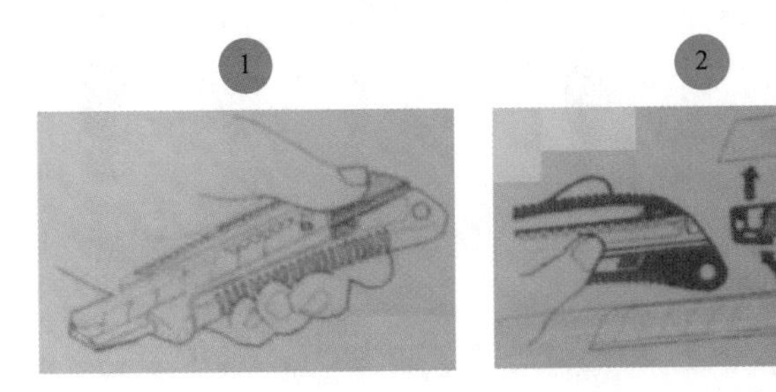

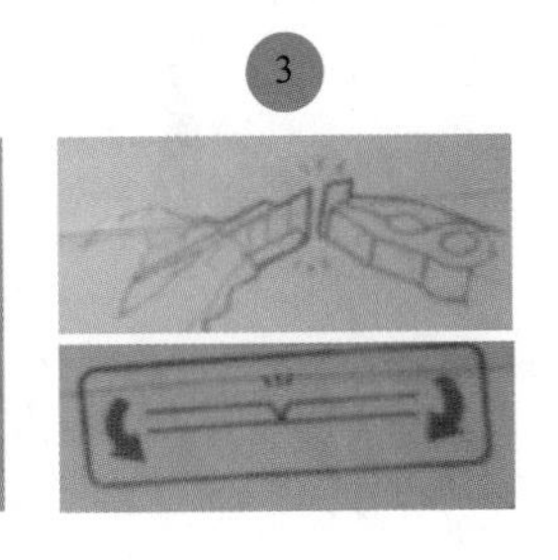

图 2-2　美工刀换刀片主要步骤

提醒

美工刀正常使用时通常只使用刀尖部分。电工可以用美工刀切割电线绝缘层。由于美工刀刀身脆，使用时不能伸出过长的刀身。

2.1.2　专用旋具

一款专用旋具组装图例如图 2-3 所示，其使用方法与普通旋具（螺丝刀）一样。

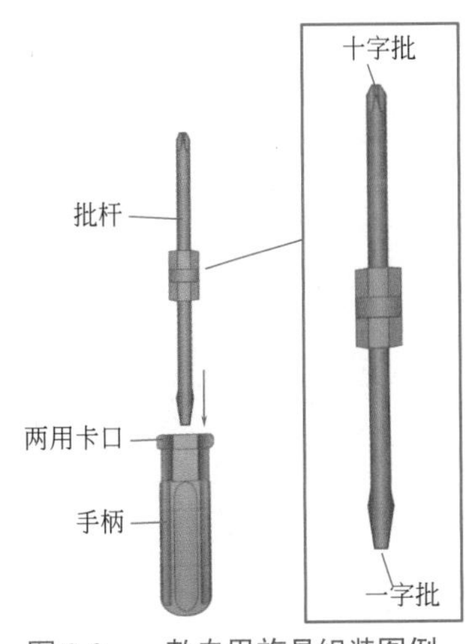

图 2-3　一款专用旋具组装图例

2.1.3　螺丝刀

螺丝刀又称为改锥、起子、改刀、旋凿、旋具等。螺丝刀是一种用来拧转螺钉以迫使其就位的工具。螺丝刀通常有一个薄楔形头，可插入螺钉头的槽缝或凹口内。

螺丝刀主要种类有普通螺丝刀、组合型螺丝刀、电动螺丝刀、小金刚螺丝刀等。从结构形状来说，螺丝刀通常有直形、L 形、T 形等。螺丝刀头形分为一字头形、十字头形、米字头形、星形头形、方头形、六角头形、Y 形（三角）头形、M 形（U 形、叉形）头形、▲ 形头形等，其中一字头形、十字头形是最常用的，如图 2-4 所示。

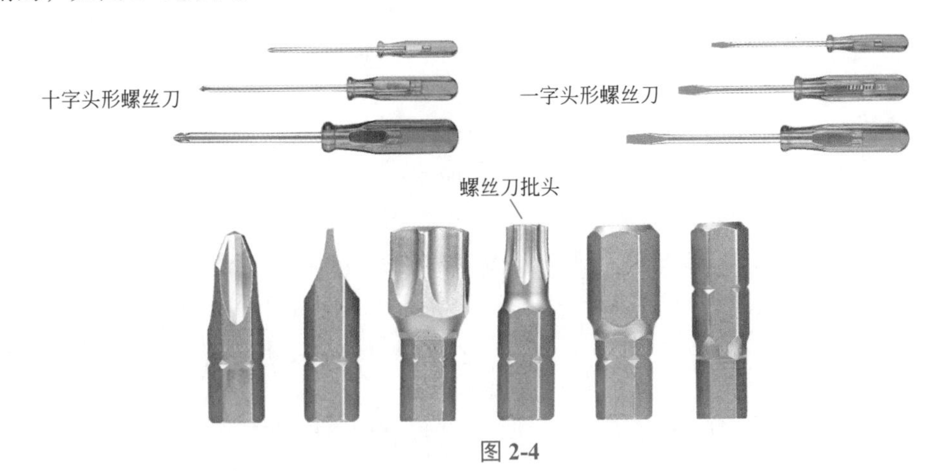

图 2-4

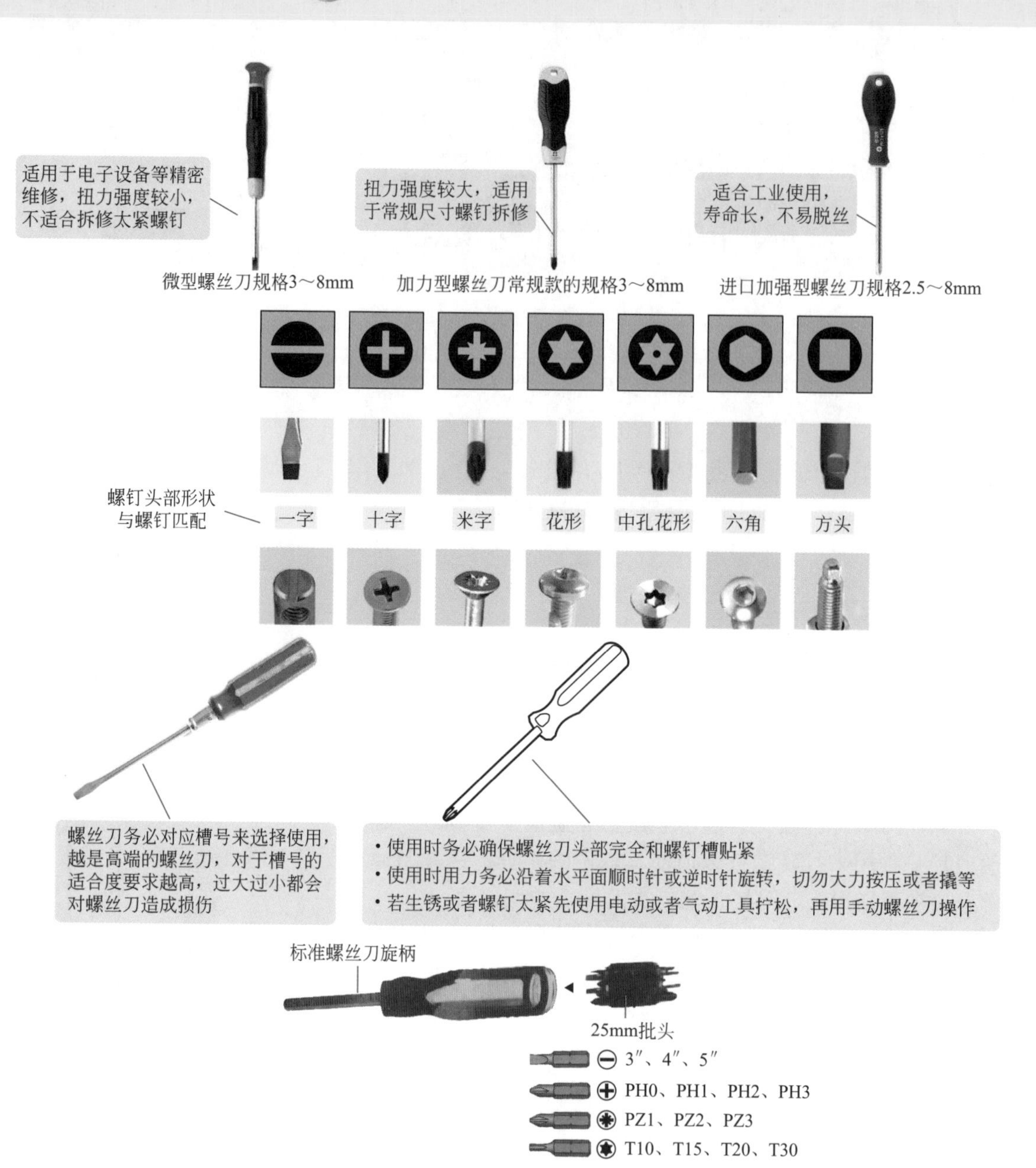

图 2-4　螺丝刀

螺丝刀使用方法：首先将螺丝刀端头对准螺钉的顶部凹坑，并且固定好，然后开始旋转手柄。一般顺时针方向旋转为嵌紧，逆时针方向旋转则为松出（少数情况下则相反）。

一字螺丝刀可以应用于十字螺钉，十字螺丝刀拥有较强的抗变形能力。

一字螺丝刀的型号表示为刀头宽度 × 刀杆。十字螺丝刀的型号表示为刀头大小 × 刀杆。

一些厂家以 PH2 来表示 2#（即刀头为 2 号）。型号为 0#、1#、2#、3#、4# 对应的金属杆粗细大致为 3mm、4mm、6mm、8mm、9mm。

星形螺丝刀的常用规格有 T1、T2、T3、T4、T5、T6、T7、T8、T9、T10、T15、T20、T25、T27、T30、T40、T45、T50 等。星形螺丝刀规格见表 2-1。

表 2-1　星形螺丝刀规格

型号	对角点距离 /in	对角点距离（公制）/mm
T1	0.031	0.81
T2	0.036	0.93
T3	0.046	1.10
T4	0.050	1.28
T5	0.055	1.42
T6	0.066	1.70
T7	0.078	1.99
T8	0.090	2.31
T9	0.098	2.50
T10	0.107	2.74
T15	0.128	3.27
T20	0.151	3.86
T25	0.173	4.43
T27	0.195	4.99
T30	0.216	5.52
T40	0.260	6.65
T45	0.306	7.82
T50	0.346	8.83
T55	0.440	11.22
T60	0.519	13.25
T70	0.610	15.51
T80	0.690	17.54
T90	0.780	19.92
T100	0.871	22.13

十字螺丝刀的常用规格有 PH000、PH00、PH0、PH1、PH2、PH3 等，越靠前的规格越小。

提醒

4～4.5mm 的杆一般做到十字 PH1 规格，也就是涵盖了 PH000、PH00、PH0、PH1。6mm 的杆一般用于十字 PH2 规格，该类是中型螺丝刀里比较常用的一个规格。8mm 的杆可以用于 PH3 规格，10mm 的杆可以用于 PH4 规格。

2.1.4 钳子

常用钳子的外形图例如图 2-5 所示。

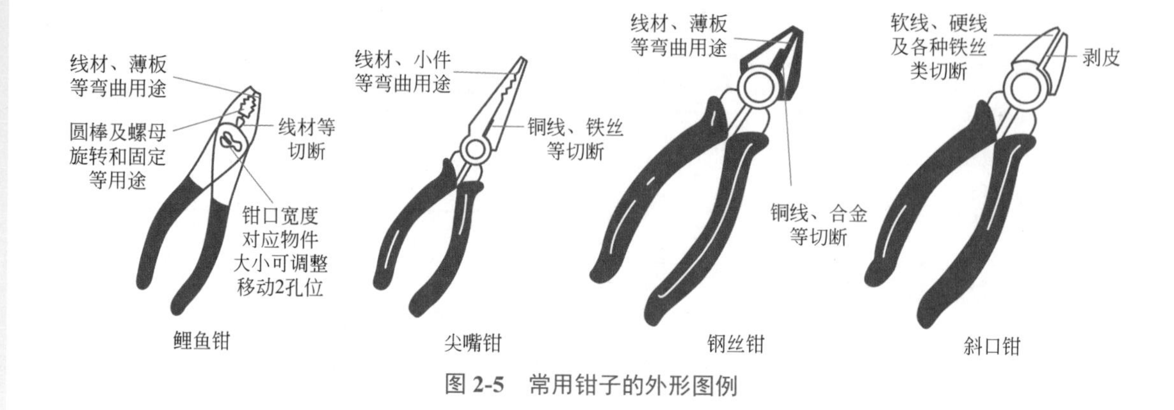

图 2-5 常用钳子的外形图例

钢丝钳的使用如图 2-6 所示。

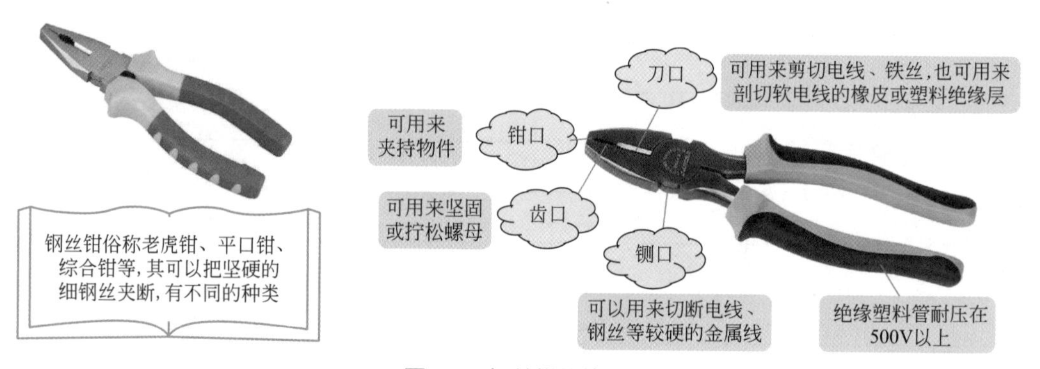

图 2-6 钢丝钳的使用

尖嘴钳的使用如图 2-7 所示。

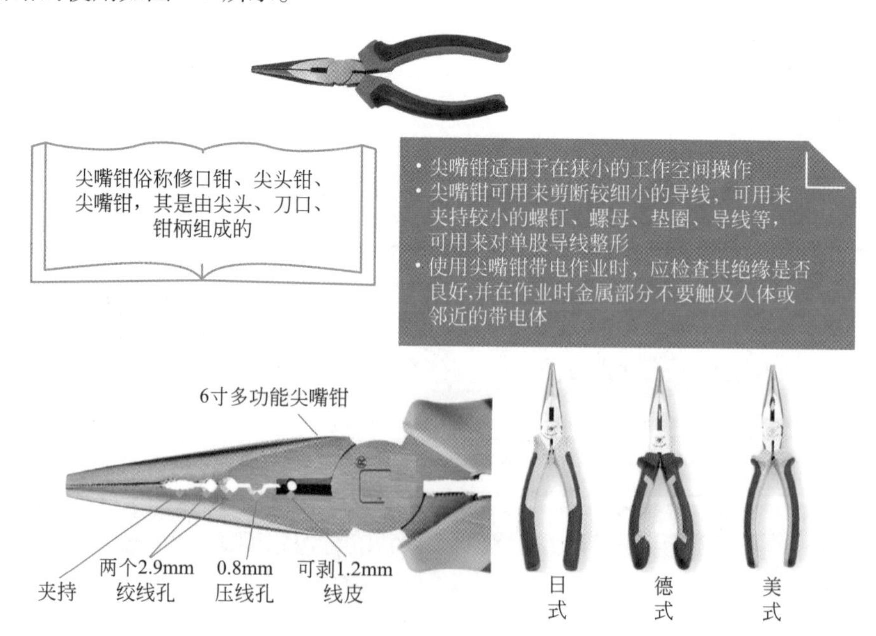

图 2-7　尖嘴钳的使用

斜口钳的使用如图 2-8 所示。

图 2-8　斜口钳的使用

剥线钳是电工剥除电线头部的表面绝缘层用的工具。剥线钳的使用方法如下：握紧剥线钳手柄使其工作时，这样弹簧首先被压缩，使夹紧机构加紧电线。此时由于在扭簧的作用下剪切机构不会运动。当夹紧机构完全夹紧电线时，扭簧所受的作用力逐渐变大致使扭簧开始变形，使剪切机构开始工作。夹紧机构与剪切机构分开，使绝缘皮与电线分开，从而达到剥线的目的。剥线钳的使用如图 2-9 所示。

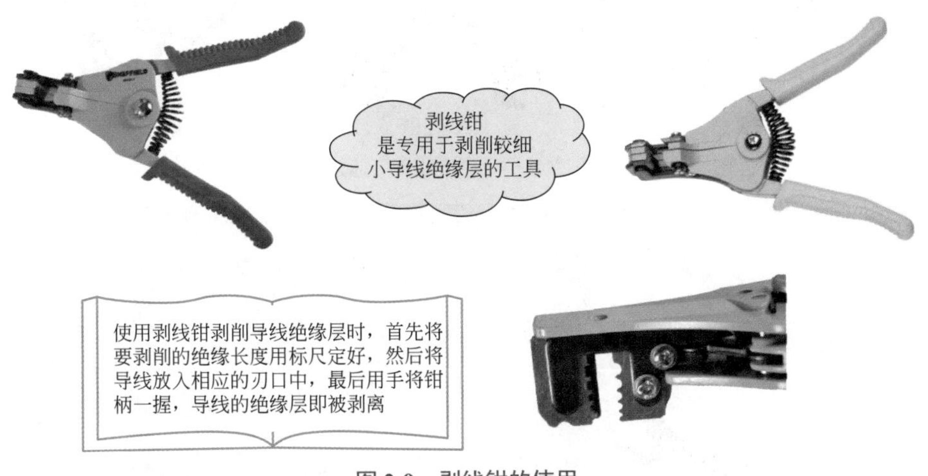

图 2-9　剥线钳的使用

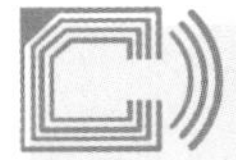

提醒

一般自动剥线钳剥线范围为 1～3.2mm。

多功能剥线钳的使用如图 2-10 所示。

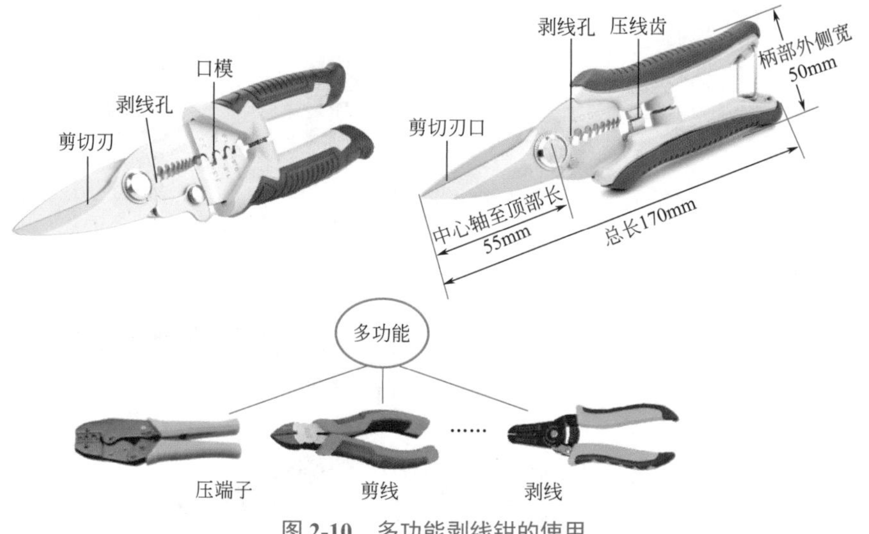

图 2-10 多功能剥线钳的使用

2.1.5 扳手

扳手的分类与应用如图 2-11 所示。扳手的使用如图 2-12 所示。

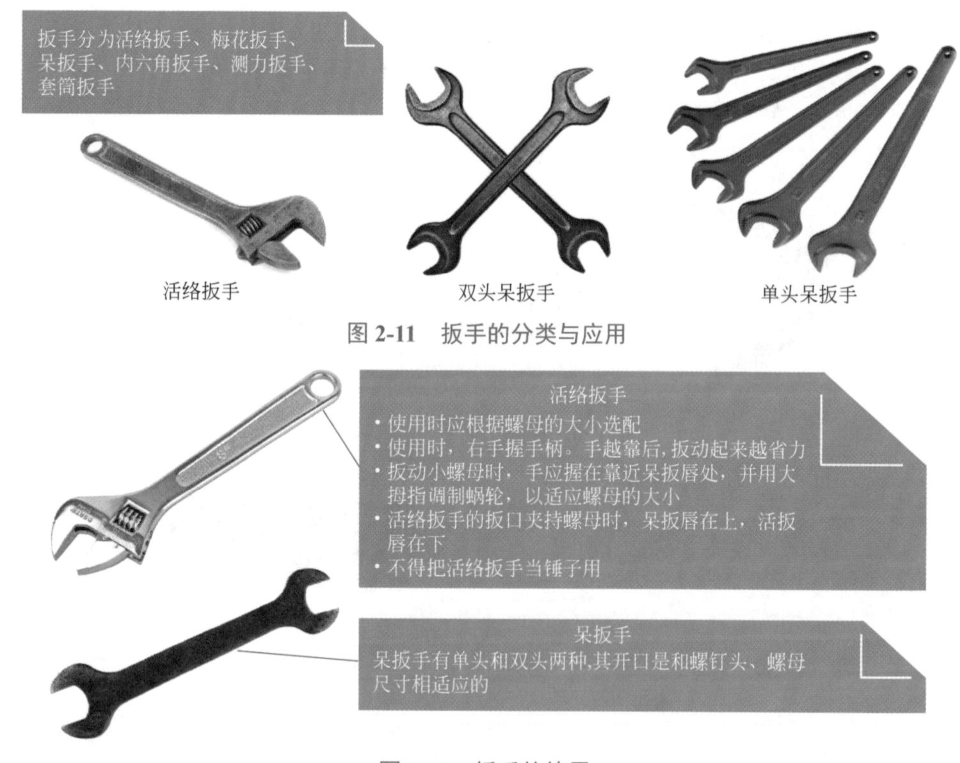

图 2-11 扳手的分类与应用

图 2-12 扳手的使用

2.1.6 AB 胶

AB 胶如图 2-13 所示。AB 胶使用图例如图 2-14 所示。

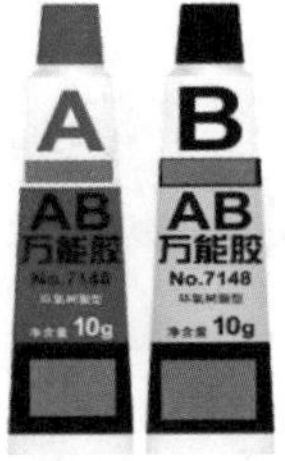

图 2-13　AB 胶

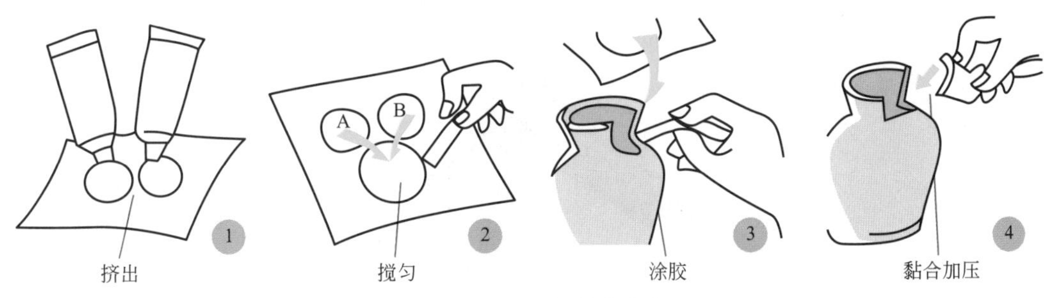

图 2-14　AB 胶使用图例

2.1.7　手动打玻璃胶工具

手动打玻璃胶工具也称为压胶枪，其特点如图 2-15 所示。

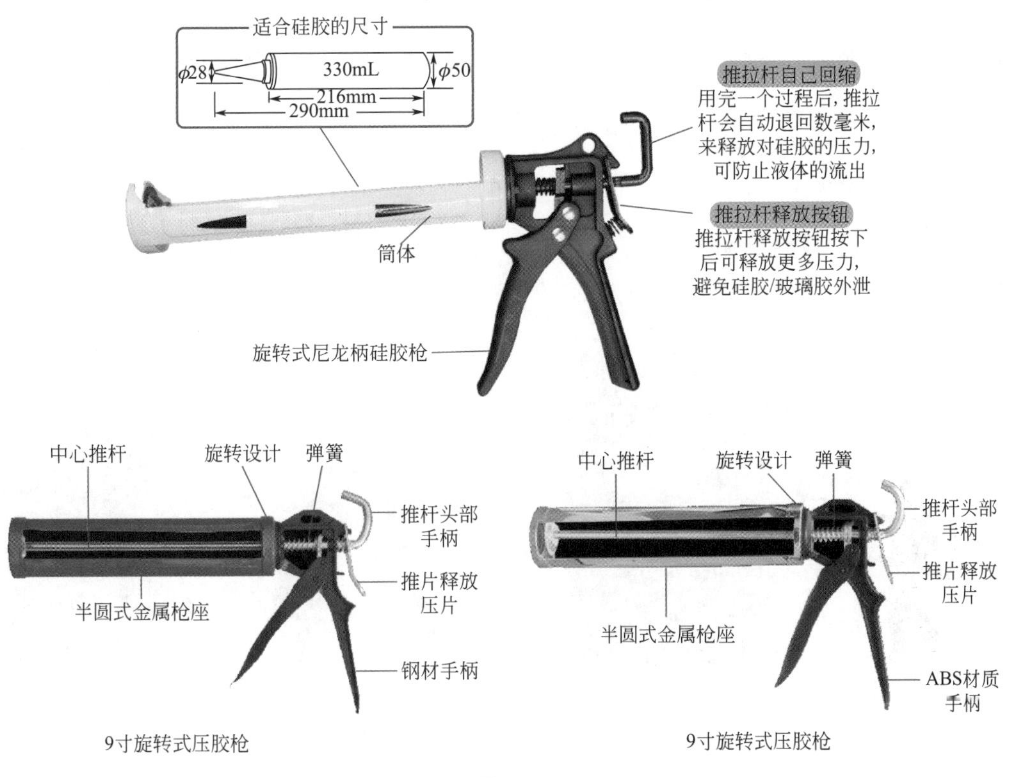

图 2-15

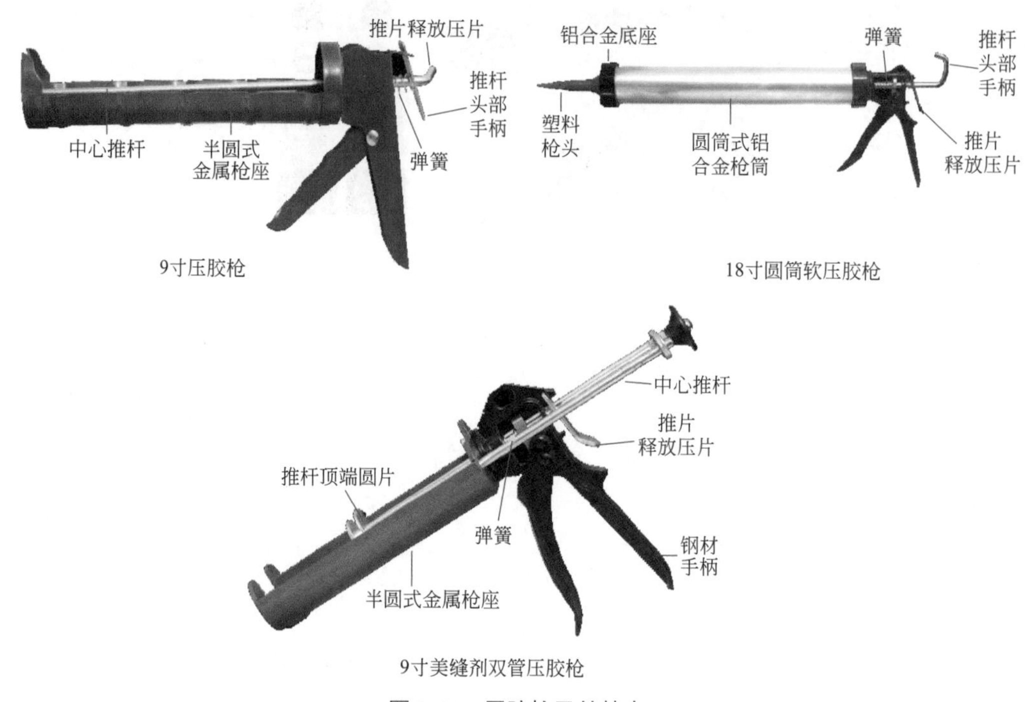

图 2-15　压胶枪及其特点

提醒

压胶枪压胶后，需要采用相应形状的刮片对胶进行整形，以达到美观要求。

2.1.8 工作梯

工作梯包括铝合金伸缩梯、人字伸缩梯、铝合金工程梯、直梯、伸缩梯、褶梯、有扶手的梯子等。常见梯子的外形如图 2-16 所示。

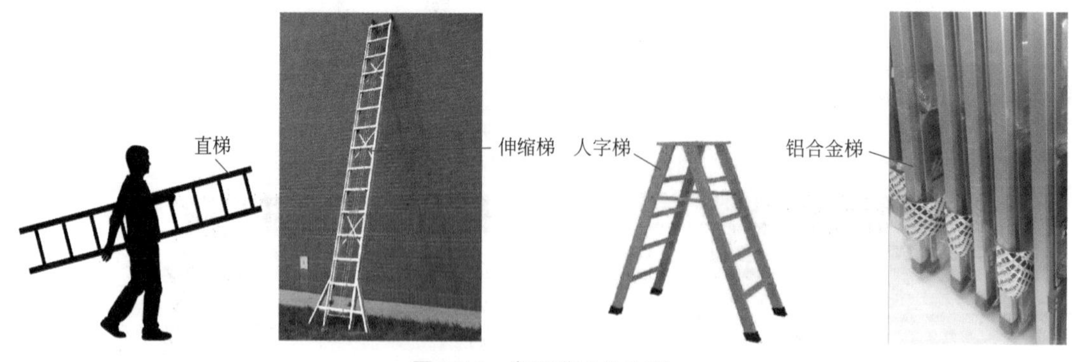

图 2-16　常见梯子的外形

使用梯子时的错误操作如图 2-17 所示。

严禁穿高跟鞋攀爬梯子作业，以免崴脚导致梯子失去平衡，发生危险

严禁站在梯子支架顶部作业，以免发生危险

使用前应先将上方盘槽口卡入定位管，待其固定后方可攀爬，操作过程中应避免夹手

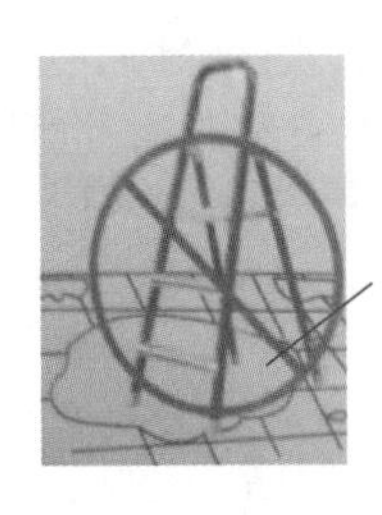

不得将梯子置于柔软或者油水的地方使用

人字单侧梯，严禁将梯子作为单梯靠于墙上或其他物体使用

单侧人字梯仅限一人使用，严禁两人攀爬使用

图 2-17 使用梯子时的错误操作

2.1.9 记号笔

常见的标记记录工具有铅笔、颜色笔、便签、本子等。记号笔是一种可在纸张、木材、金属、塑料、搪陶瓷等一种或多种材料上书写作记号或标志的笔。记号笔可以分为油性记号笔、水性记号笔。水性记号笔可以在光滑的物体表面或白板上写字，用抹布就能擦掉。用油性记号笔写的字就不易擦除。

常见的记号笔见表 2-2。

表 2-2 常见的记号笔

名称	解 说
油性记号笔	使用油性墨水进行书写，适用于各种书写表面的记号笔
水性记号笔	使用水性墨水进行书写，主要用于纸张表面的记号笔
白板用记号笔	可在搪瓷、烘漆、贴塑等白板、色板表面书写，字迹容易擦去的记号笔
荧光记号笔	书写介质中含有荧光材料，作醒目记号、标志的记号笔
彩色墨水笔	灌注不同颜色水性墨水的笔配色成套，主要用于绘图、标志的记号笔
签字笔	采用挤出型塑料微孔笔头，用于签字、一般书写的记号笔

记号笔外形图例如图 2-18 所示。

图 2-18 记号笔外形图例

2.2 装修测距工具

2.2.1 卷尺

家装中常用的工具有测距工具等。测距工具包括卷尺、钢尺、塞尺、游标卡尺、激光测距仪等，并且新的测距工具不断出现。其中，卷尺是建筑与装修中常用的量具，其分为纤维卷尺、皮尺、腰围尺等。鲁班尺、风水尺、文公尺也属于钢卷尺。

卷尺能够卷起来是因为卷尺里面装有弹簧。拉出测量长度时，实际是拉长标尺与弹簧的长度。测量完毕，卷尺里面的弹簧会自动收缩，标尺在弹簧力的作用下收缩。

有的卷尺上有两排数字，一排数字单位是厘米（cm），一排单位为英寸（in），其中 1cm 大约等于 0.3937in，1in 大约等于 2.54cm。因此，两个数字相距较短的数字单位为 cm，两个数字相距较长的数字单位为 in。

钢卷尺一般由外壳、尺条、制动、尺钩、提带、尺簧、防摔保护套、贴标等组成。钢卷尺有 3m、3.5m、5m、5.5m、7.5m 等规格。

提醒

装修用钢卷尺一般选择 5m 的钢卷尺。

皮卷尺是用玻璃纤维与 PVC 塑料合制而成的。皮卷尺又称纤维卷尺、软尺。皮卷尺外形如图 2-19 所示。

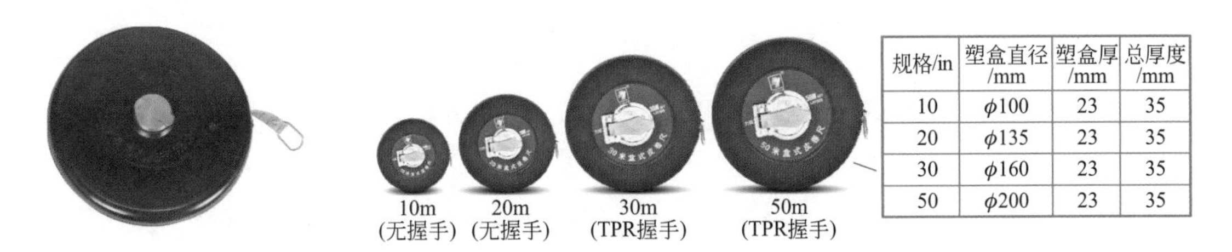

规格/in	塑盒直径/mm	塑盒厚/mm	总厚度/mm
10	ϕ100	23	35
20	ϕ135	23	35
30	ϕ160	23	35
50	ϕ200	23	35

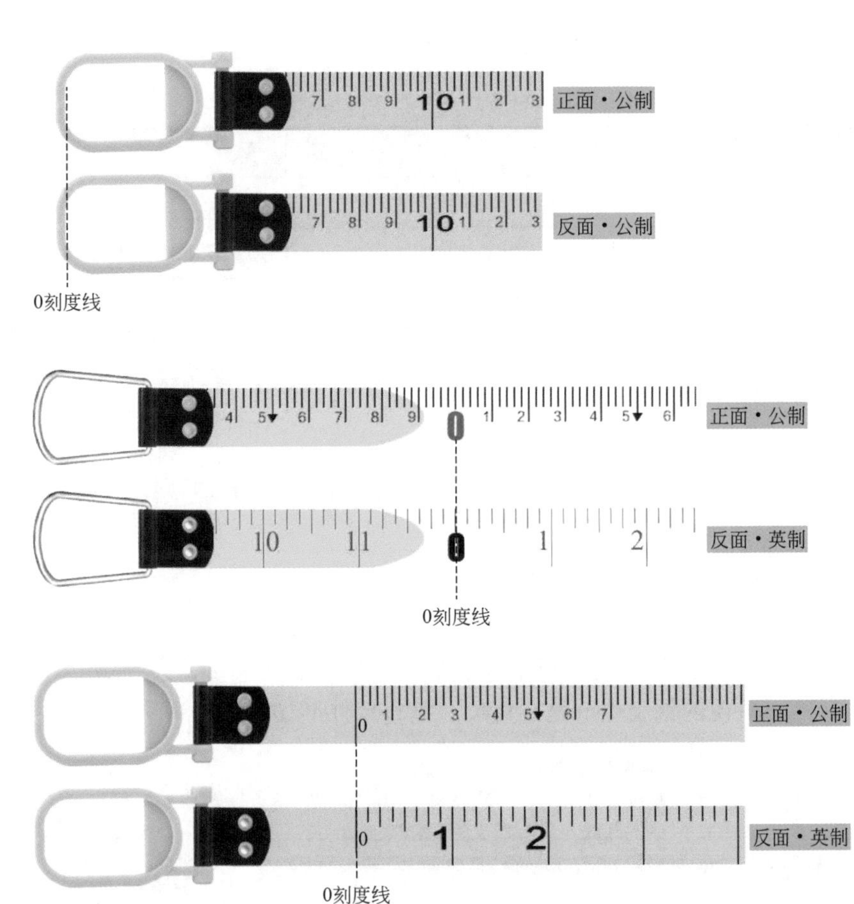

图 2-19　皮卷尺

卷尺的选择与应用技巧如图 2-20 所示。

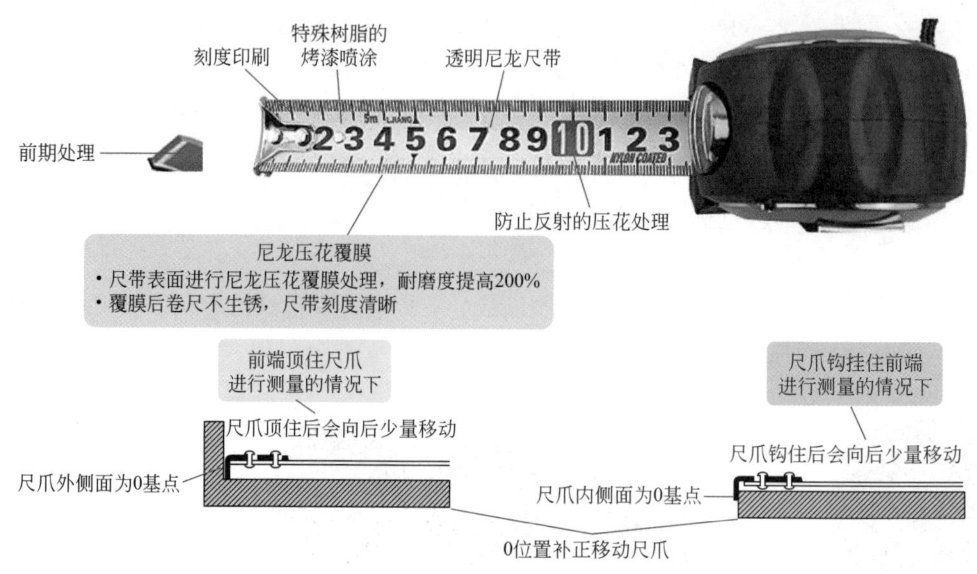

图 2-20　卷尺的选择与应用技巧

一款钢卷尺尺带宽度与平挑对照见表 2-3。

表 2-3　一款钢卷尺尺带宽度与平挑对照

尺带宽度 /mm	水平方向	垂直方向
尺带 16	1.5m	2.4m
尺带 19	1.7m	3m
尺带 25	2.3m	3.5m

提醒

定位前，最好准备好记号笔、卷尺等工具。

2.2.2 钢直尺

钢尺是常用的丈量工具，是用薄钢片制成的带状尺，可卷入金属圆盒内。钢尺包括钢直尺、钢卷尺。一般说的钢尺也就是钢直尺。钢直尺外形如图 2-21 所示。

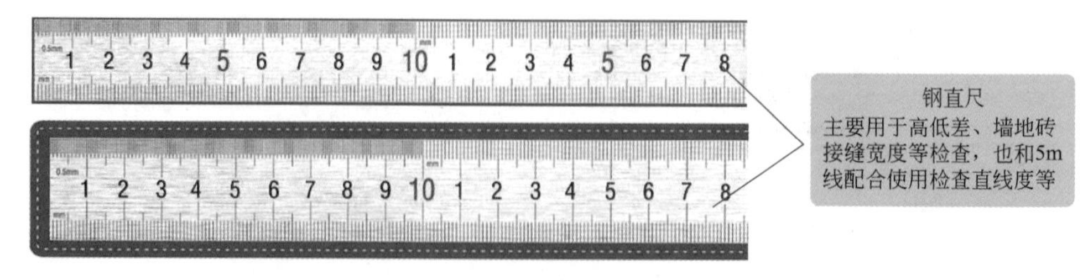

图 2-21　钢直尺外形

钢直尺的长度有 150mm、300mm、500mm、600mm、1000mm 等规格，见表 2-4。

表 2-4　钢直尺的尺寸规格

规格 /mm	总长 /mm	宽度 /mm	厚度 /mm
150	175	18	0.6
300	330	23.5	0.8
500	535	28	0.9
600	635	28	0.9
1000	1035	32	1.0

钢直尺基本分划为厘米，在每米、每分米处都有数字注记，适用于一般的距离测量。有的钢直尺在起点处到第一个 10cm 间，甚至整个尺长内都刻有毫米分划。有毫米分划的钢直尺适用于精密距离的测量。

钢直尺根据零点位置不同，可以分为端点尺、刻线尺。端点尺是以尺的最外端边线作为刻划的零线。刻线尺是以刻在钢直尺前端的“0”刻划线作为尺长的零线。

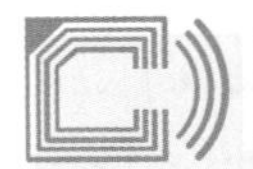

提醒

钢直尺用于测量零件的长度尺寸，其测量结果不太准确。这是因为钢直尺的刻线间距为 1mm，而刻线本身的宽度就有 0.1 ～ 0.2mm。为此，测量时读数误差较大，只能读出毫米数，比 1mm 小的数值只能估计。

2.2.3　游标卡尺

游标卡尺的外形如图 2-22 所示。游标卡尺是一种测量长度、内外径、深度等的量具。游标卡尺一般是由主尺、附在主尺上能滑动的游标构成的。

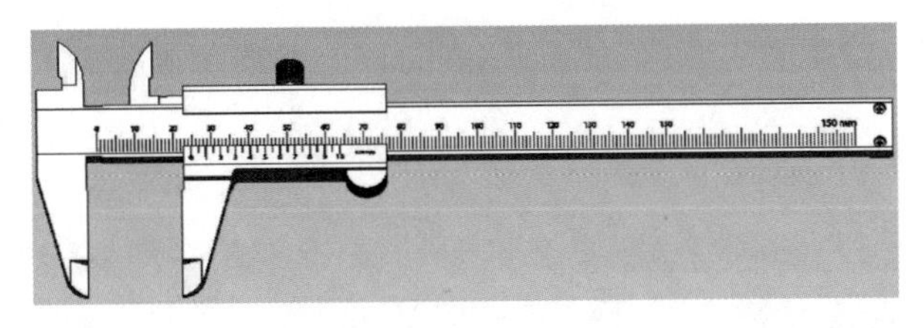

图 2-22　游标卡尺的外形

游标卡尺主尺一般以毫米为单位，游标上则有 10、20、50 个分格类型。根据游标分格的不同，游标卡尺可以分为 10 分度游标卡尺、20 分度游标卡尺、50 分度游标卡尺等。其中，游标为 10 分度的有 9mm，20 分度的有 19mm，50 分度的有 49mm。

游标卡尺的主尺、游标上有两副活动量爪，分别是内测量爪、外测量爪。其中内测量爪一般用来测量内径，外测量爪一般用来测量长度与外径。

读游标卡尺的数时，首先以游标零刻度线为准在尺身上读取毫米整数，也就是以毫米为单位的整数部分。然后看游标上第几条刻度线与尺身的刻度线对齐。例如第 7 条刻度线与尺身刻度线对齐，则小数部分即为 0.7mm。如果没有正好对齐的线，则取最接近对齐的线进行读数。

提醒

读数的结果如下：

读数 = 整数部分 + 小数部分

2.2.4 激光测距仪

激光测距仪是利用调制激光的某个参数实现对目标的距离测量的仪器。激光测距仪测量范围为 3.5 ～ 5000m。

图 2-23　手持式激光测距仪图例

根据测距方法，激光测距仪可以分为相位法激光测距仪、脉冲法激光测距仪。相位法激光测距仪是利用检测发射光与反射光在空间中传播时发生的相位差来检测距离的。脉冲法激光测距仪是在工作时向目标射出一束或一系列短暂的脉冲激光束，由光电元件接收目标反射的激光束，计时器测定激光束从发射到接收的时间，从而计算出从观测者到目标的距离。

激光测距仪还可以分为手持式激光测距仪、望远镜式激光测距仪。其中，手持式激光测距仪测量距离一般大约为 200m 内，精度大约为 2mm。

手持式激光测距仪图例如图 2-23 所示。

提醒

测量距离不长、精度要求高且多用于室内时，可以选择手持式激光测距仪。

2.3 垂直、水平、角度检查工具

2.3.1 线坠

垂直、水平、角度检查工具是装修常用到的工具。垂直、水平、角度检查工具常用于检查墙面、管线、槽子等是否水平、方正、垂直、角度，以利于后一步的施工与施工效果。

垂直水平检查工具包括垂直检测尺、激光水平仪、吊线、内外直角检测尺等。

线坠是用线吊重物形成垂线的工具，借以取直或者判断取直效果。吊线往往与锤一起使用，因此吊线也称为吊线锤、线坠。

线坠根据材质分为铜制线坠、普通线坠、磁性线坠等类型，根据吊线长度分为 3m 线坠、6m 线坠等类型，根据质量分为 300g 线坠、600g 线坠等类型。

线坠的图例如图 2-24 所示。

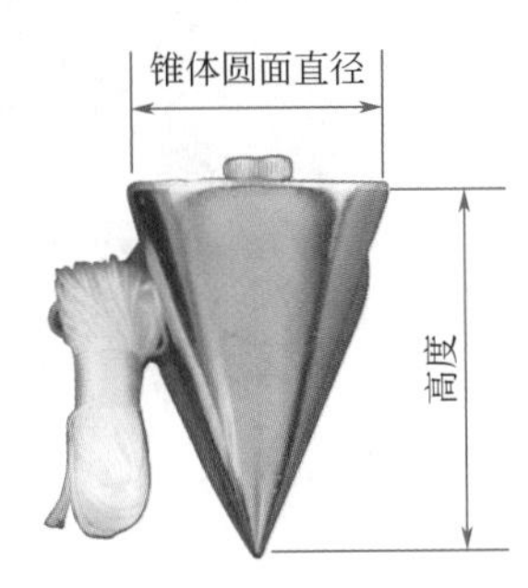

质量/g	圆面直径/mm	高度/mm
200	40	60
300	46	65
400	51	72
500	54	83

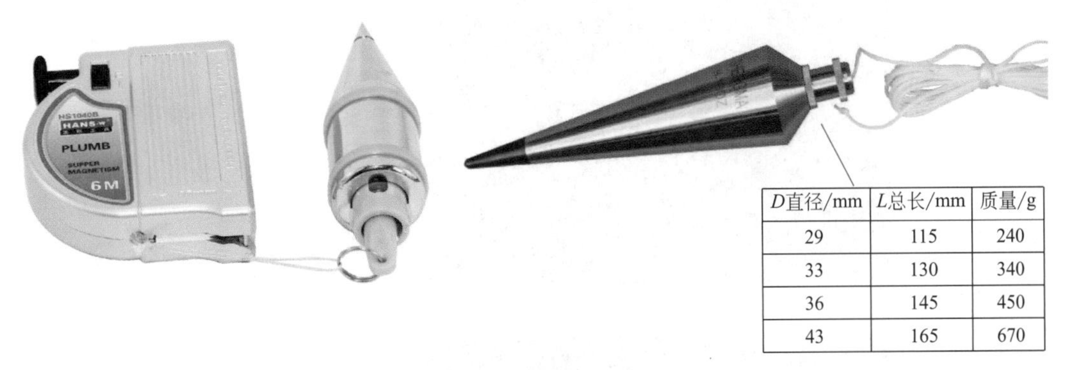

D直径/mm	L总长/mm	质量/g
29	115	240
33	130	340
36	145	450
43	165	670

图 2-24　线坠的图例

提醒

线坠的几何形体要规正，质量要适当（1 ～ 3kg）。吊线可以采用编织的与没有扭曲的细钢丝。线坠悬吊时要上端固定牢固，线中间没有障碍与侧向抗力。投测中，需要防风吹与震动。

2.3.2　激光水平仪

激光水准仪是把激光装置发射的激光束导入水准仪的望远镜筒内，使其沿视准轴方向射出的水准仪。

激光水准仪有专门激光水准仪、将激光装置附加在水准仪之上两种形式。与光学水准仪相比，激光水准仪具有精度高、视线长、能够自动读数与记录等特点。

严格来说，激光水准仪包括激光水平仪，但在实际工作中有的把激光水准仪又称为激光水平仪。激光水平仪图例如图 2-25 所示。

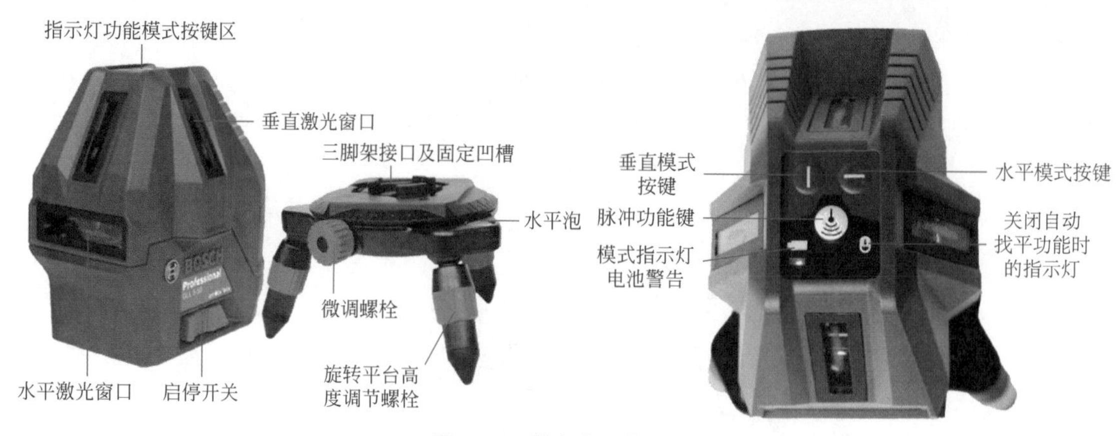

图 2-25　激光水平仪图例

激光水平仪的类型与选择图例如图 2-26 所示。

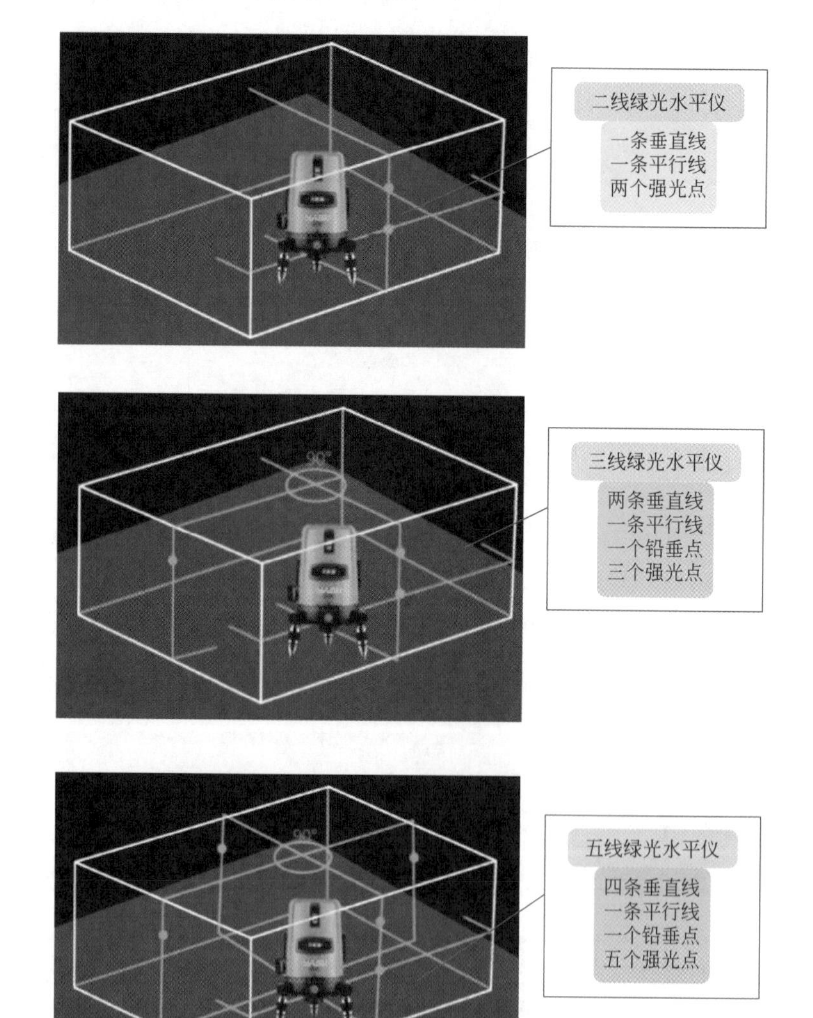

图 2-26　激光水平仪的类型与选择图例

提醒

激光水平仪有发红光激光水平仪、发绿光激光水平仪、发多种光激光水平仪。另外，五线激光水平仪包括二线、三线激光水平仪所有功能。

2.3.3 水平尺

水平尺是利用液面水平的原理，以水准泡直接显示角位移，测量被测表面相对水平位置、铅垂位置、倾斜位置偏离程度的计量器具。

水平尺根据材质可以分为铝合金方管型水平尺、压铸型水平尺、塑料型水平尺、磁性水平尺等类型，根据外形特点可以分为工字形水平尺、异形水平尺等类型。水平尺长度有 10 ～ 250cm 等多个规格。水平尺材料的平直度、水准泡质量，决定了水平尺的精确性与稳定性。

有的水平尺具有垂直测量水泡、水平测量水泡、45° 测量水泡，如图 2-27 所示。

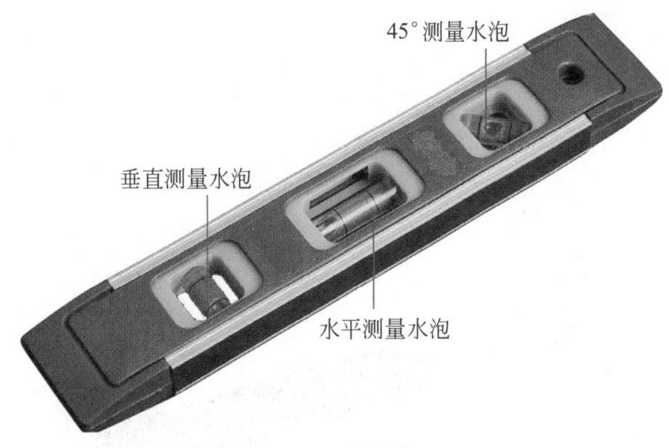

图 2-27　水平尺

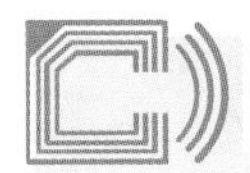

提醒

水平尺可以用于短距离测量，又能够用于远距离测量。

2.3.4 直角尺

直角尺简称为角尺，也称为靠尺。直角尺是具有至少一个直角与两个或者更多直边的，用来画或检验直角、垂直度的工具。有时直角尺也可以用于画线。

直角尺通常用钢、铸铁、花岗岩等制成。根据材质，直角尺可以分为铸铁直角尺、镁铝直角尺、花岗石直角尺。

直角尺的规格有 750mm×40mm、1000mm×50mm、1200mm×50mm、1500mm×60mm、2000mm×80mm、2500mm×80mm、3000mm×100mm、3500mm×100mm、4000mm×100mm 等。

直角尺外形如图 2-28 所示。

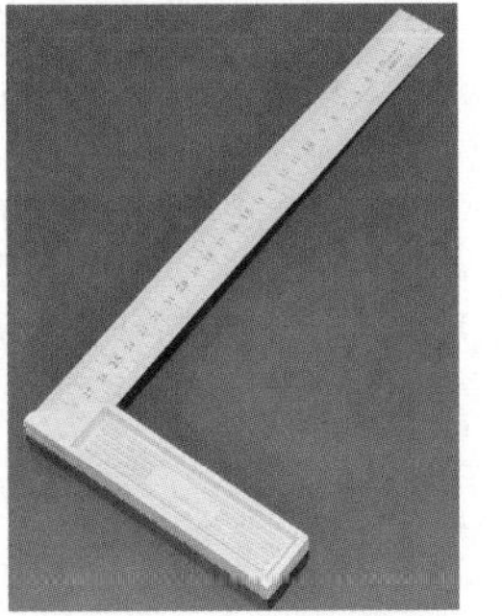

图 2-28　直角尺外形

提醒

如果没有直角尺，应急情况下可以采用木工板材余量来自制。

2.4 结构拆改工具

2.4.1 锤子

结构拆改常用的工具有锤子、冲击钻。锤子是主要的击打工具，由锤头、锤柄组成。锤子根据功能分为八角锤、德式八角锤、羊角锤、检验锤、扁尾检验锤、起钉锤等。锤子外形与使用图例如图 2-29 所示。

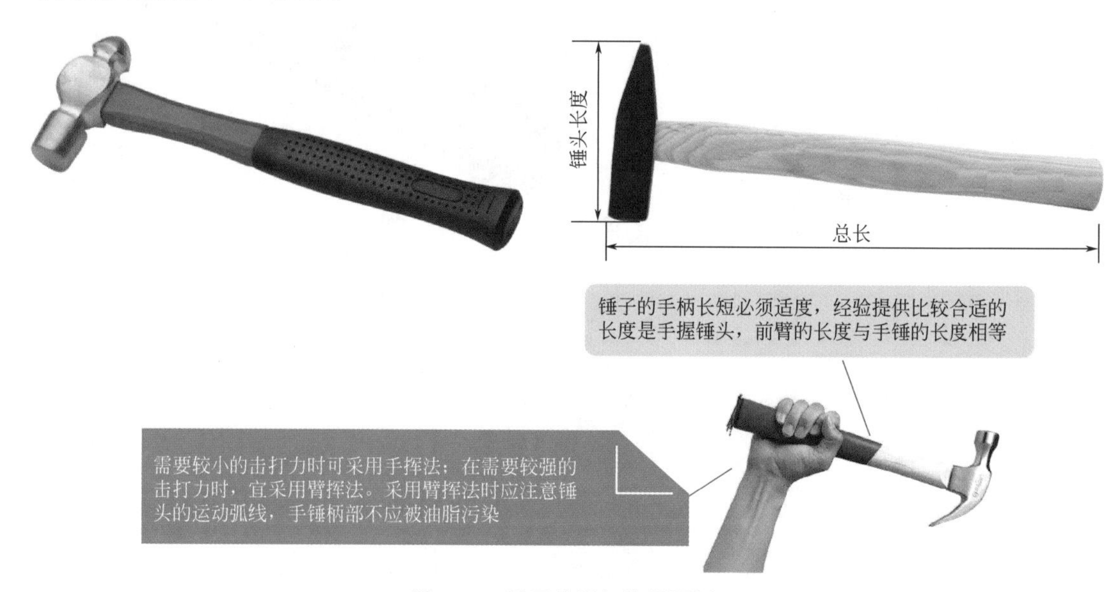

图 2-29　锤子外形与使用图例

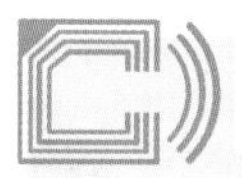

提醒

使用锤子时，要注意锤头与锤柄的连接必须牢固，稍有松动应立即加楔紧固或重新更换锤柄。为了在击打时有一定的弹性，锤柄的中间靠顶部的地方应比末端稍狭窄。另外，使用大锤时，必须注意左右、上下、前后，保证在大锤运动范围内严禁站人，并且不允许用大锤与小锤互打。

2.4.2 冲击钻

冲击钻外形与应用图例如图 2-30 所示。

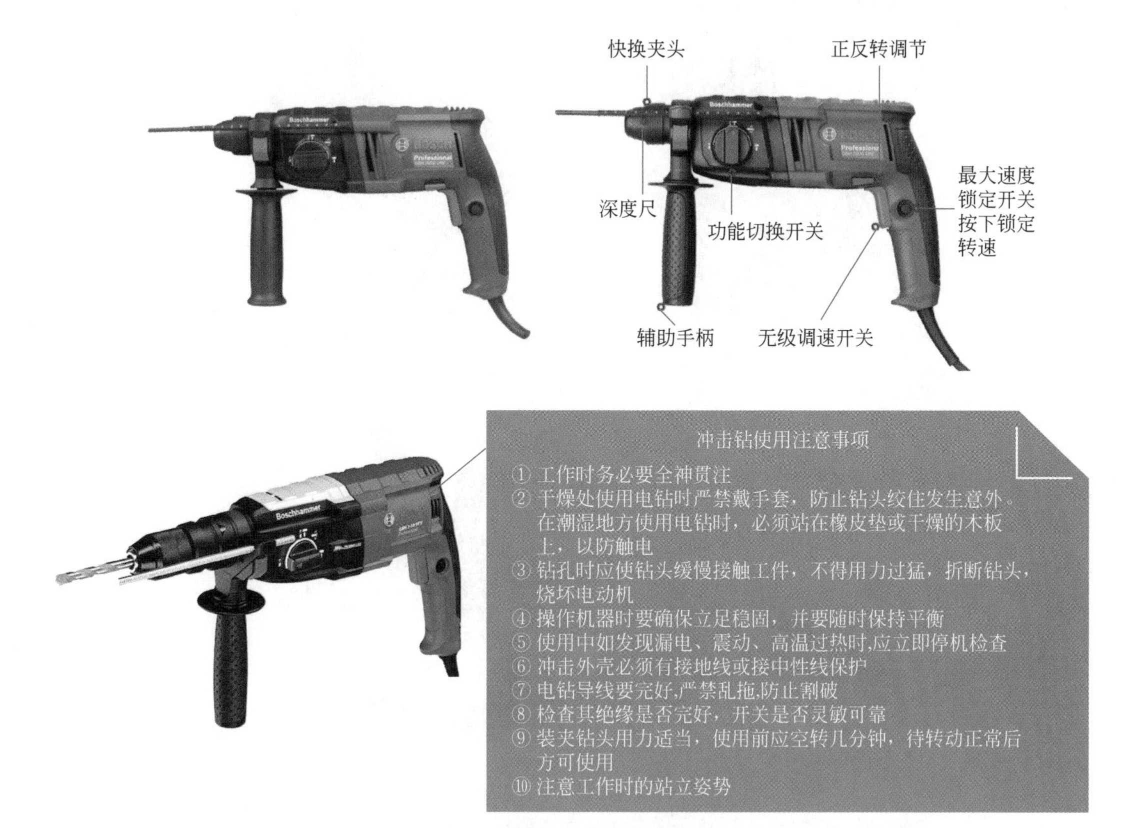

图 2-30　冲击钻外形与应用图例

提醒

中途更换新钻头，需要沿原孔洞进行钻孔时，不要突然用力，以防止折断钻头发生意外。电钻没有完全停止转动时，不能卸钻头、换钻头。

2.5 水暖工专用工具

2.5.1　水电开槽工具

水电改造施工的第一步就是根据设计图样，在墙面、地面上开出放置线管的槽。为此，需要首先利用笔、卷尺等画出开槽线，然后利用开槽工具开槽。开槽的工具有多种，其中水电开槽机是比较专业的一种，可一次性开出不同角度、宽度、深度的线槽，并且无需其他的辅助工具。

此外，开槽也可用电钻开槽，只不过开的槽一般比较粗糙，并且费工费时。

水电开槽机如图 2-31 所示。

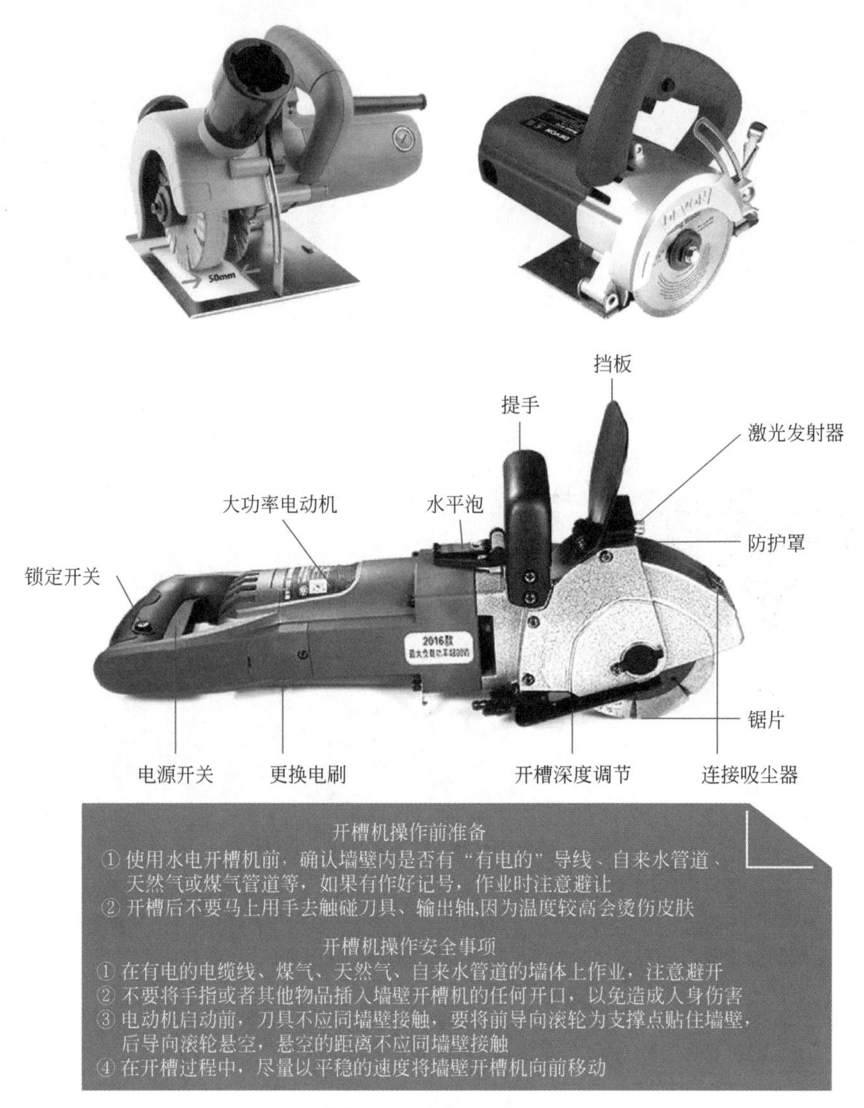

图 2-31　水电开槽机

2.5.2　水路施工工具——管剪

水路施工就是将水管线路连接、铺好的作业过程。在该过程中需要根据实际情况针对水管管材进行切割。切割时一般建议采用专用管剪，这样断管时能够保证管轴线垂直、无毛刺等。此外，水路施工还需要用到 PPR 热熔机。PPR 热熔机能够通过加热管材、管件，将管路连接起来。

其中，管剪的外形与特点如图 2-32 所示。

提醒

如果用管剪剪 PPR 管时出现断口倾斜现象，则可能是由 PPR 管摆放不正引起的。为此，用管剪剪 PPR 管时，可以首先用记号笔画好标志，然后把管剪刀口对准好标志，最后剪断 PPR 管即可。

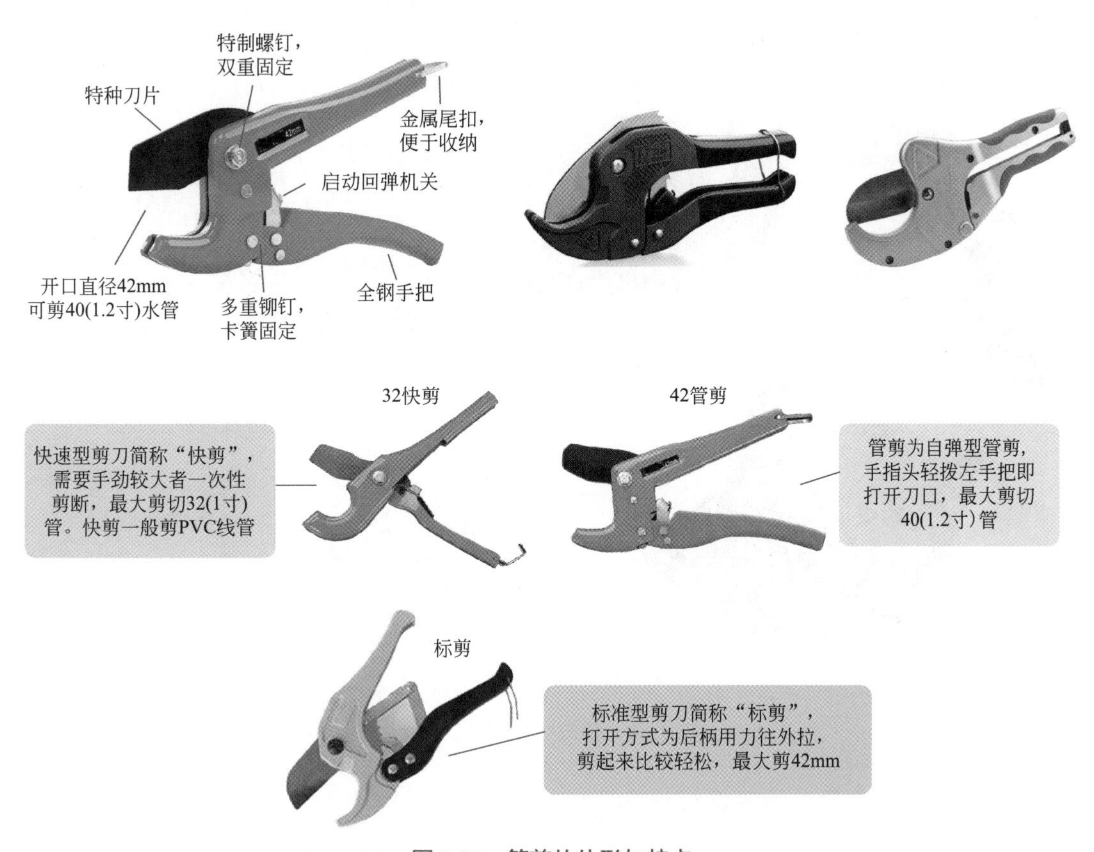

图 2-32 管剪的外形与特点

2.5.3 水路施工工具——PPR 热熔机

PPR 热熔机可以分为数显 PPR 热熔机、非数显 PPR 热熔机。其中，数显 PPR 热熔机如图 2-33 所示，非数显 PPR 热熔机如图 2-34 所示。

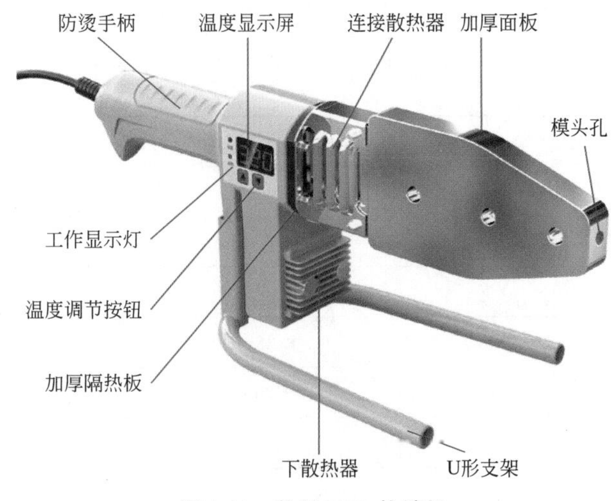

图 2-33 数显 PPR 热熔机

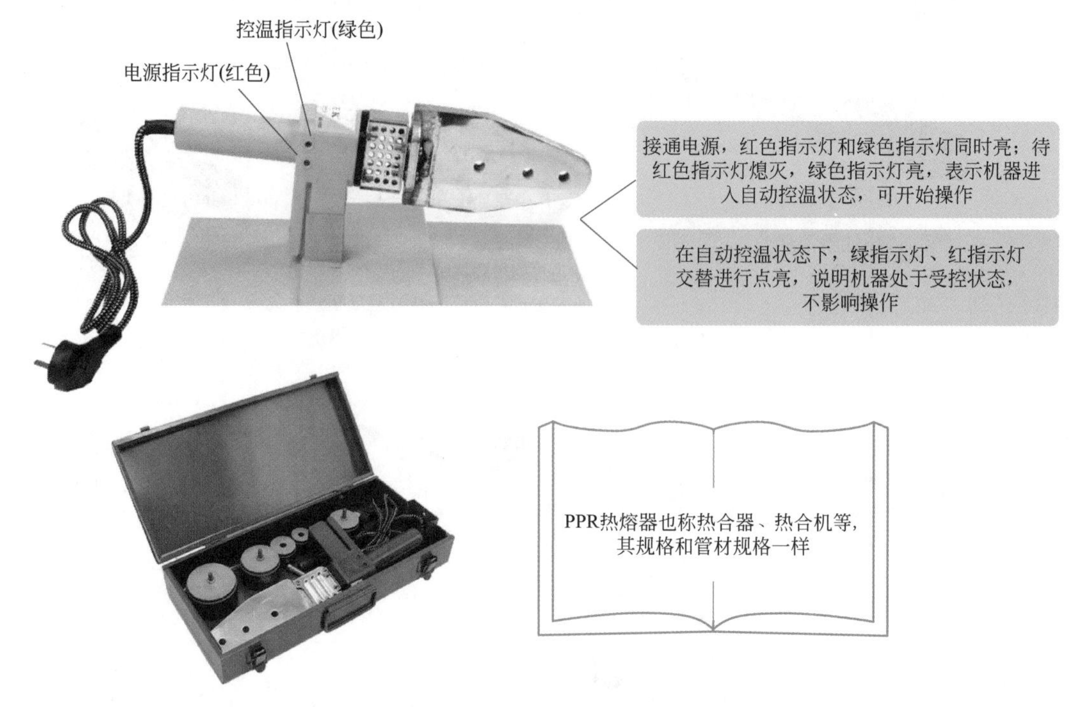

图 2-34　非数显 PPR 热熔机

常用数显 PPR 热熔机的参数见表 2-5。

表 2-5　常用数显 PPR 热熔机的参数

产品型号	32 型双散热	32 型数显双散热	63 型数显双散热
数字显示	无	有	有
温度可调 /℃	恒温	120 ～ 300 可调	120 ～ 320 可调
机器功率 /W	800 左右	800 左右	1000 左右
加热温度 /℃	260±5%	260±5%	280±5%
绝缘电阻 /MΩ	>1	>1	>1
漏电流 /mA	<5	<5	<5
电源线	橡胶（防烧）	橡胶（防烧）	橡胶（防烧）
箱子尺寸 /mm	36×15×8	36×15×8	38×17×8.5
支架结构	U 形支架	U 形支架	U 形支架
环境温度 /℃	0 ～ 40	0 ～ 40	0 ～ 40
相对湿度 /%	45 ～ 95	45 ～ 95	45 ～ 95
电压范围 /V	220±10%	220±10%	220±10%
模头规格	20、25、32 三套	20、25、32 三套	20、25、32、40、50、63 六套

PPR 热熔机模头规格图例如图 2-35 所示。

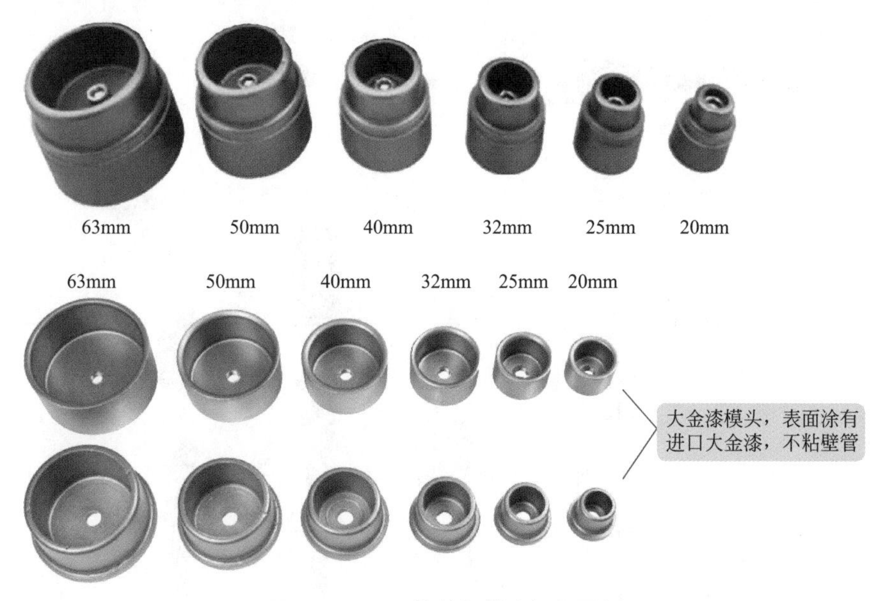

图 2-35　PPR 热熔机模头规格图例

PPR 热熔机的使用方法如下。

① 首先把热熔机放置在架上，然后根据所需管材规格安装对应的加热模头，并且用内六角扳手扳紧。

② 接通电源，绿色指示灯亮，红色指示灯熄灭，表示熔接器进入自动控制状态，可以开始操作。在自动控温状态，则说明热熔机处于受控状态，不影响操作。

③ 用切管器垂直切断管材，将管材、管件同时无旋转推进热熔机模头内。达到加热时间后立即把管材、管件从模头同时取下，然后迅速无旋转地直线均匀插入到所需深度，使接头形成均匀凸缘。

提醒

注意 PPR 热熔机电源必须带有接地保护线，并且 PPR 热熔机一般小模头安装在前端，大模头安装在后端。

2.6 电路施工工具

2.6.1　氖管测电笔

在电路施工时，需要用到的工具有裁剪电线的工具（如带绝缘柄的剥线钳）、弯线管用的弹簧、穿线用的钢丝、电工刀、测电笔等。

测电笔又称为普通测电器，俗称电笔。测电笔特点与使用图解如图 2-36 所示。

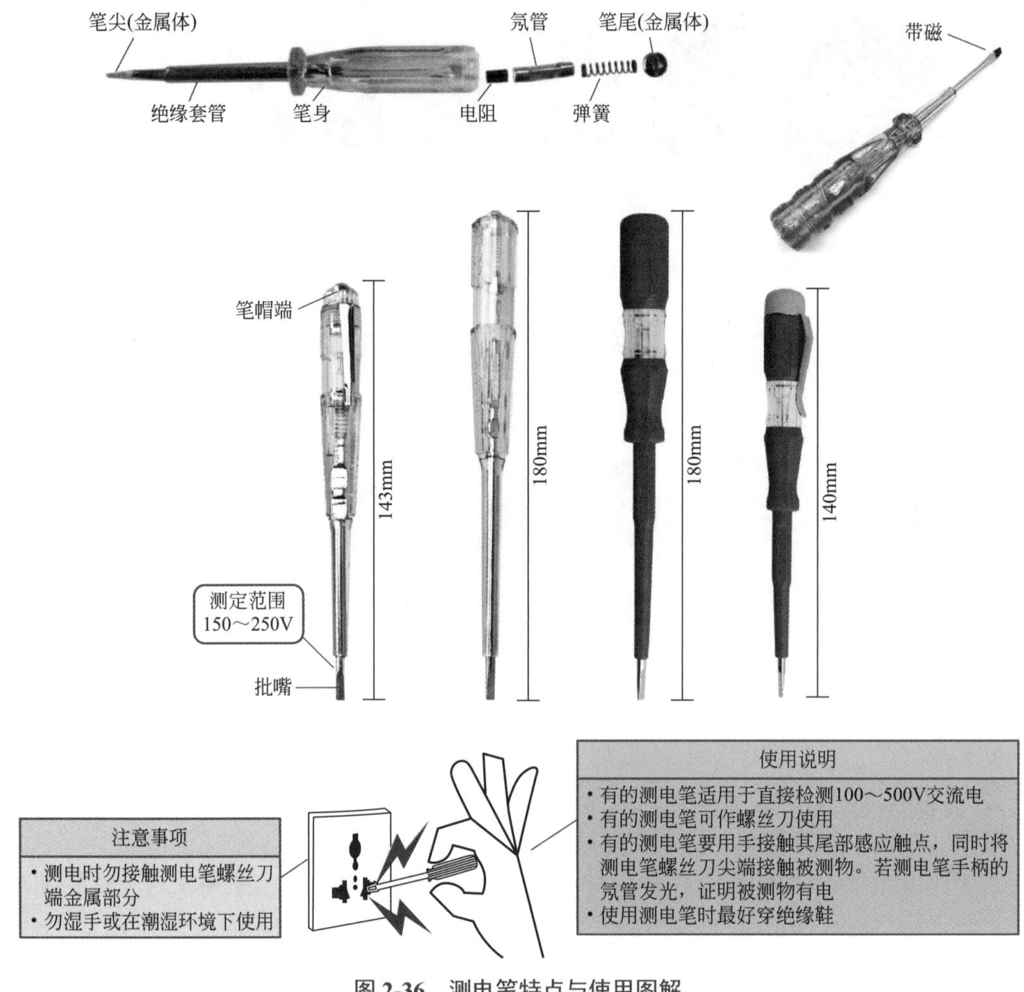

图 2-36　测电笔特点与使用图解

提醒

使用氖管测电笔时手握的姿势很重要，食指需要顶住测电笔的笔帽端，拇指与中指、无名指应轻轻捏住测电笔使其保持稳定，然后把测电笔的金属笔尖接触需要检测的低压导电部位。最后根据测电笔中间位置的氖管是否发光进行判断。如果氖管发光，则说明带电；如果氖管不发光，则说明不带电。

2.6.2　数显测电笔

数显测电笔也就是数字显示测电笔。许多数显测电笔上有直接检测按钮、感应断点测试按钮。使用时如果接触物体测量，则用拇指轻轻按住直接检测按钮（DIRECT），金属笔尖接触物体测量即可。如果想知道物体内部或带绝缘皮电线内部是否有电，则用拇指轻触感应断点测试按钮（INDUCTANCE）。如果数显测电笔显示闪电符号，则说明物体内部带电；如果数显测电笔没有显示闪电符号，则说明物体内部不带电。

使用数显测电笔时不要同时把两个按钮都按住，这样测量的结果不准确。数显测电笔结构特点如图 2-37 所示。数显测电笔的检测项目与方法见表 2-6。

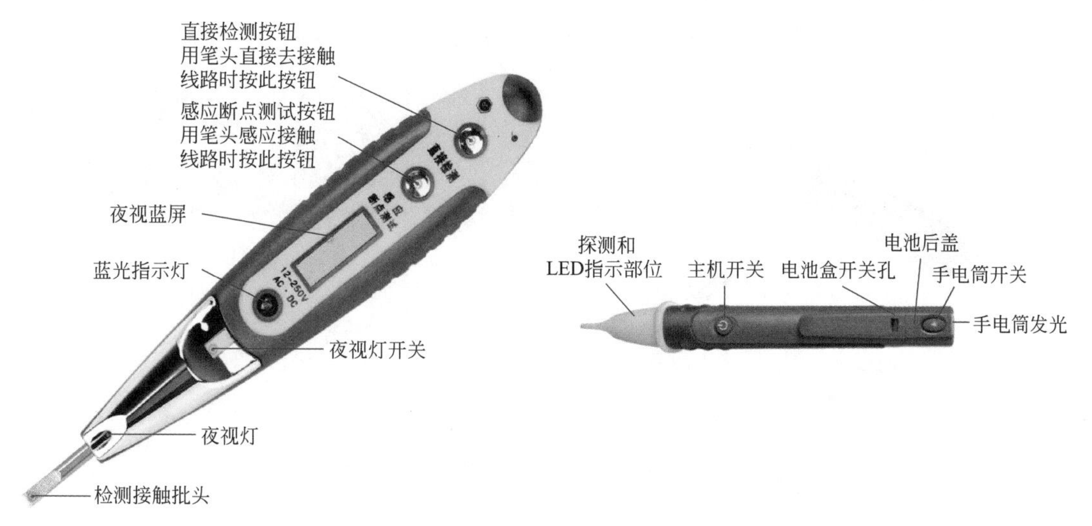

图 2-37 数显测电笔结构特点

表 2-6 数显测电笔的检测项目与方法

项目	用法	现象
自检功能	使用前自检，一手拿着测电笔头，一手按着直接检测按钮	灯亮表示测电笔电池充足，不亮表示需要更换电池
线路畅通检测	一手按着电插头的零线，另一手按着测电笔的直接检测按钮，然后测电笔头对应电插头火线	灯亮表明线路回路正常，灯不亮表明此线路某处断开了
线路断点检测	一手按感应断点检测按钮，刀头靠近导线会出现带电号，沿着电线移动刀头	如果带电号消失，表明此处即为电线的断路点
直流电检测	一手按着电池的一端，另一手按着直接检测按钮后，将测电笔头触碰电池的另一端	蓝灯亮：表明电池电量充足 灯暗或者不亮：表明电池电量不足或已经没电
交流电检测	一手按着测电笔的直接检测按钮，然后把测电笔的刀头放进火线、零线或者地线的位置	相关数据显示在夜视蓝屏上，分别是： 地线：12V 零线：受外界电场影响时显示 12V 火线：12V、36V、55V、110V、220V
高压电检测	一手按着测电笔的刀头位置，把测电笔的尾部靠近高压电体或带电体	蓝灯越亮表示所靠近的高压电体电压越高 蓝灯越暗表示带电体电压越低 注意：检测过程不能直接按直接检测按钮，可间接测试高达 1kV 电压

提醒

测电笔本身是用于测试电流，而不是专门用于拧螺钉的旋具。如果出现高频率用于拧螺钉的情况，则需要用专门的螺丝刀来操作。

2.6.3 电工刀

电工刀是电工常用的一种切削工具。普通的电工刀一般由刀片、刀刃、刀把、刀挂等构成。电工刀不用时，可以把刀片收缩到刀把内。电工刀的特点与应用如图 2-38 所示。

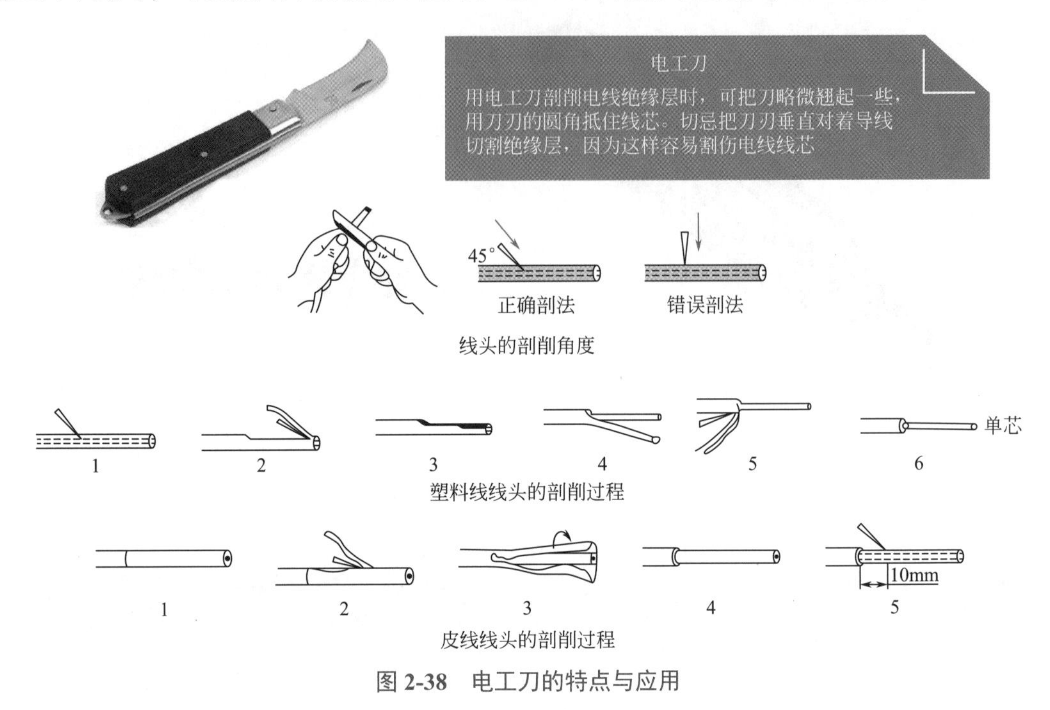

图 2-38　电工刀的特点与应用

有的电工刀的刀片汇集有多项功能，使用时可以充分利用电工刀进行相应操作。

2.6.4 多功能工具

一款多功能工具的特点如图 2-39 所示。

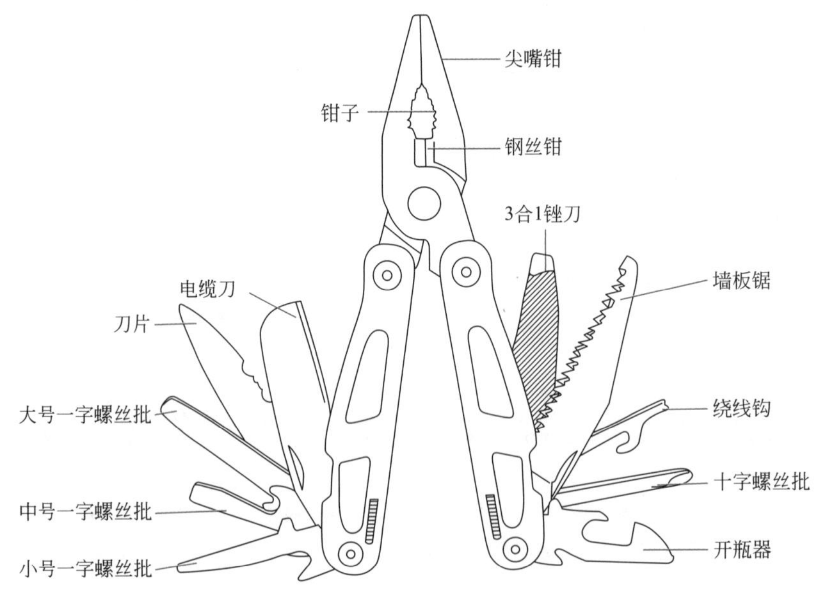

图 2-39　一款多功能工具的特点

2.6.5　网线钳

网线钳的外形与特点如图 2-40 所示。

使用网线钳制作水晶头的方法如下。

① 剥线——首先把网线头剥皮大约 3cm。

② 撸线——然后把缠绕一起的 8 股 4 组网线分开并捋直。

③ 排线——根据相关标准，按先后顺序排好。

④ 剪齐——再把排好的线并拢，并用压线钳带刀口的部分切平网线末端。

⑤ 放线——将水晶头有塑料弹簧片的一端向下，有金属针脚的一端向上，然后把整齐的 8 股线插入水晶头，以及使其紧紧地顶在顶端。

⑥ 压线——再把水晶头插入槽内，用力地握紧压线钳即可。

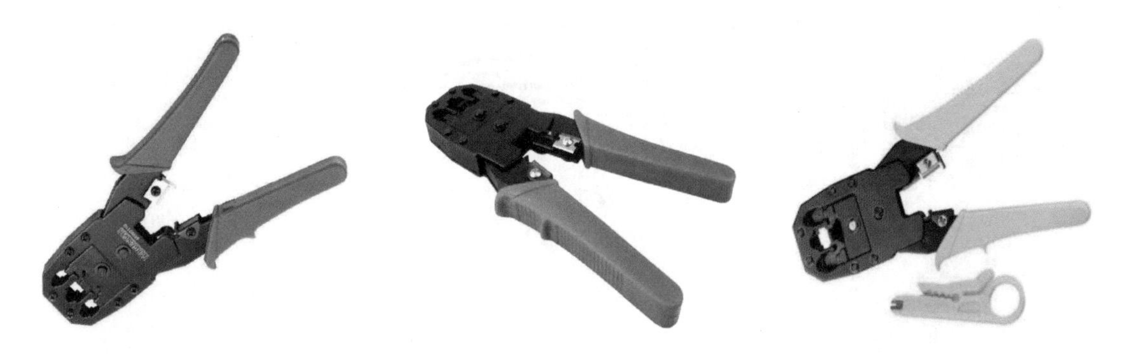

图 2-40　网线钳的外形与特点

网线的连接与应用如图 2-41 所示。

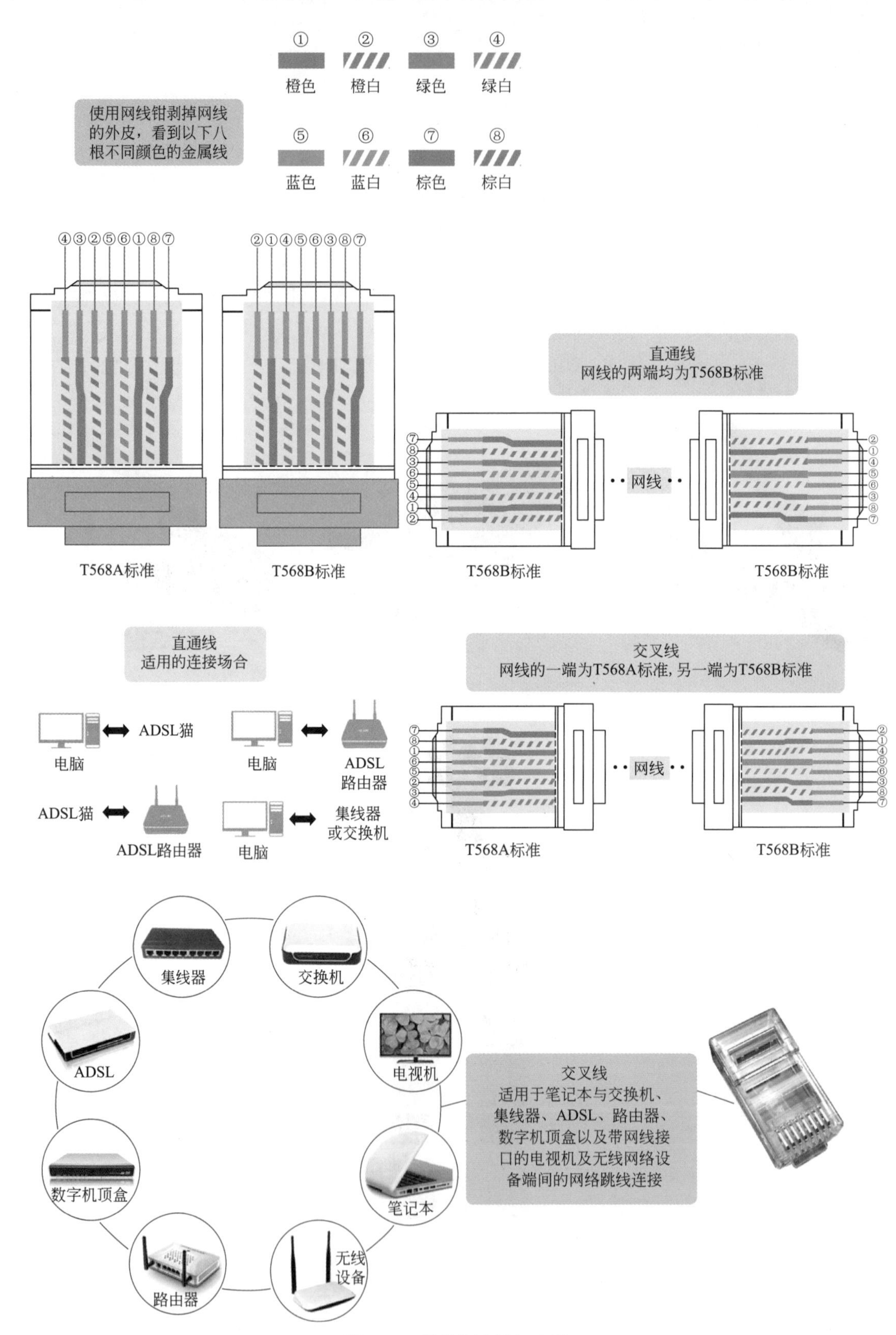

图 2-41　网线的连接与应用

水电改造验收工具

2.7.1　水路验收工具——试压泵

水路改造做完后，一定要做水管的打压测试，检测水管是否能够承受一定范围的压力，以保证后期水管管路连接可靠性。

做水管的打压测试所用到的工具主要是打压泵，也就是试压泵。

试压泵工作原理：试压泵的柱塞通过手柄上提时，泵体内会产生真空，并且进水阀开启，清水进入滤网经水管进入泵体。试压泵手柄施力下压时，其进水阀关闭，出水阀顶开，输出压力水，并进入被测器件。这样如此往复工作，实现额定压力的试压目的。

在试压过程中，如果发现压力表气压下降，则可以确定管子或者附件存在渗水。

家装常用的手动试压泵如图 2-42 所示。

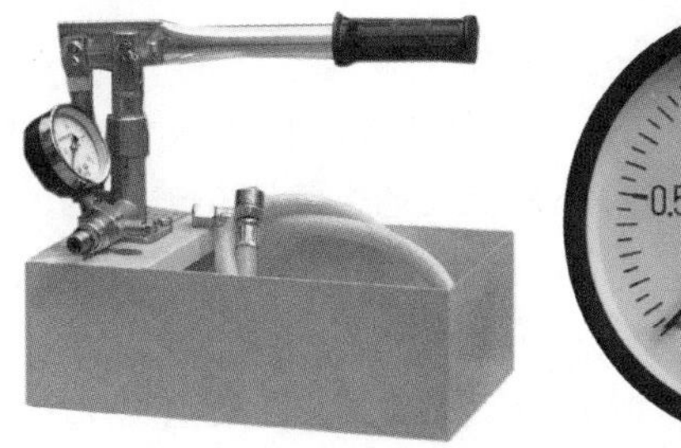

图 2-42　家装常用的手动试压泵

2.7.2　电路验收工具——兆欧表

电路改造验收时，需要用万用表检查各回路是否有电流，也可以通过电阻表、兆欧表检查回路的电阻值来判断线路是否正常：一般各回路的绝缘电阻值不小于 0.5MΩ 为正常。

兆欧表俗称摇表。兆欧表大多采用手摇发电机供电，其刻度是以兆欧（MΩ）为单位。兆欧表如图 2-43 所示。

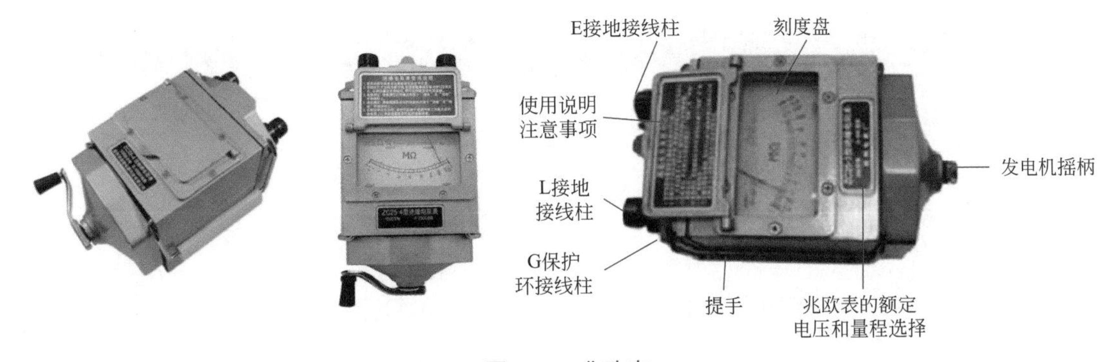

图 2-43　兆欧表

兆欧表主要用来检查电气设备、家用电器、电气线路对地及相间的绝缘电阻，以保证设备、电器、线路工作在正常状态，避免发生触电伤亡、设备损坏等事故。

兆欧表可以分为数字兆欧表、指针兆欧表，也可以分为大功率高压兆欧表、低压兆欧表等类型。

兆欧表的使用方法与注意点如下。

① 测量前，必须将被测设备电源切断，并且对地短路放电。

② 被测物表面要清洁，以减小接触电阻，确保测量的正确性。

③ 测量前，应将兆欧表进行一次短路、开路试验，检查兆欧表是否良好，如图 2-44 所示。

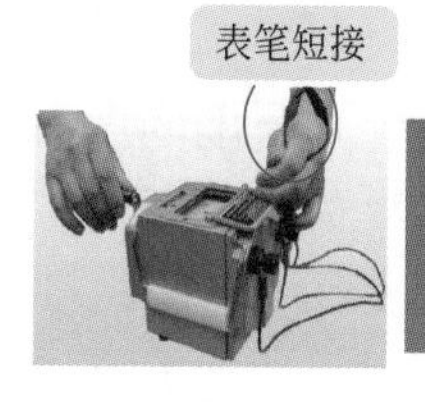

图 2-44　兆欧表的短路、开路试验

④ 兆欧表使用时，应放在平稳、牢固的地方，以及远离大的外电流导体、外磁场。

⑤ 必须正确接线。兆欧表上一般有三个接线柱，其中 L 接在被测物与大地绝缘的导体部分，E 接被测物的外壳或大地，G 接在被测物的屏蔽上或不需要测量的部分。测量绝缘电阻时，一般只用 L、E 端。测量电缆对地的绝缘电阻或被测设备的漏电流较严重时，需要使用 G 端，以及将 G 端接屏蔽层或外壳。

⑥ 禁止在雷电时或高压设备附近测绝缘电阻。只能在设备不带电、也没有感应电的情况下测量。

⑦ 兆欧表未停止转动前或被测设备未放电前，严禁用手触及。

⑧ 拆兆欧表的线时，不要触及引线的金属部分。

⑨ 兆欧表线不能绞在一起，需要分开。

⑩ 兆欧表接线柱引出的测量软线绝缘需要良好，两根导线间、导线与地间需要保持适当距离。

⑪ 为了防止被测设备表面泄漏电阻，使用兆欧表时，需要将被测设备的中间层接于保护环。

⑫ 读数使用完毕后，需要将被测设备放电。

提醒

所用兆欧表的电压等级需要高于被测物的绝缘电压等级。

选择兆欧表的方法如下。

① 测量额定电压在 500V 以下的设备或线路的绝缘电阻时，可以选择 500V 或 1000V 兆欧表。

② 测量额定电压在 500V 以上的设备或线路的绝缘电阻时，可以选择 1000 ～ 2500V 兆欧表。

③ 在一般情况下测量低压电气设备绝缘电阻时，可以选择 0 ～ 200MΩ 量程的兆欧表。

第 3 章 识图制图轻松会

3.1 识图制图概述

3.1.1 电气图类型

电气图类型如图 3-1 所示。

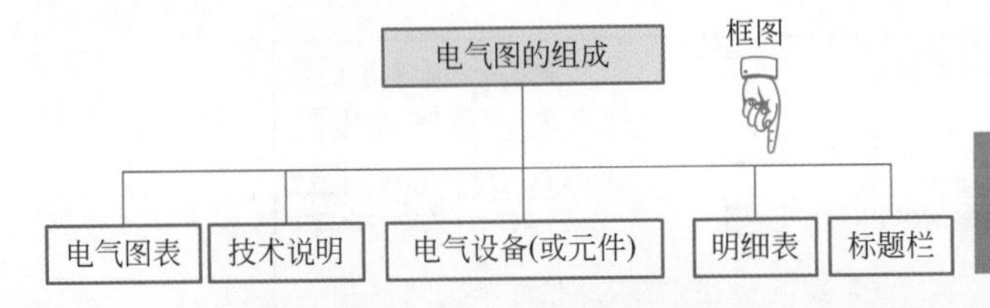

电气系统图或框图：用符号或带注释的框，概略表示系统或分系统的基本组成、相互关系及其主要特征的一种简图

电气总平面图 → 采用图形和文字符号将电气设备及电气设备之间电气通路的连接线缆、路由、敷设方式、电力电缆井、人(手)孔等信息绘制在一个以总平面图为基础的图内，并表达其相对或绝对位置信息的图样

电气大样图 → 一般指用1∶20～10∶1比例绘制出的电气设备或电气设备及其连接线缆等与周边建筑构、配件联系的详细图样，清楚地表达细部形状、尺寸、材料和做法

电气详图 → 一般指用1∶50～1∶20比例绘制出的详细电气平面图或局部电气平面图

电气平面图 → 采用图形和文字符号将电气设备及电气设备之间电气通路的连接线缆、路由、敷设方式等信息绘制在一个以建筑专业平面图为基础的图内，并表达其相对或绝对位置信息的图样

接线图(表) → 表达项目组件或单元之间物理连接信息的简图(表)

系统图 → 概略地表达一个项目的全面特性的简图，又称概略图

图 3-1 电气图类型

提醒

平面图与立面图是装修工程中常见的图。立面图主要是画物体的立面，平面图主要是画物体的平面。立面也就是站在物体的对面所看见物体上的东西的一面。把该面的一些东西反映在图纸上也就是立面图。

3.1.2 家装图纸常用的比例

家装建筑实际上是一个大空间复杂体，而家装建筑相关图只是电子介质或者纸介质上的一幅或者几幅图。可见，它们间存在“浓缩”—— 比例关系。

家装图纸常用的比例如图 3-2 所示。

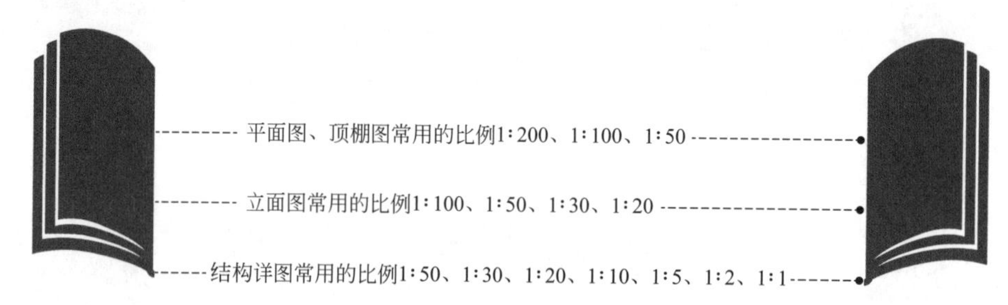

图 3-2　家装图纸常用的比例

3.1.3 配电设备图符

配电设备图符如图 3-3 所示。

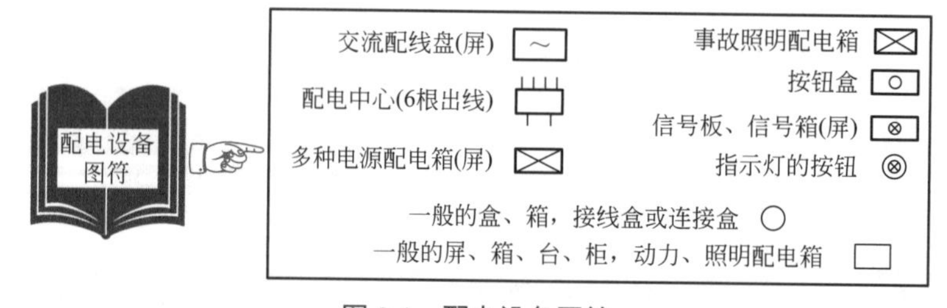

图 3-3　配电设备图符

3.1.4 用电设备标注格式

用电设备标注格式如图 3-4 所示。

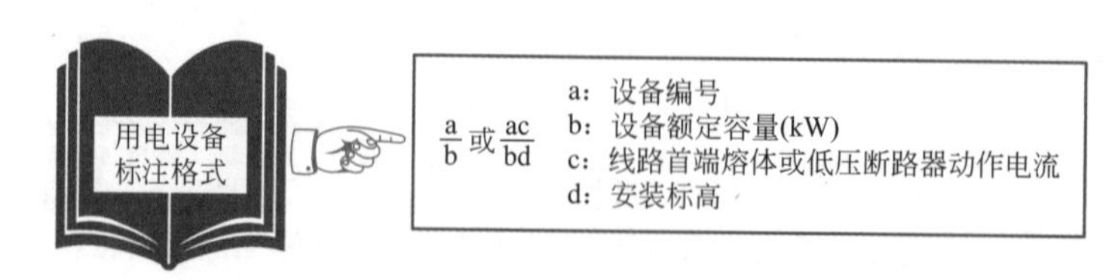

图 3-4　用电设备标注格式

3.1.5　电力与照明设备标注格式

电力与照明设备标注格式如图 3-5 所示。

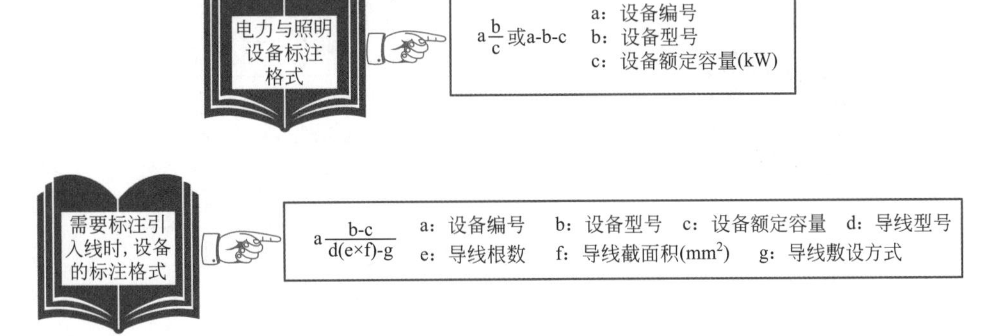

图 3-5　电力与照明设备标注格式

3.1.6　灯具图符

灯具图符如图 3-6 所示。

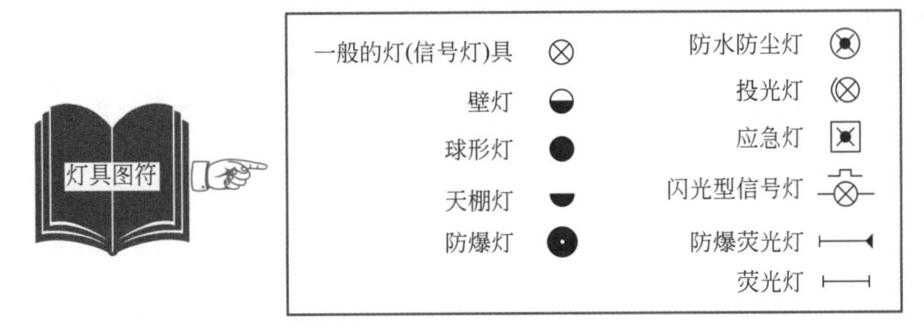

图 3-6　灯具图符

3.1.7　灯具类型文字符号

灯具类型文字符号如图 3-7 所示。

灯具类型	文字符号	灯具类型	文字符号
壁灯	B	卤钨探照灯	L
吸顶灯	D	普通吊灯	P
防水防尘灯	F	搪瓷伞罩灯	S
工厂一般灯具	G	投光灯	T
防爆灯	G或专用符号	无磨砂玻璃罩万能型灯	W
花灯	H	荧光灯灯具	Y
水晶底罩灯	J	柱灯	Z

图 3-7　灯具类型文字符号

3.1.8 灯具安装方式文字符号

灯具安装方式文字符号如图 3-8 所示。

灯具安装方式	文字符号	灯具安装方式	文字符号
台上安装式	T	吊线器式	CP3
支架安装式	SP	链吊式	Ch
柱上安装式	CL	管吊式	P
座装式	HM	壁装式	W
吸顶式	S	自在器线吊式	CP
嵌顶式	R	固定线吊式	CP1
墙壁内安装式	WR	防水线吊式	CP2

图 3-8 灯具安装方式文字符号

3.1.9 灯具标注格式

灯具标注格式如图 3-9 所示。

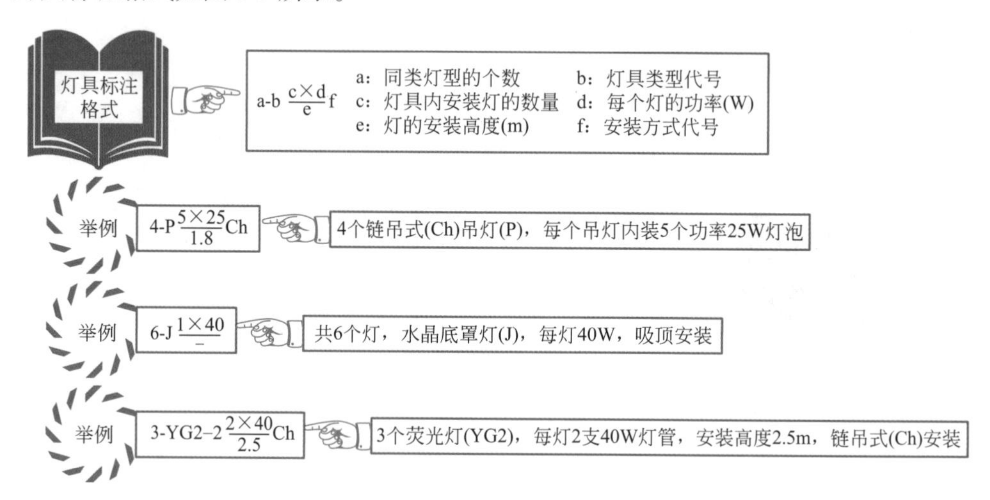

图 3-9 灯具标注格式

3.1.10 线路敷设方式与部位文字符号

线路敷设方式与部位文字符号如图 3-10 所示。

导线敷设方式与部位	文字符号	导线敷设方式与部位	文字符号
沿钢索敷设	SR	用瓷瓶或者瓷柱敷设	K
沿屋架或跨屋架敷设	BE	用塑料线槽敷设	PR
沿墙面敷设	WE	用钢线槽敷设	SR
沿顶棚面或顶板面敷设	CE	穿水煤气管敷设	RC
暗敷设在梁内	BC	穿焊接钢管敷设	SC
暗敷设在柱内	CLC	穿电线管敷设	TC
暗敷设在墙内	WC	用电缆桥架敷设	CT
暗敷设在地面内	FC	用瓷瓶敷设	PL
暗敷设在顶板内	CC	用塑料夹敷设	PCL

图 3-10 线路敷设方式与部位文字符号

3.1.11　线路标注格式

线路标注格式如图 3-11 所示。

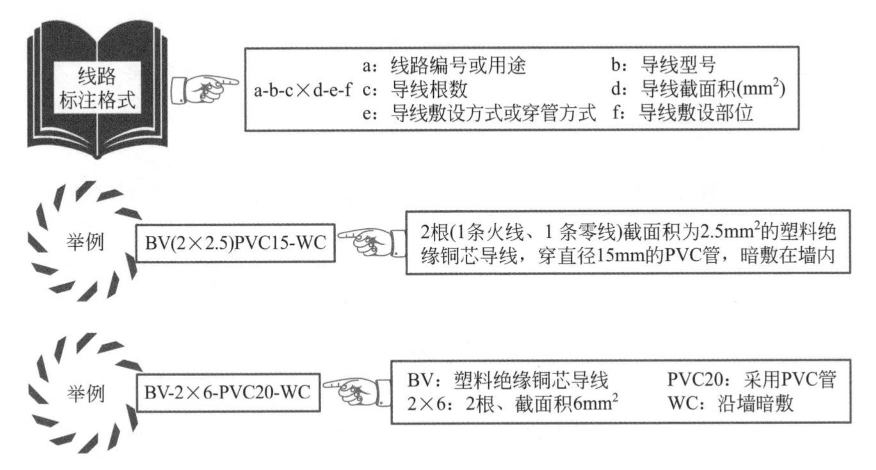

图 3-11　线路标注格式

3.1.12　电气单根线的表示

电气单根线的表示如图 3-12 所示。

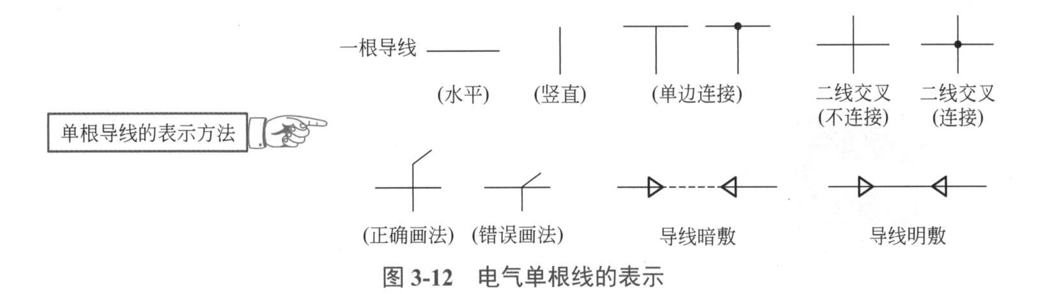

图 3-12　电气单根线的表示

3.1.13　电气多根线的表示

电气多根线的表示如图 3-13 所示。

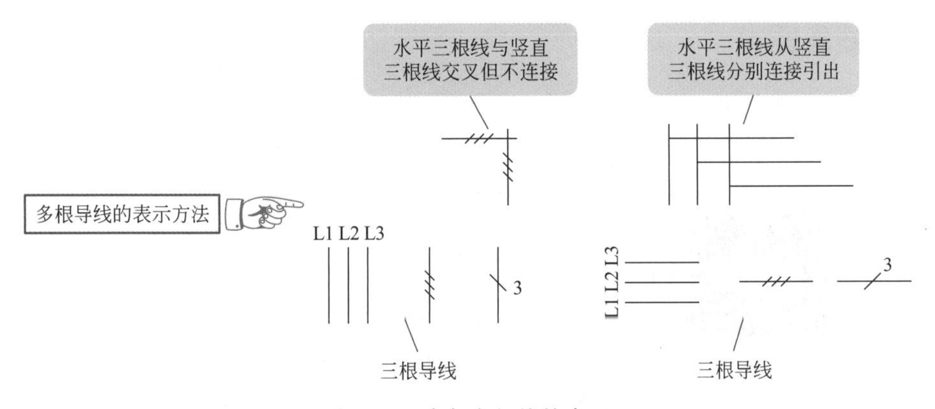

图 3-13　电气多根线的表示

3.1.14 导线的表示与其说明

导线的表示与其说明如图 3-14 所示。

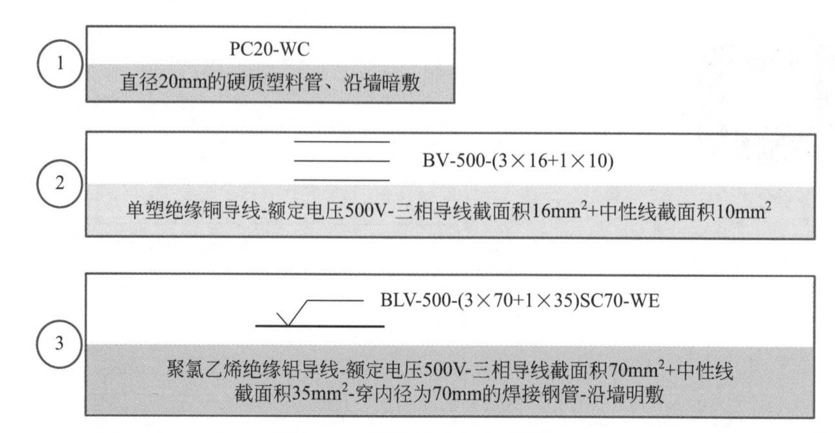

图 3-14 导线的表示与其说明

3.1.15 线路图符

线路图符如图 3-15 所示。

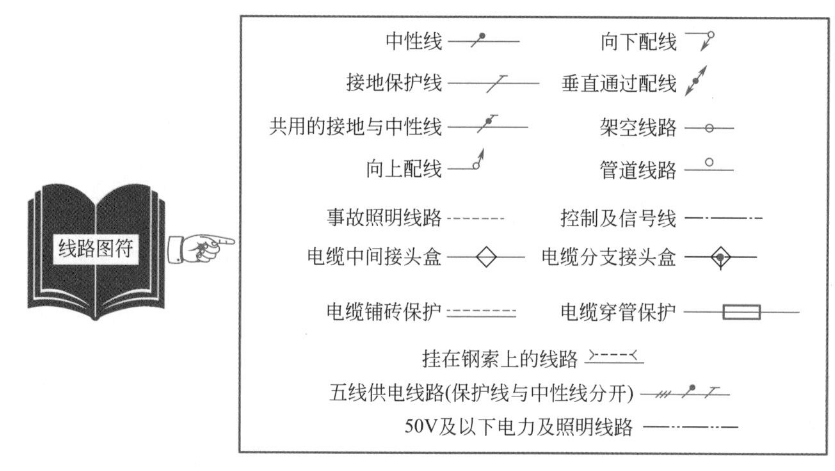

图 3-15 线路图符

3.1.16 插座图符

插座图符如图 3-16 所示。

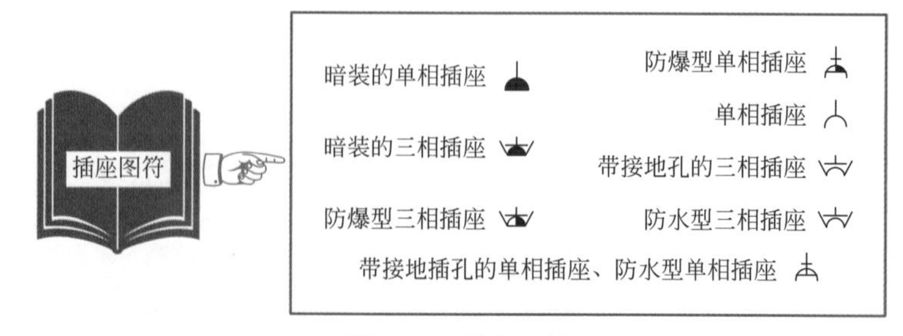

图 3-16 插座图符

插座平面图如图 3-17 所示。

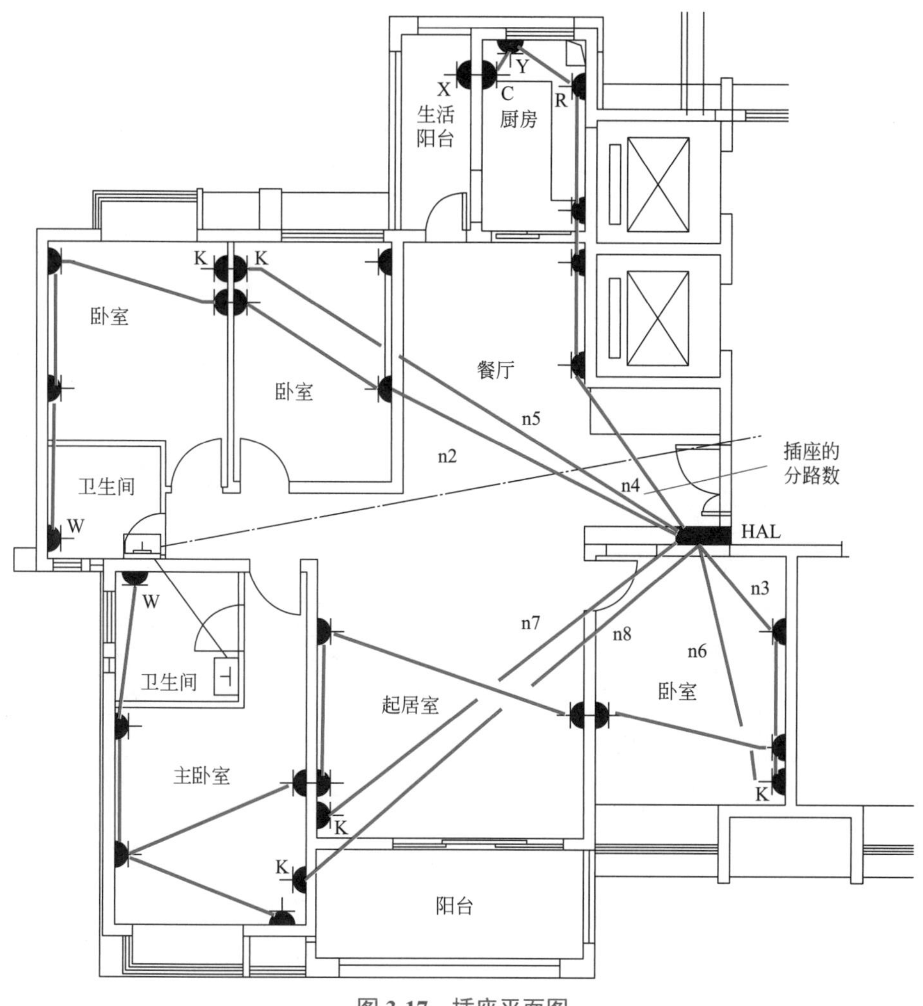

图 3-17　插座平面图

3.1.17　开关图符

开关图符如图 3-18 所示。

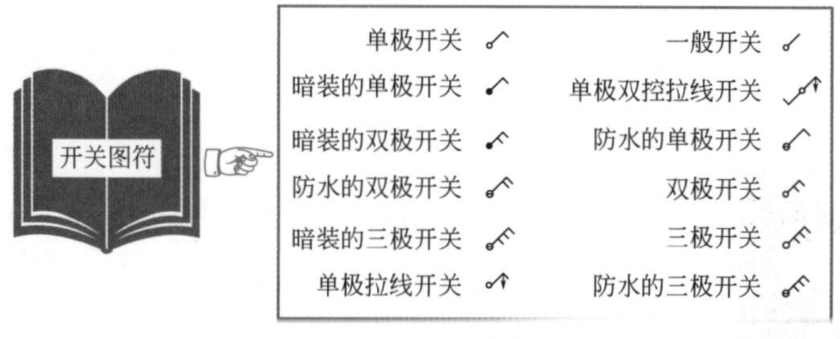

图 3-18　开关图符

举例识图如图 3-19 所示。

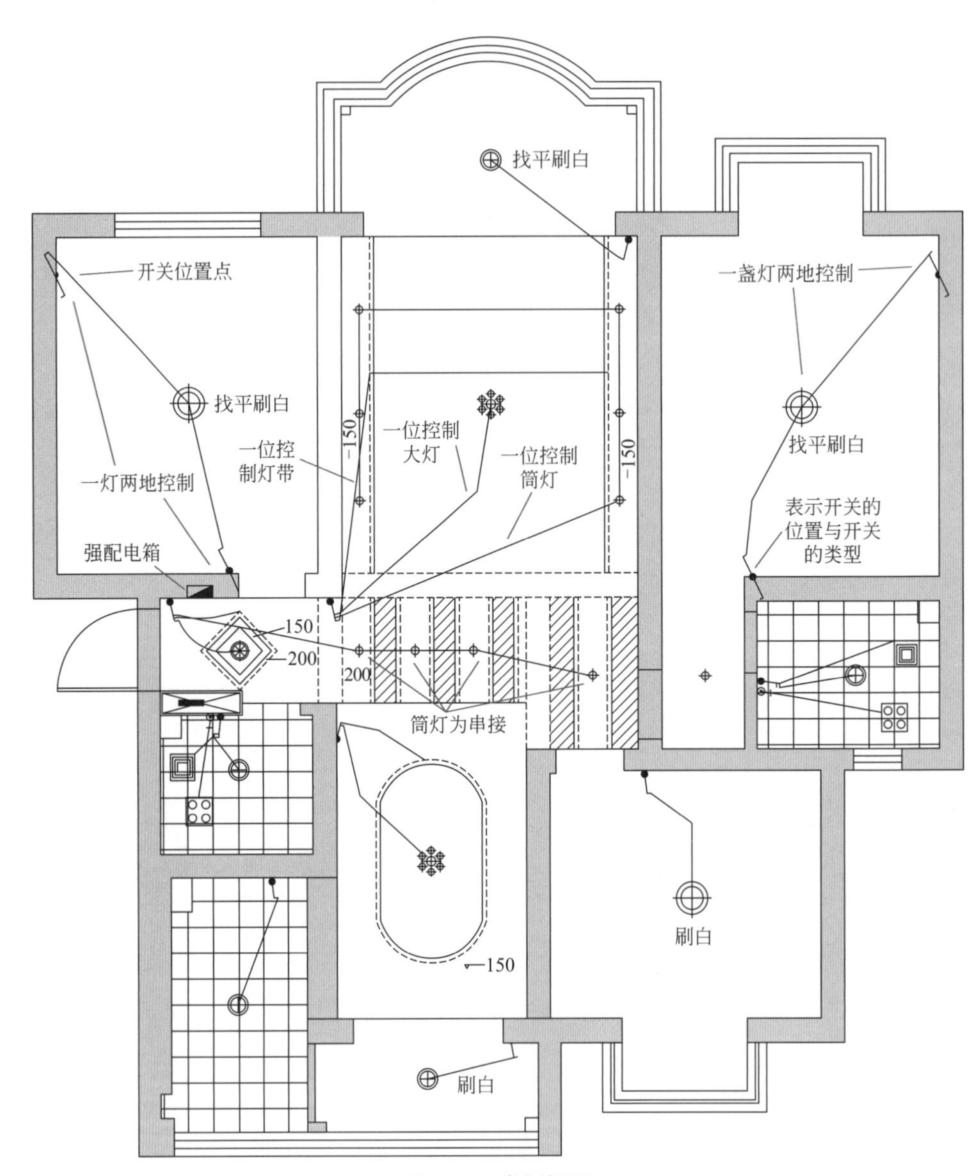

图 3-19　举例识图

3.1.18　仪表图符

仪表图符如图 3-20 所示。

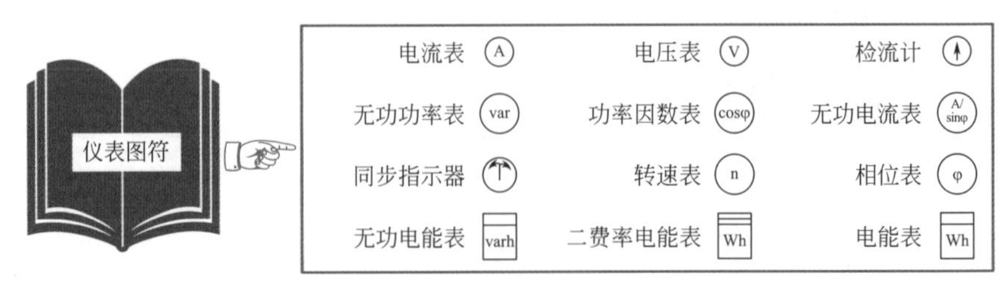

图 3-20　仪表图符

3.1.19　会签栏的类型

会签栏的类型如图 3-21 所示。

专业	姓名	日期	专业	姓名	日期
建筑			暖通		
结构			电气		
水管道			弱电		

<table>
<tr><td rowspan="4"></td><td colspan="6">××建筑设计有限责任公司</td><td>工程名称</td><td></td><td>工程号</td><td></td></tr>
<tr><td>项目负责</td><td></td><td></td><td>专业负责</td><td></td><td></td><td>建设单位</td><td></td><td>图别</td><td></td></tr>
<tr><td>专业审定</td><td></td><td></td><td>设计</td><td></td><td></td><td rowspan="2">图名</td><td rowspan="2"></td><td>图号</td><td></td></tr>
<tr><td>校对</td><td></td><td></td><td>制图</td><td></td><td></td><td>日期</td><td></td></tr>
</table>

图 3-21　会签栏的类型

3.1.20　图幅面特点

图幅面特点如图 3-22 所示。

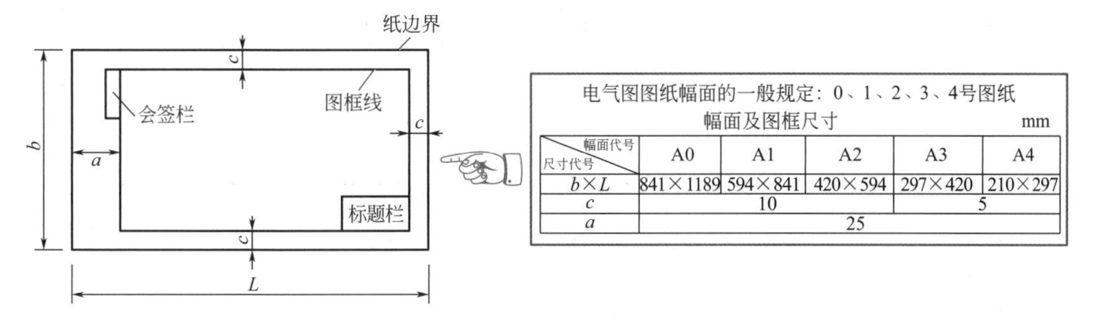

电气图图纸幅面的一般规定：0、1、2、3、4号图纸幅面及图框尺寸　mm

尺寸代号 \ 幅面代号	A0	A1	A2	A3	A4
$b \times L$	841×1189	594×841	420×594	297×420	210×297
c	10			5	
a	25				

图 3-22　图幅面特点

3.1.21　配电箱系统图的识读

配电箱系统图的识读图解如图 3-23 所示。

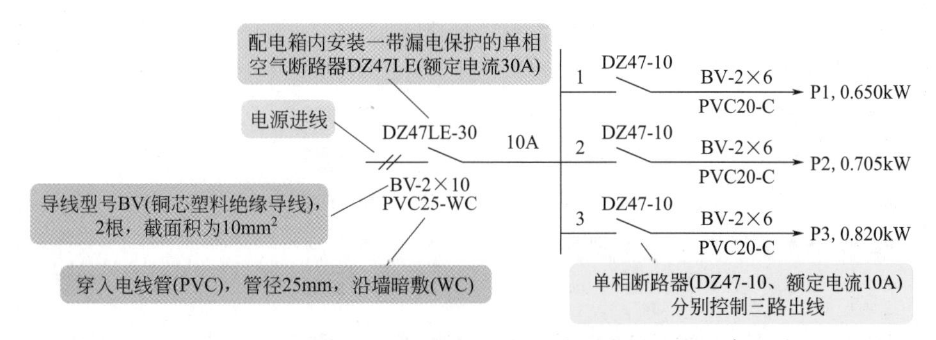

图 3-23　配电箱系统图的识读图解

用软件绘图

3.2.1 了解绘图软件特点

电气图、给排水管道图除了手绘外，更多的是采用绘图软件进行的。因此，了解绘图软件的特点，则对电气图、给排水管道图识图、制图会变得很轻松，易懂易会。

下面以一款水暖电绘图软件为例进行介绍，其他水暖电绘图软件可以参考、借鉴。

给排水管道图设计的项目（也就是管线设置细目），常见包括管线的线型、颜色、管材，并且一般可以设定，如图 3-24 所示。因此，不同的图纸其线型、颜色、管材等会存在差异。但是，这些差异一般采用常规标注，在允许范围内。

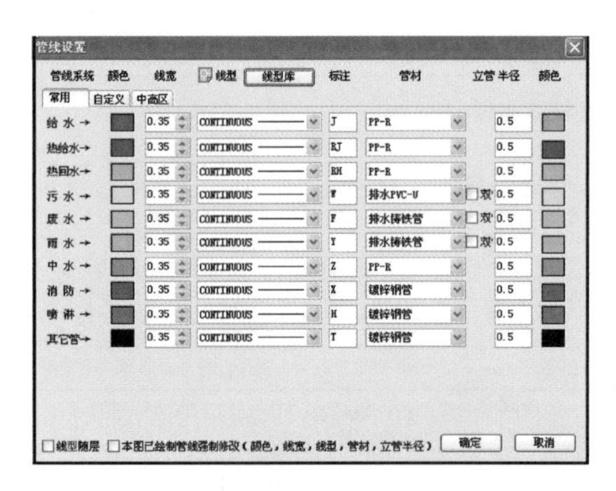

管线设置

常用 | 自定义 | 中高区

管线系统	颜色	线宽	线型	标注	管材	立管半径	颜色
给 水 →		0.35	CONTINUOUS	J	PP-R	0.5	
热给水→		0.35	CONTINUOUS	RJ	PP-R	0.5	
热回水→		0.35	CONTINUOUS	RH	PP-R	0.5	
污 水 →		0.35	CONTINUOUS	W	排水PVC-U □双	0.5	
废 水 →		0.35	CONTINUOUS	F	排水铸铁管 □双	0.5	
雨 水 →		0.35	CONTINUOUS	Y	排水铸铁管 □双	0.5	
中 水 →		0.35	CONTINUOUS	Z	PP-R	0.5	
消 防 →		0.35	CONTINUOUS	X	镀锌钢管	0.5	
喷 淋 →		0.35	CONTINUOUS	H	镀锌钢管	0.5	
其它管→		0.35	CONTINUOUS	T	镀锌钢管	0.5	

□线型随层 □本图已绘制管线强制修改（颜色，线宽，线型，管材，立管半径） 确定 取消

管线设置

常用 | 自定义 | 中高区

管线系统	颜色	线宽	线型	标注	管材	立管半径	颜色
凝结		0.35	CONTINUOUS	N	镀锌钢管	0.5	
直饮		0.35	CONTINUOUS	ZY	镀锌钢管	0.5	
压力污		0.35	CONTINUOUS	YW	镀锌钢管	0.5	
压力废		0.35	CONTINUOUS	YF	镀锌钢管	0.5	
压力雨		0.35	CONTINUOUS	YY	镀锌钢管	0.5	
市政给		0.35	CONTINUOUS	SJ	PP-R	0.5	
循环给		0.35	CONTINUOUS	XJ	PP-R	0.5	
冷却		0.35	CONTINUOUS	XH	镀锌钢管	0.5	
气体灭火		0.35	CONTINUOUS	MH	镀锌钢管	0.5	
蒸汽		0.35	CONTINUOUS	Z	PP-R	0.5	
雨淋		0.35	CONTINUOUS	YL	镀锌钢管	0.5	
通气		0.35	CONTINUOUS	T	排水铸铁管	0.5	
水景		0.35	CONTINUOUS	SJ	PP-R	0.5	

□线型随层 □本图已绘制管线强制修改（颜色，线宽，线型，管材，立管半径） 确定 取消

管线设置

常用 | 自定义 | 中高区

管线系统	颜色	线宽	线型	标注	管材	立管半径	颜色
给水中区 →		0.35	CONTINUOUS	J	PP-R	0.5	
给水高区 →		0.35	CONTINUOUS	J	PP-R	0.5	
热给中区 →		0.3	CONTINUOUS	RJ	PP-R	0.5	
热给高区 →		0.3	CONTINUOUS	RJ	PP-R	0.5	
热回中区 →		0.3	CONTINUOUS	RH	PP-R	0.5	
热回高区 →		0.3	CONTINUOUS	RH	PP-R	0.5	
消防中区 →		0.3	CONTINUOUS	X	镀锌钢管	0.5	
消防高区 →		0.3	CONTINUOUS	X	镀锌钢管	0.5	
喷淋中区 →		0.3	CONTINUOUS	ZP	镀锌钢管	0.5	
喷淋高区 →		0.3	CONTINUOUS	ZP	镀锌钢管	0.5	
中水中区 →		0.3	CONTINUOUS	Z	PP-R	0.5	
中水高区 →		0.3	CONTINUOUS	Z	PP-R	0.5	

□线型随层 □本图已绘制管线强制修改（颜色，线宽，线型，管材，立管半径） 确定 取消

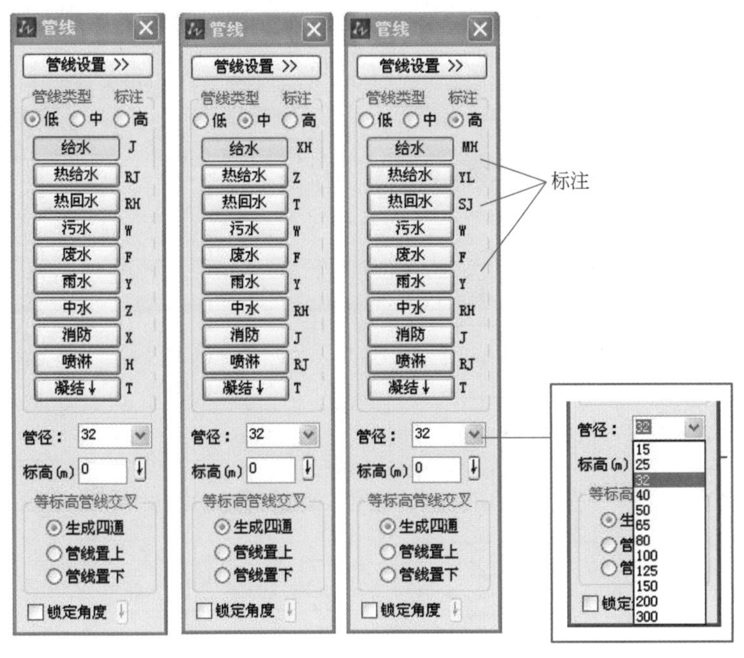

图 3-24 给排水管道图设计的项目

3.2.2 水管规格

有的绘图软件包括水管规格项目，使用时根据规格选定即可。不过，许多绘图软件中水管规格还具有设定功能。图纸上有的直接标注了水管规格；有的没有直接在图纸上标注水管规格，而是间接通过说明或者以表格形式体现出来。

PEX 水管常见规格见表 3-1，PPR 水管常见规格见表 3-2。

表 3-1 PEX 水管常见规格 mm

标注管径	外径	内径
12	16.00	12.00
15	20.00	16.00
20	25.00	20.40
25	32.00	26.20
32	40.00	32.60
40	50.00	40.80
50	60.00	50.00

表 3-2 PPR 水管常见规格 mm

标注管径	外径	内径
16	16.00	12.00
20	20.00	15.40
25	25.00	19.40
32	32.00	24.80
40	40.00	31.00
50	50.00	38.80
63	63.00	48.80
75	75.00	65.00
90	90.00	75.00
110	110.00	90.00

UPVC 双壁波纹管常见规格见表 3-3，薄壁不锈钢常见规格见表 3-4。

表 3-3　UPVC 双壁波纹管常见规格　mm

标注管径	外径	内径
110	110.00	109.00
125	125.00	123.80
160	160.00	158.80
200	200.00	198.60
250	250.00	248.30
315	315.00	313.10
400	400.00	397.70
500	500.00	497.20

表 3-4　薄壁不锈钢常见规格　mm

标注管径	外径	内径
10	12.00	10.80
15	16.00	14.80
20	22.00	20.80
25	28.00	25.40
32	35.00	33.00
40	42.00	40.00
50	54.00	51.60
65	70.00	67.60
80	89.00	86.00
100	108.00	105.00
125	133.00	129.00
150	159.00	155.00

其他管材常见规格见表 3-5 ～表 3-10。

表 3-5　排水 PVC-U 常见规格　mm

标注管径	外径	内径
40	40.00	36.00
50	50.00	46.00
75	75.00	70.40
90	90.00	83.60
110	110.00	103.60
125	125.00	118.60
150	160.00	152.00

表 3-6　铜管常见规格　mm

标注管径	外径	内径
8	15.00	10.00
10	17.00	12.00
15	22.00	16.00
20	27.00	21.00
25	34.00	28.00
32	44.00	38.00
40	48.00	41.00
50	60.00	53.00
65	76.00	68.00
70	76.00	68.00
80	88.00	80.00
100	114.00	106.00
125	140.00	131.00
150	165.00	156.00
200	219.00	210.00

表 3-7　衬塑热镀锌钢管常见规格　mm

标注管径	外径	内径
8	13.50	8.00
10	17.00	11.50
15	21.30	14.75
20	26.80	20.25
25	33.50	26.00
32	42.30	34.75
40	48.00	40.00
50	60.00	52.00
65	75.50	67.00
80	88.50	79.50
100	133.00	105.00
125	140.00	130.00
150	165.00	155.00
175	194.00	173.00
200	219.00	198.00
225	245.00	224.00
250	273.00	252.00
275	299.00	278.00
300	325.00	305.00
325	351.00	331.00
350	377.00	357.00

表 3-8　镀锌钢管常见规格　mm

标注管径	外径	内径
8	13.50	8.00
10	17.00	11.50
15	21.30	14.75
20	26.80	20.25
25	33.50	26.00
32	42.30	34.75
40	48.00	40.00
50	60.00	52.00
65	75.50	67.00
80	88.50	79.50
100	133.00	105.00
125	140.00	130.00
150	165.00	155.00
175	194.00	173.00
200	219.00	198.00
225	245.00	224.00
250	273.00	252.00
275	299.00	278.00
300	325.00	305.00
325	351.00	331.00
350	377.00	357.00

表 3-9　给水 PVC-U 常见规格　mm

标注管径	外径	内径
20	20.00	16.20
25	25.00	21.20
32	32.00	28.20
40	40.00	36.20
50	50.00	45.20
65	65.00	59.00
75	75.00	67.80
90	90.00	81.30
110	110.00	99.40
125	125.00	113.00
140	140.00	126.60
160	160.00	144.60
180	180.00	162.80
200	200.00	180.80
225	225.00	203.40
250	250.00	226.20
280	280.00	253.20
315	315.00	285.00

表 3-10　铝塑复合管常见规格　mm

标注管径	外径	内径
10	14.00	10.00
12	16.00	12.00
15	19.00	14.90
20	24.00	19.20
25	31.00	25.40
32	39.00	32.20
40	48.00	40.40
50	59.00	50.20
65	75.00	65.00
80	90.00	78.80
100	110.00	97.00
125	140.00	126.00
150	160.00	145.00

3.2.3 标注

绘图软件的标注项目丰富，并且具有固定的形式。因此，会使用或者了解绘图软件的人，阅读图纸时更易懂、更内行。一款水暖电绘图软件标注项目如图 3-25 所示。

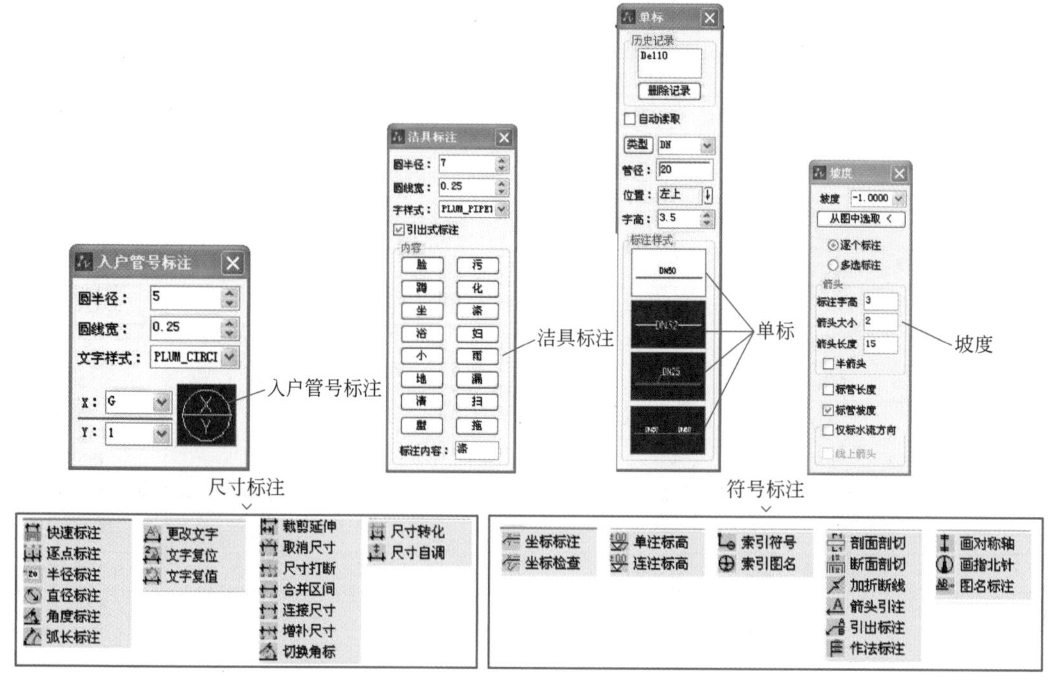

图 3-25　水暖电绘图软件标注项目

3.2.4 洗涤槽规格与外形

洗涤槽有不同的规格与外形。了解了洗涤槽规格与外形，在识图、制图或者实际施工中不会走弯路（其他的设施设备也是如此）。常见洗涤槽规格与外形如图 3-26 所示。

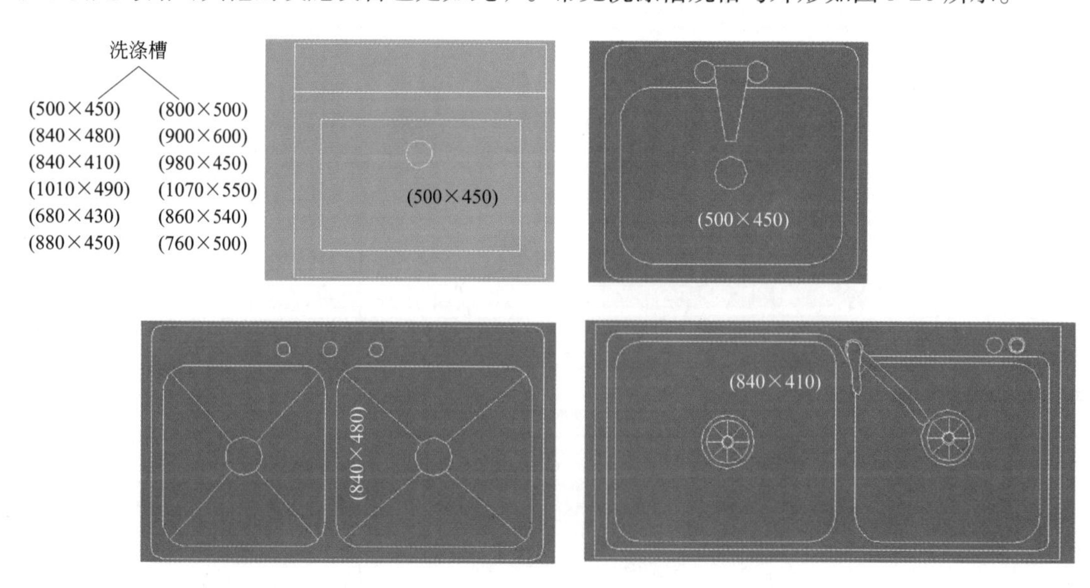

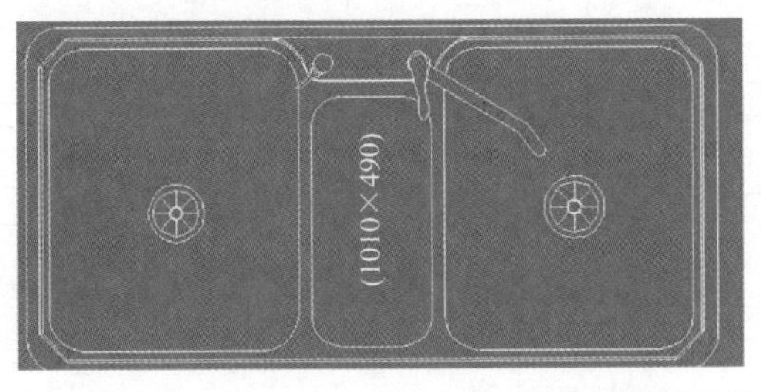

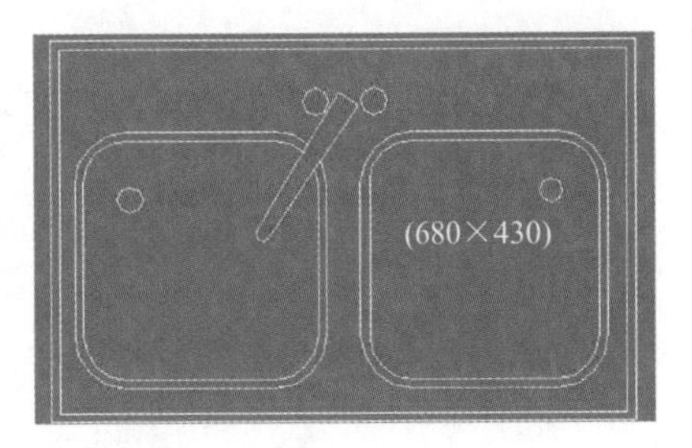

图 3-26　常见洗涤槽规格与外形（单位：mm）

3.2.5　拖布池规格与外形

常见拖布池规格与外形如图 3-27 所示。

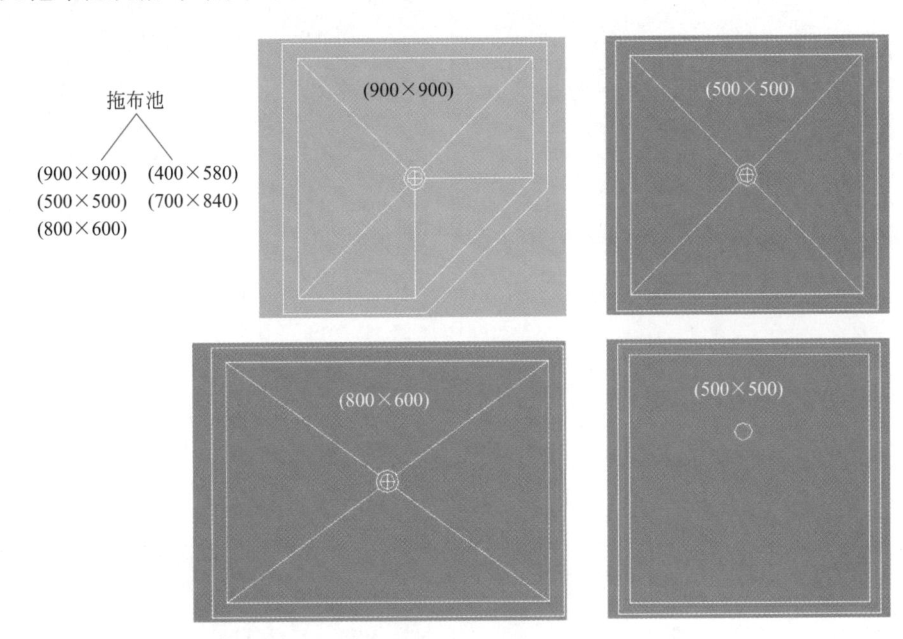

图 3-27　常见拖布池规格与外形（单位：mm）

3.2.6　煤气灶规格与外形

常见煤气灶规格与外形如图 3-28 所示。

煤气灶

双眼煤气灶1(600×340)
双眼煤气灶2(640×400)
双眼煤气灶3(700×400)
双眼煤气灶4(650×400)
双眼煤气灶5(700×350)
双眼煤气灶6(750×450)
双眼煤气灶7(700×400)
双眼煤气灶8(700×420)
双眼煤气灶9(750×360)
双眼煤气灶10(700×380)
双眼煤气灶11(750×460)

双眼煤气灶12(880×460)
双眼煤气灶13(880×460)
双眼煤气灶14(880×460)
双眼煤气灶15(880×460)
双眼煤气灶16(900×400)
双眼煤气灶17(700×360)
双眼煤气灶18(640×350)
双眼煤气灶19(600×350)

三眼煤气灶1(700×400)
三眼煤气灶2(900×480)
三眼煤气灶3(900×550)

四眼煤气灶(500×400)
六眼煤气灶(800×1050)

图 3-28

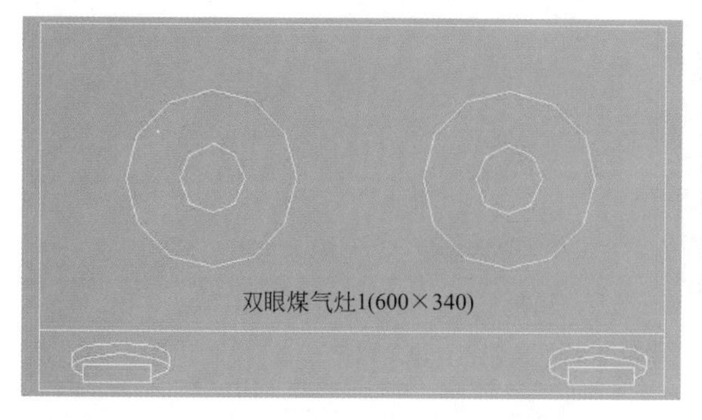

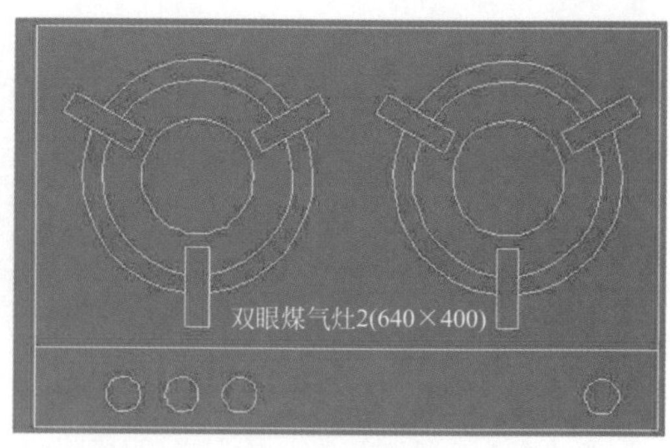

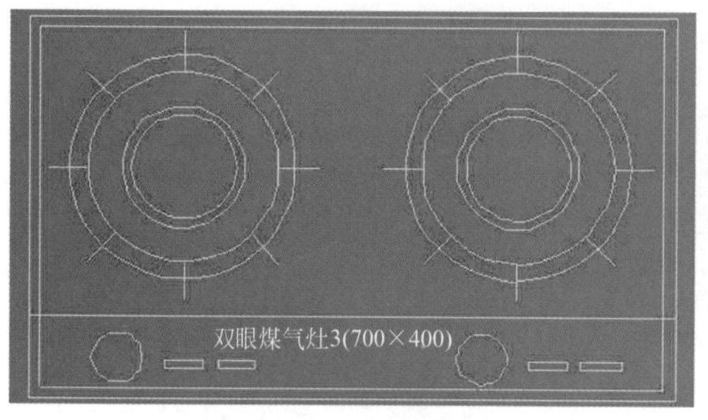

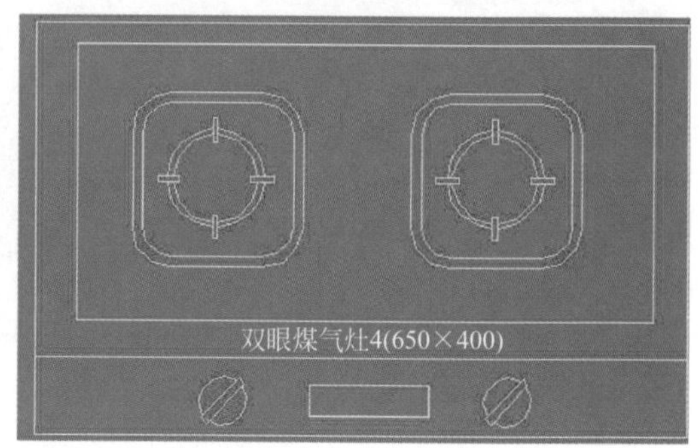

图 3-28 常见煤气灶规格与外形（单位：mm）

3.2.7 浴缸规格与外形

常见浴缸规格与外形如图 3-29 所示。

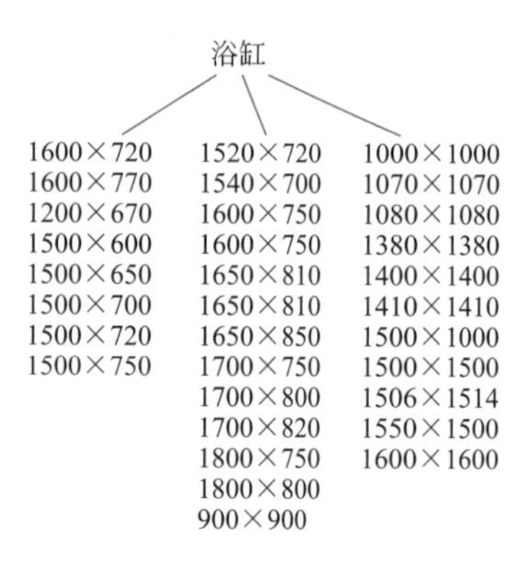

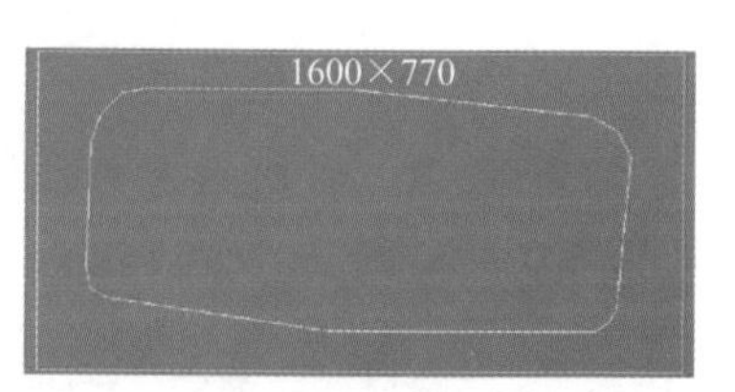

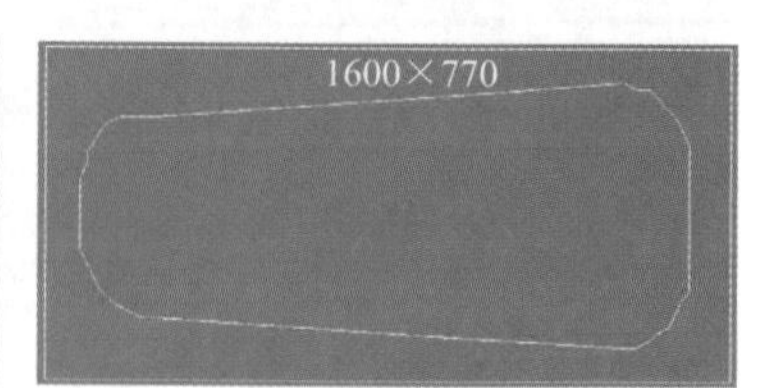

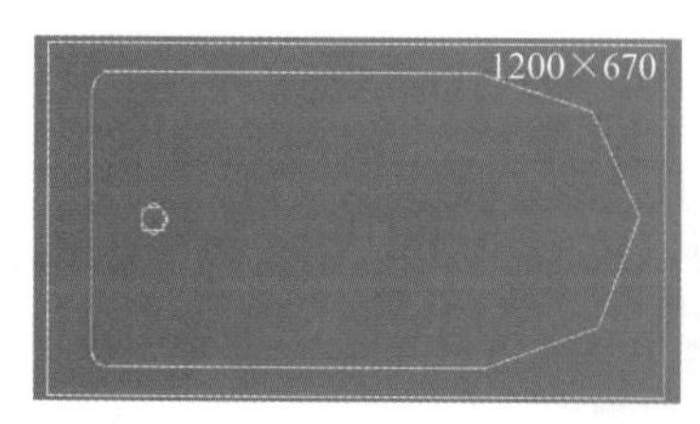

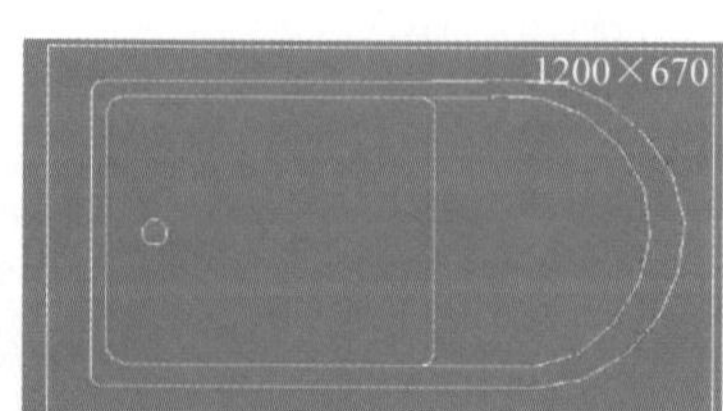

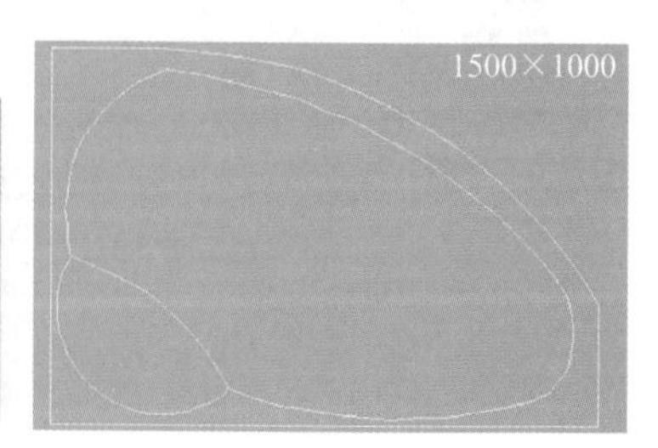

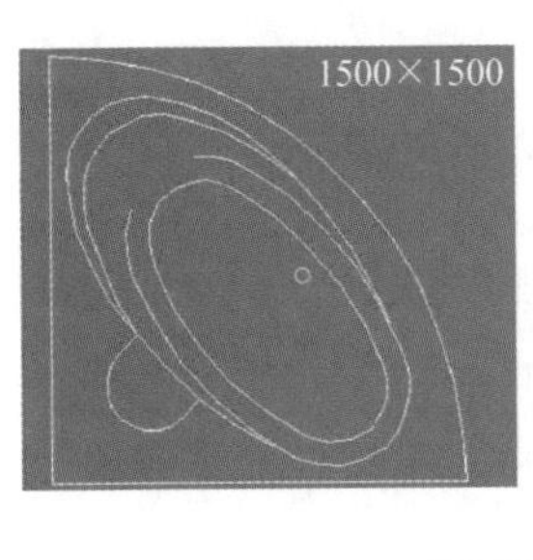

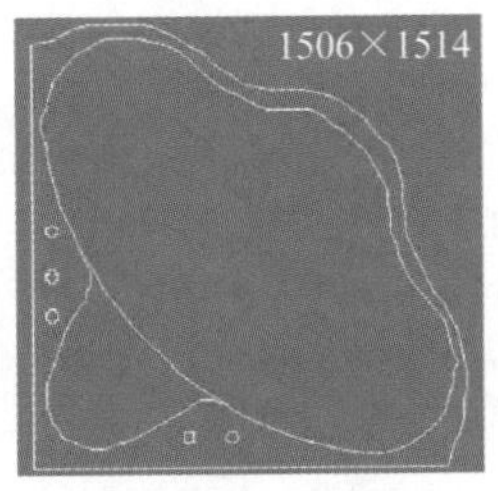

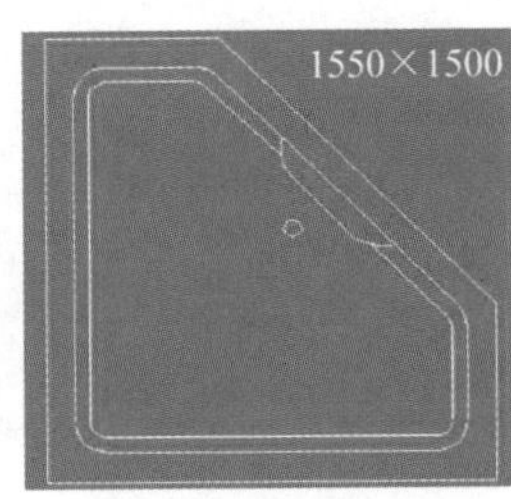

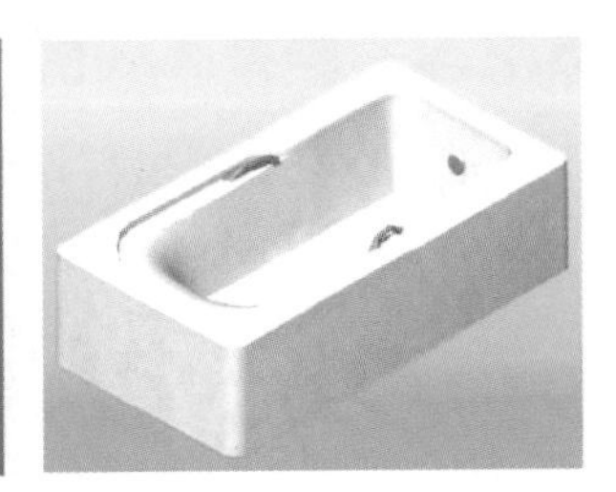

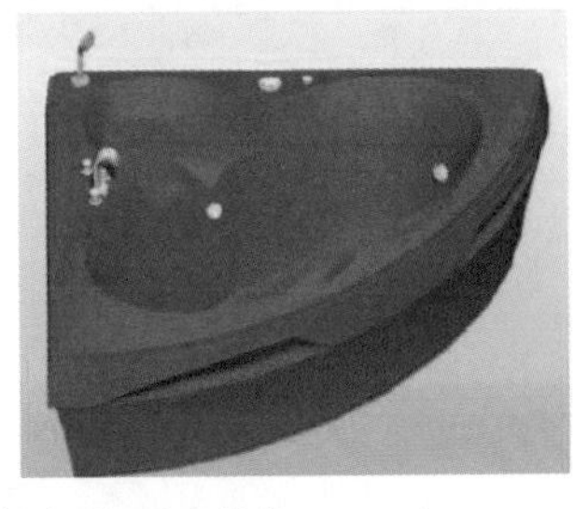

图 3-29　常见浴缸规格与外形（单位：mm）

3.2.8　洗脸盆规格与外形

常见洗脸盆规格与外形如图 3-30 所示。

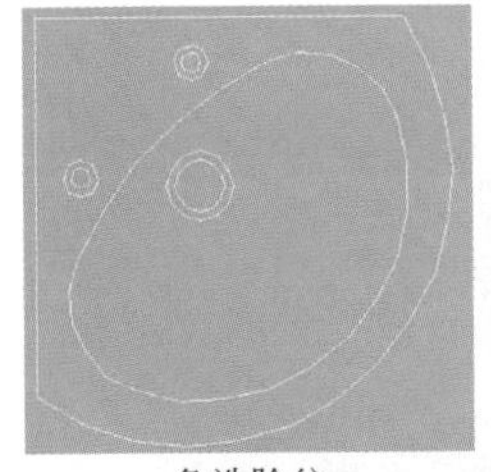

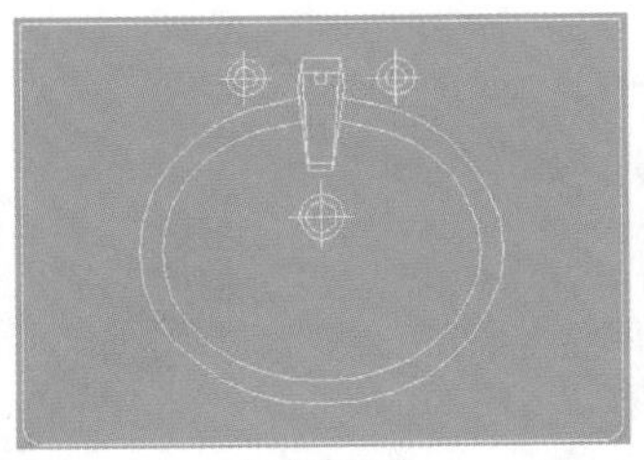

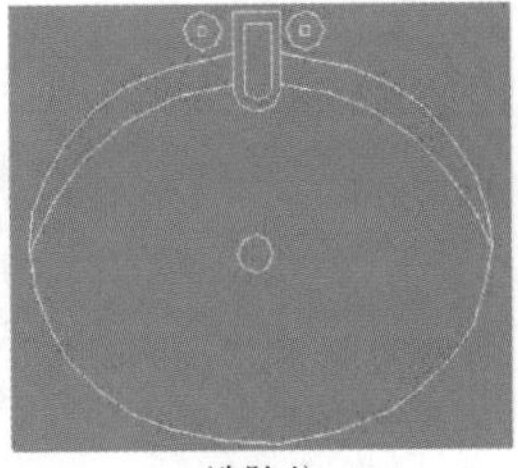

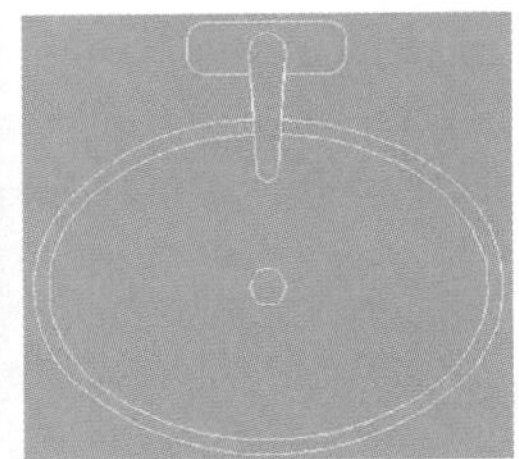

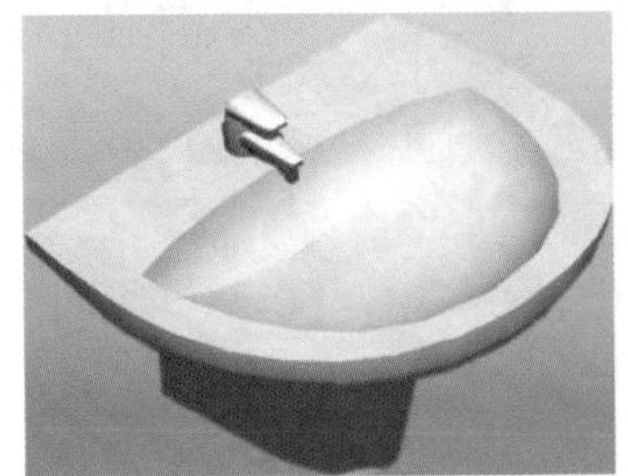

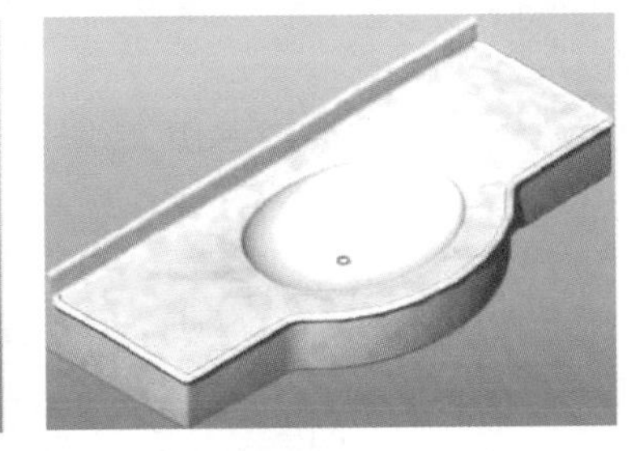

图 3-30　常见洗脸盆规格与外形

3.2.9 净身盆规格与外形

常见净身盆规格与外形如图 3-31 所示。

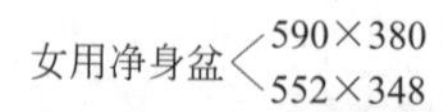

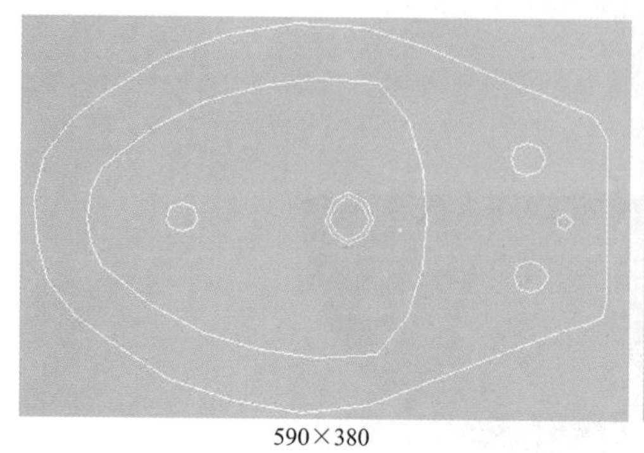

590×380

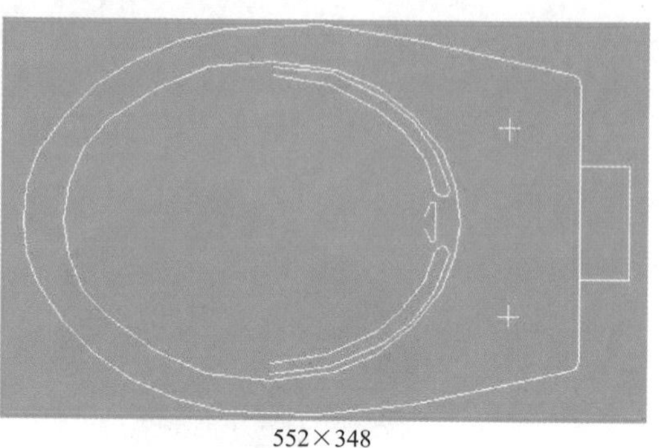

552×348

图 3-31 常见净身盆规格与外形（单位：mm）

3.2.10 坐便器规格与外形

常见坐便器规格与外形如图 3-32 所示。

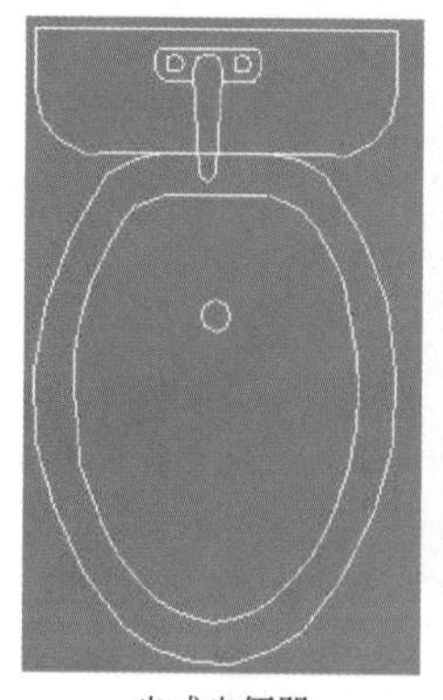

坐式坐便器

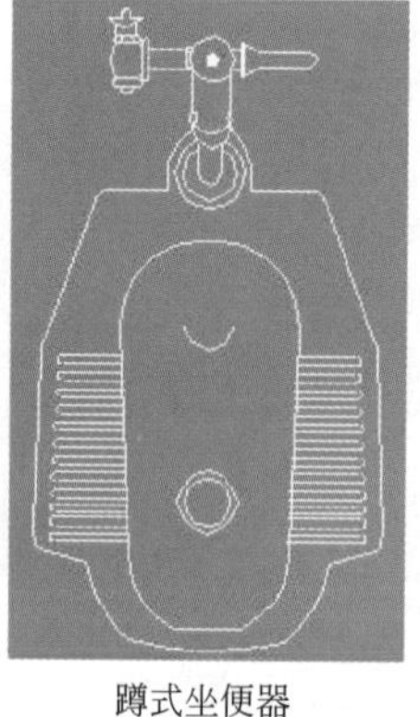

蹲式坐便器

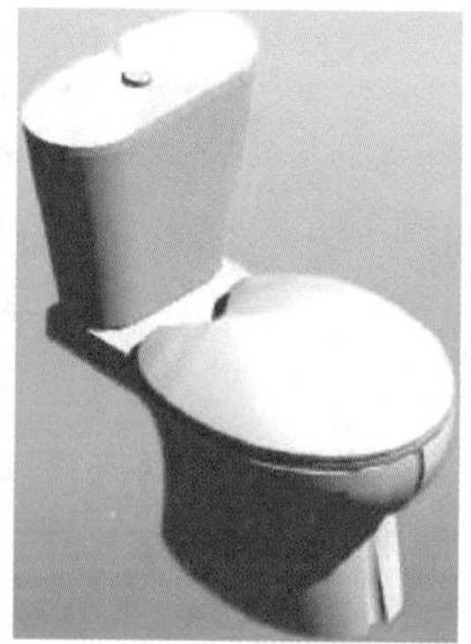

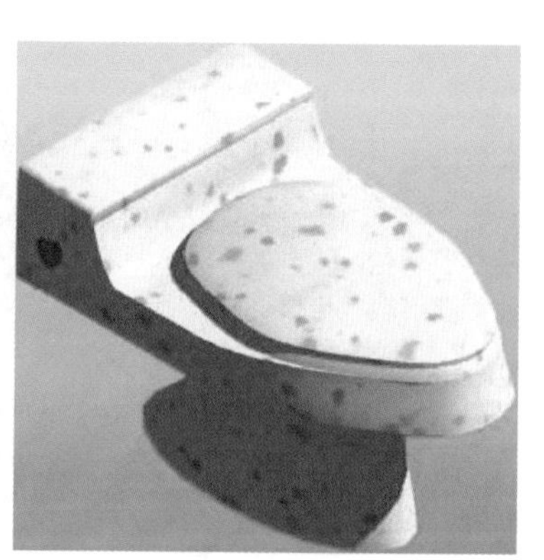

图 3-32 常见坐便器规格与外形

3.2.11 小便器规格与外形

常见小便器规格与外形如图 3-33 所示。

小便器

370×360 410×400 390×300 405×360

450×330 450×353 450×295 450×320

320×323 420×353 460×410

370×360

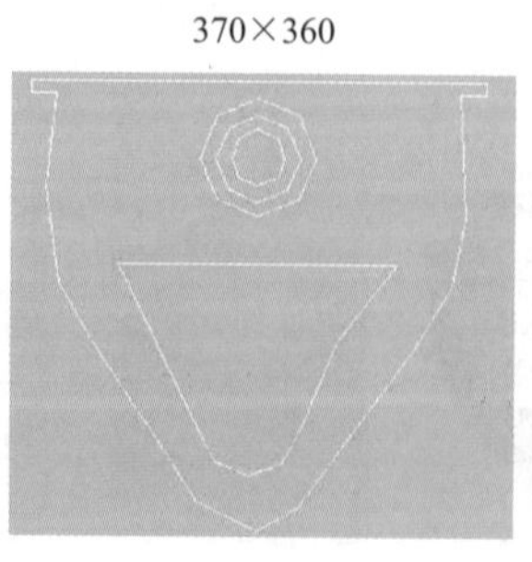

410×400

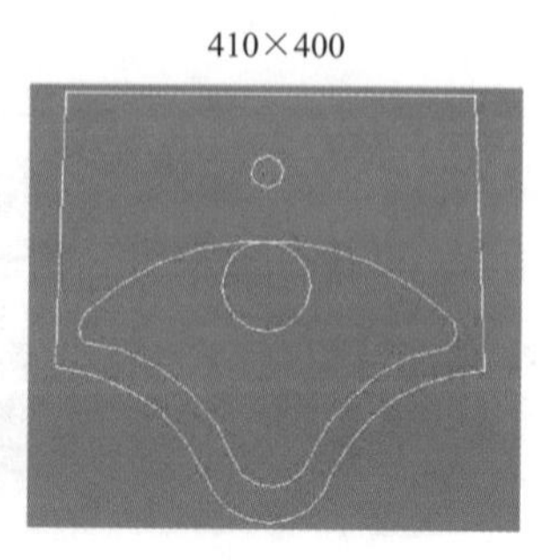

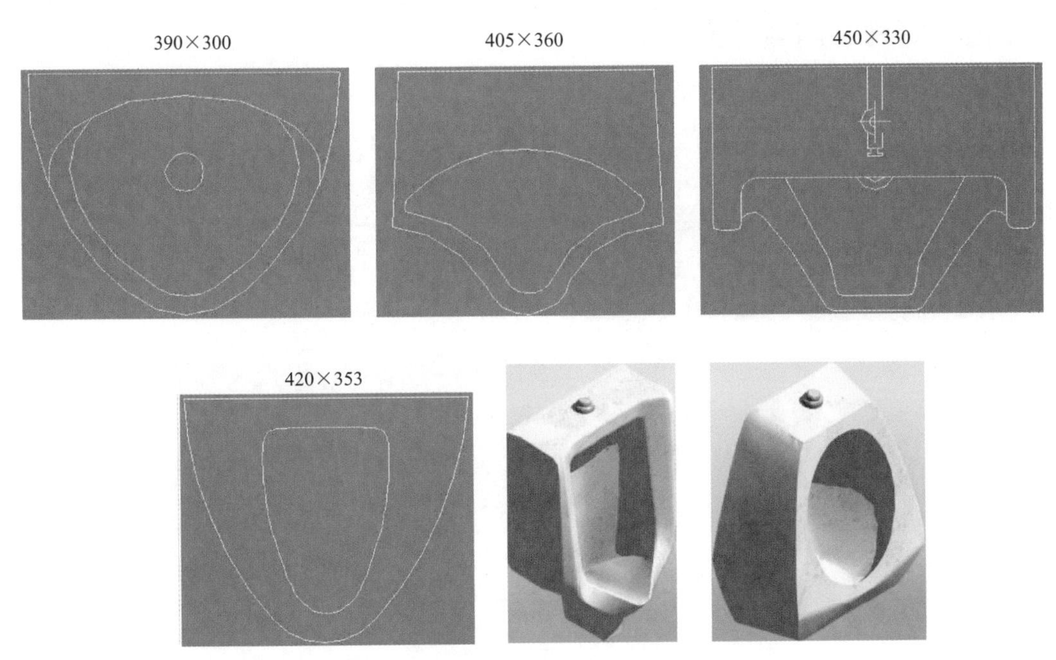

图 3-33　常见小便器规格与外形（单位：mm）

3.2.12　洗衣机规格与外形

常见洗衣机规格与外形如图 3-34 所示。

图 3-34　常见洗衣机规格与外形

3.2.13　灯具规格与外形

常见灯具规格与外形如图 3-35 所示。

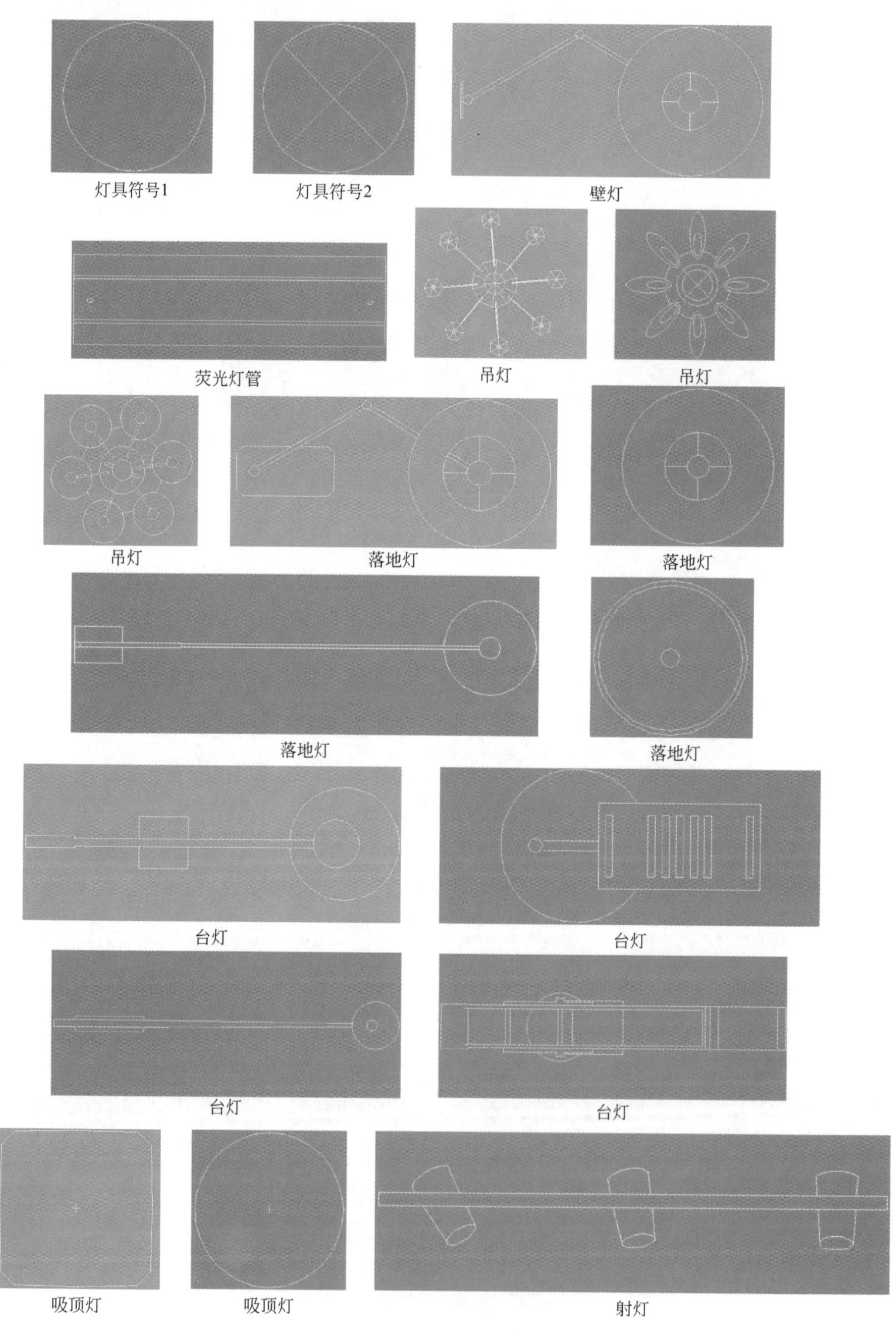

图 3-35　常见灯具规格与外形

3.2.14　阀三维图例

常见阀三维图例如图 3-36 所示。

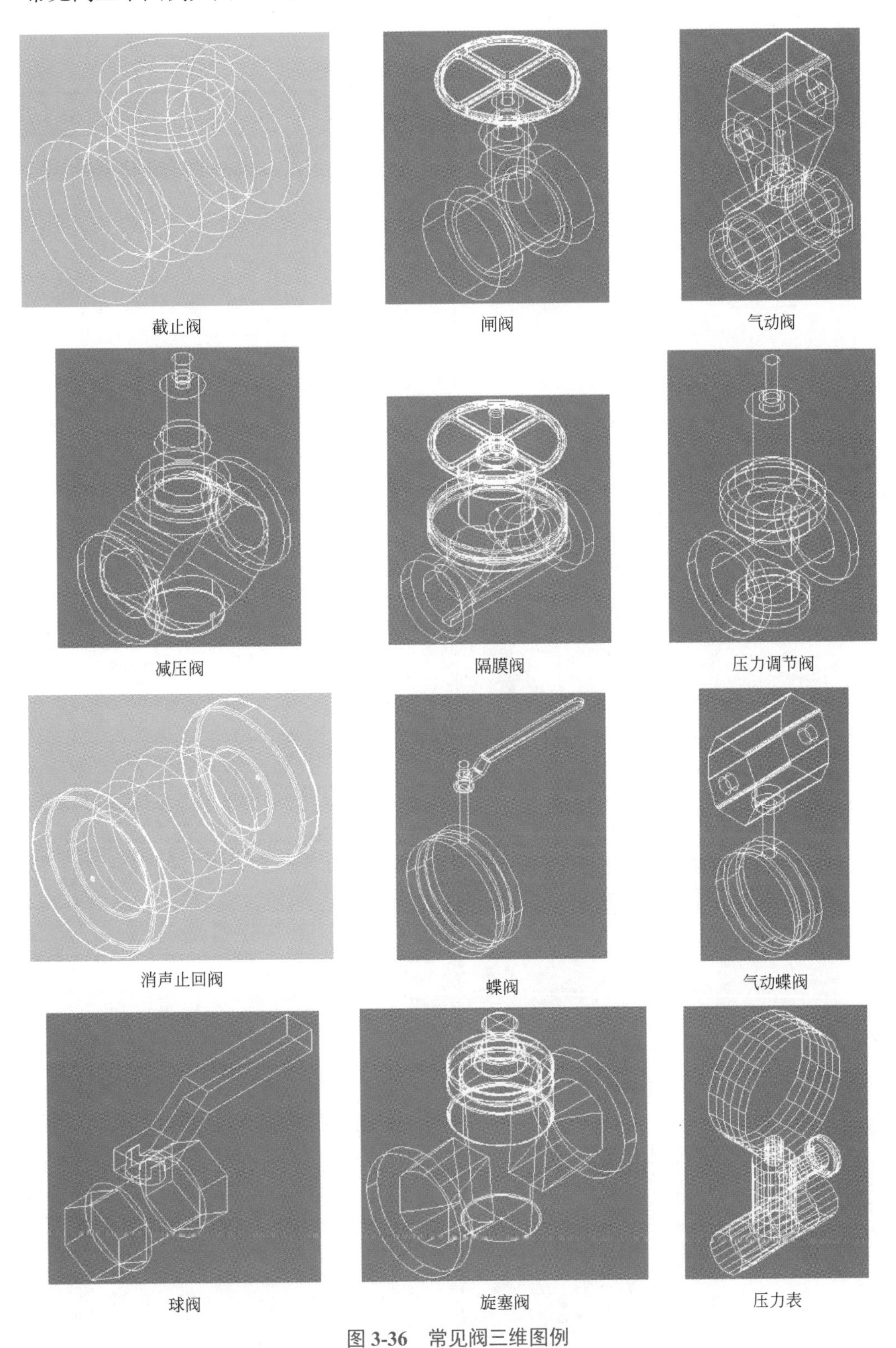

图 3-36　常见阀三维图例

3.2.15 水管系统阀件与阀门图例

水管系统阀件与阀门图例见表 3-11。

表 3-11 水管系统阀件与阀门图例

名称	图例	名称	图例
矩形补偿器		弧形补偿器	
截止阀		逆止阀	
温度调节阀		安全阀	
三通阀		水流开关	
大小头		闸阀	
活接头		地漏	

3.2.16　平面图例

常见平面图例如图 3-37 所示。

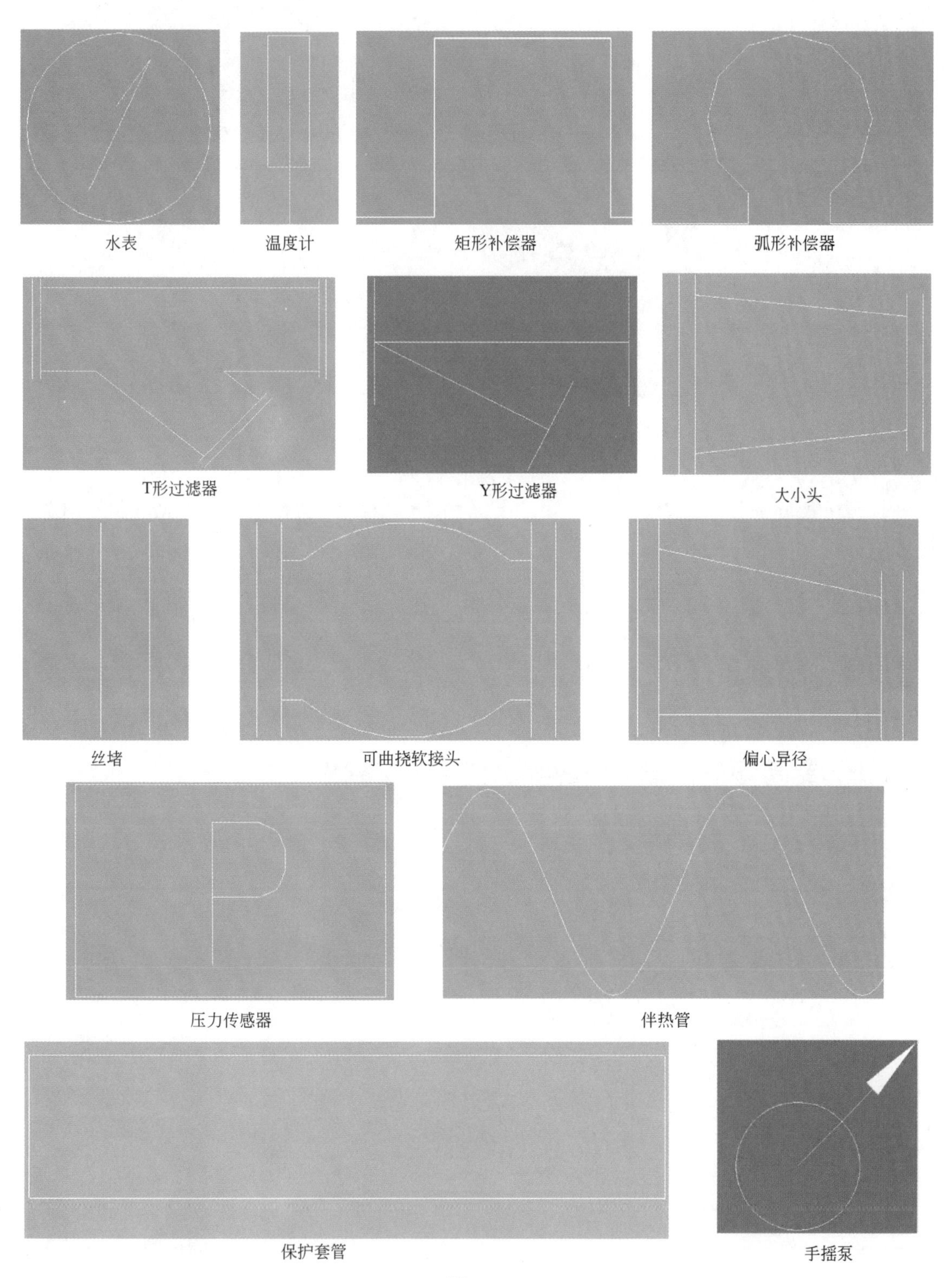

图 3-37

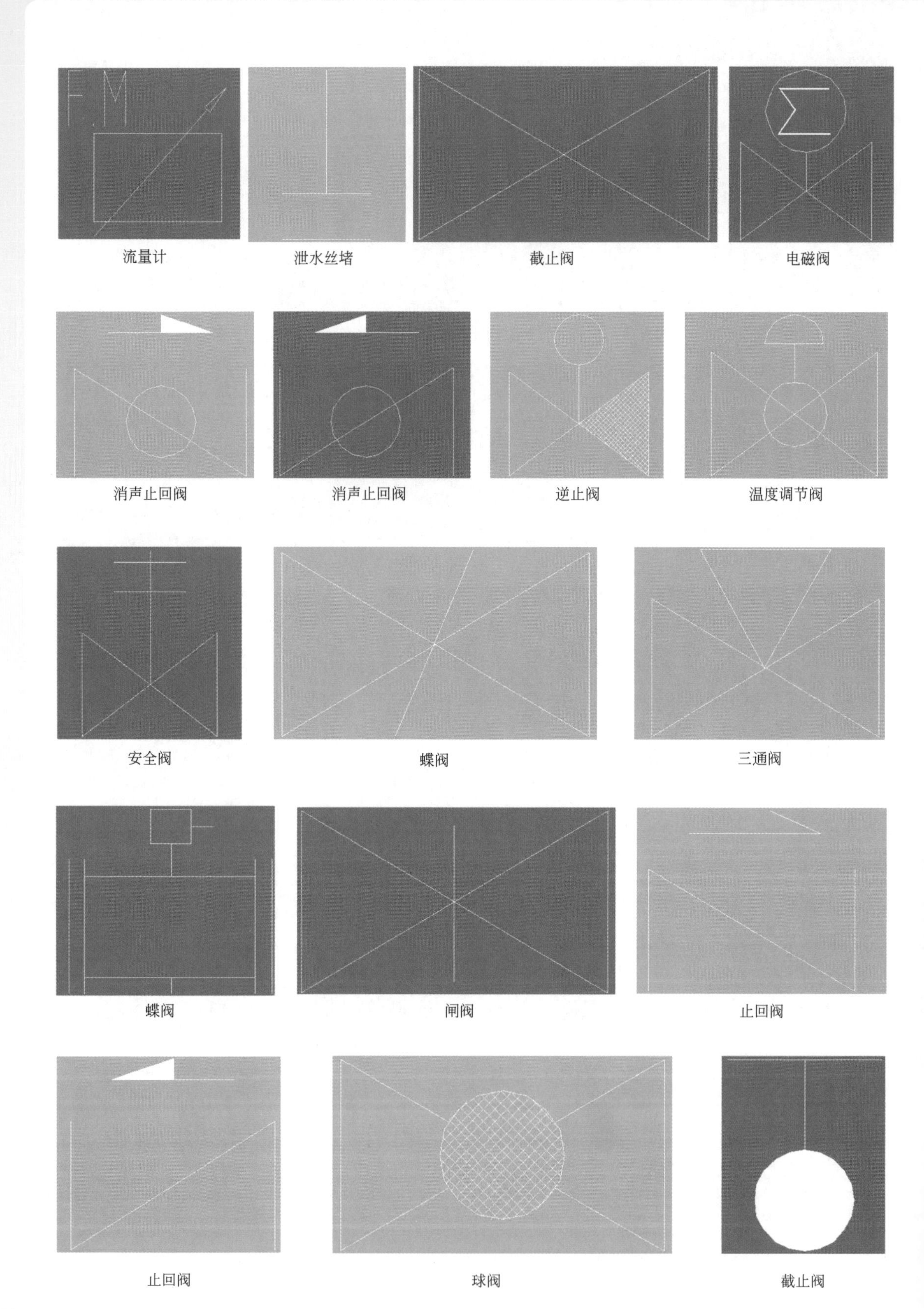

F.M
流量计
泄水丝堵
截止阀
电磁阀
消声止回阀
消声止回阀
逆止阀
温度调节阀
安全阀
蝶阀
三通阀
蝶阀
闸阀
止回阀
止回阀
球阀
截止阀

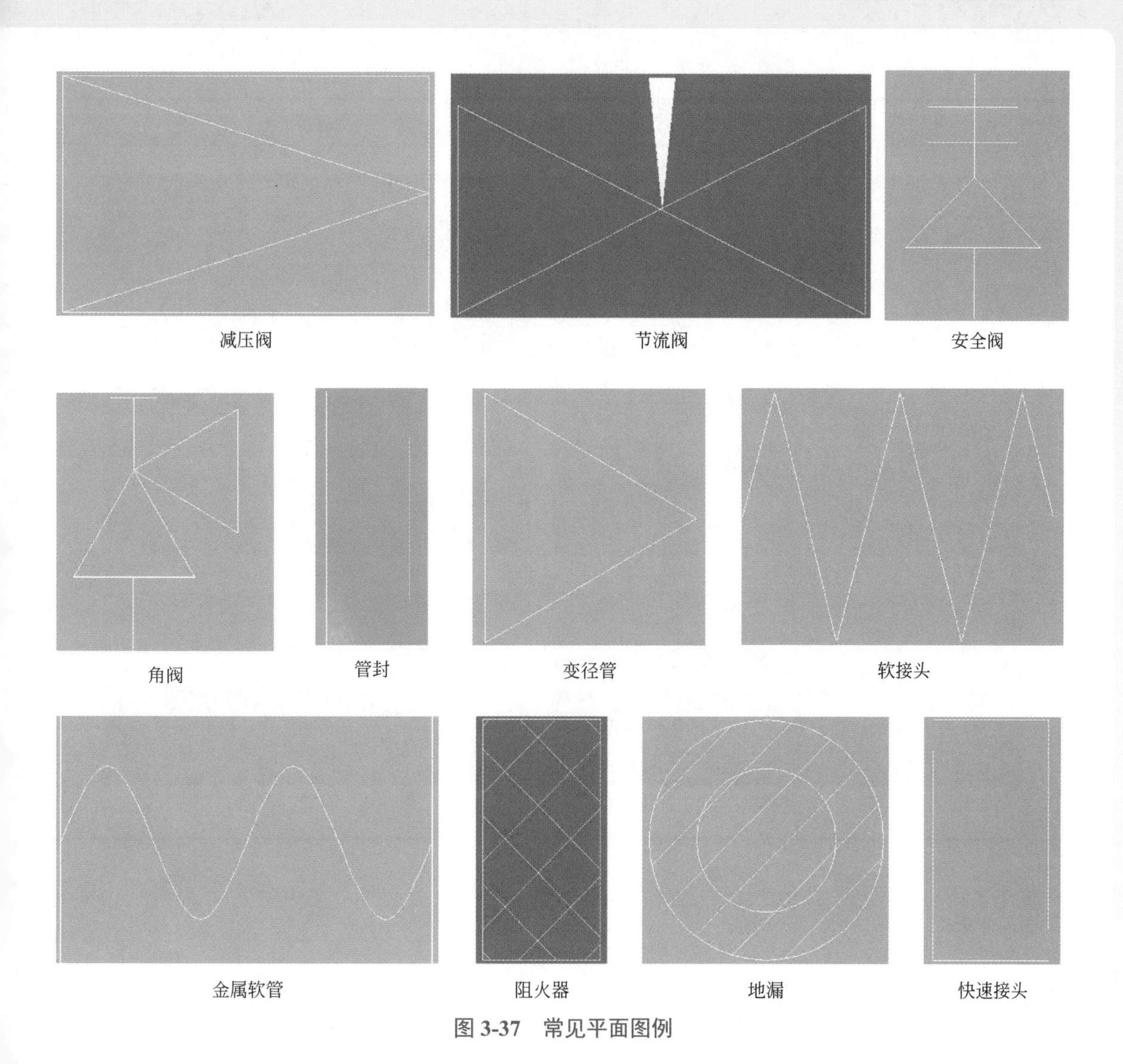

图 3-37　常见平面图例

3.2.17　水管系统其他图例

水管系统其他图例见表 3-12。

表 3-12　水管系统其他图例

名称	图例	名称	图例	名称	图例
大便器感应式冲洗阀 1		大便器感应式冲洗阀 2		大便器感应式冲洗阀 3	

续表

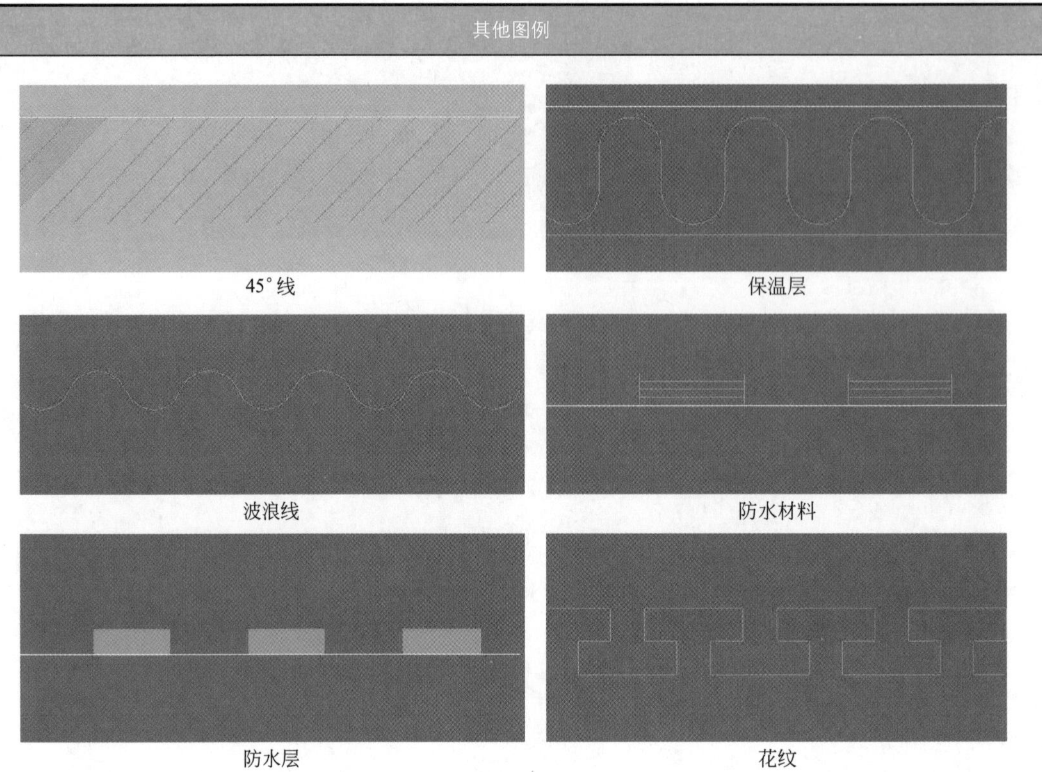

第 4 章 水暖材料设备轻松懂

4.1 管材

4.1.1 管螺纹的具体尺寸

管螺纹的具体尺寸见表 4-1。

表 4-1 管螺纹的具体尺寸

俗称	英制（内径）/in	公制（外径）/mm	公制（内径）/mm
1 分	1/8	10	6
2 分	1/4	13.5	8
3 分	3/8	17	10
4 分	1/2	21.3	15
6 分	3/4	26.8	20
8 分（1 寸）	1	33.5	25

4.1.2 PPR 水管

PPR 水管的主要用途与特点如图 4-1 所示。

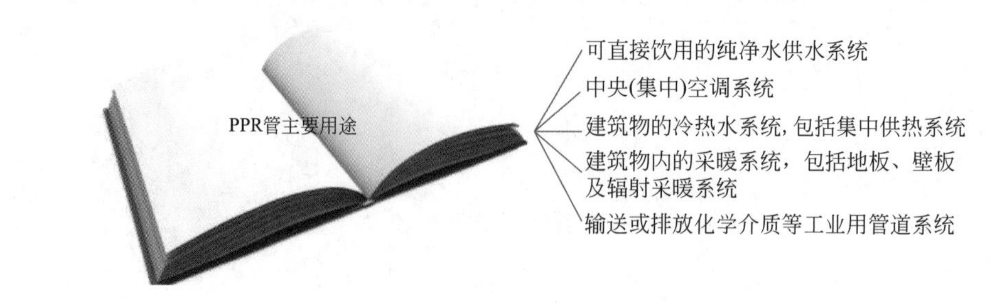

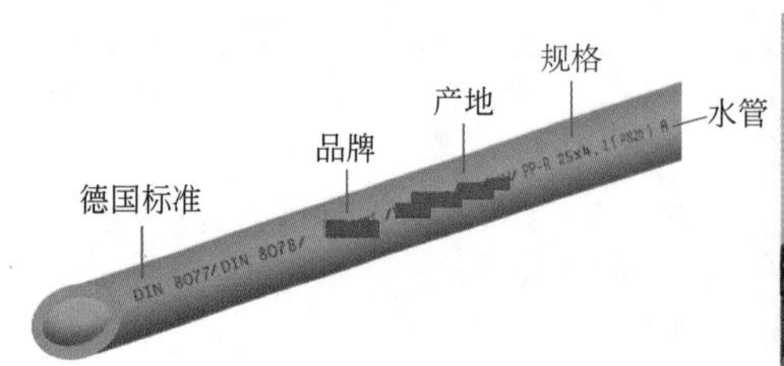

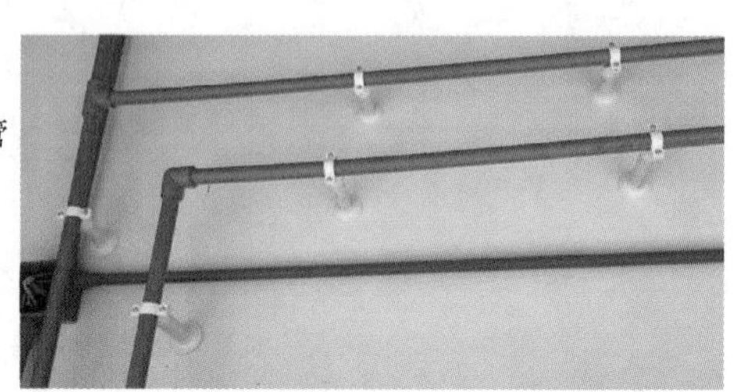

类型	规格/mm	数量/(m/支)	类型	规格/mm	数量/(m/支)
冷热水管 S3.2 PN2.0	DN20×2.8	4×35	冷水管 S4 PN1.6	DN20×2.3	4×35
	DN25×3.5	4×25		DN25×2.8	4×25
	DN32×4.4	4×15		DN32×3.6	4×15
	DN40×5.5	4×12		DN40×4.5	4×12
	DN50×6.9	4×8		DN50×5.6	4×8
	DN63×8.6	4×5		DN63×7.1	4×5
冷水管 S5 PN1.25	DN20×2.0	4×35	冷热水管 S2.5 PN2.5	DN20×3.4	4×35
	DN25×2.3	4×25		DN25×4.2	4×25
	DN32×2.9	4×15		DN32×5.4	4×15
	DN40×3.7	4×12		DN40×6.7	4×12
	DN50×4.6	4×8		DN50×8.3	4×8
	DN63×5.8	4×5		DN63×10.5	4×5

图 4-1　PPR 水管的主要用途与特点

PPR 水管的规格见表 4-2。

表 4-2　PPR 水管的规格

PPR 部分	管材的尺寸指的是外径，管件的尺寸指的是内径					
管材外径	ϕ20mm	ϕ25mm	ϕ32mm	ϕ40mm	ϕ50mm	ϕ63mm
国内常用叫法	4 分	6 分	1 寸	1.2 寸	1.5 寸	2 寸
PPR 带螺纹部分	S 表示直接，L 表示弯头，T 表示三通，F 表示内牙，M 表示外牙					
螺纹规格	1/2 寸	3/4 寸	1 寸	11/4 寸	11/2 寸	2 寸
国内常用叫法	4 分	6 分	1 寸	1.2 寸	1.5 寸	2 寸
对应尺寸 /mm	DN15≈20	DN20≈25	DN25≈32	DN32≈40	DN40≈50	DN50≈63

选择 PPR 水管的方法如图 4-2 所示。

图 4-2　选择 PPR 水管的方法

4.1.3　PPR 附件

常见 PPR 附件名称与外形如图 4-3 所示。

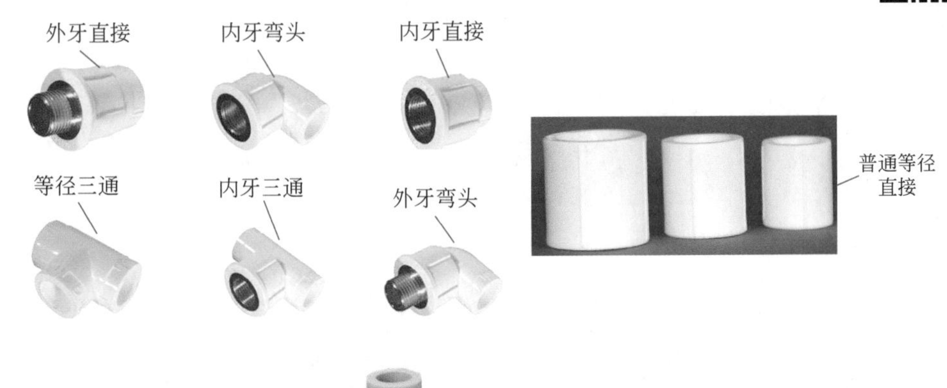

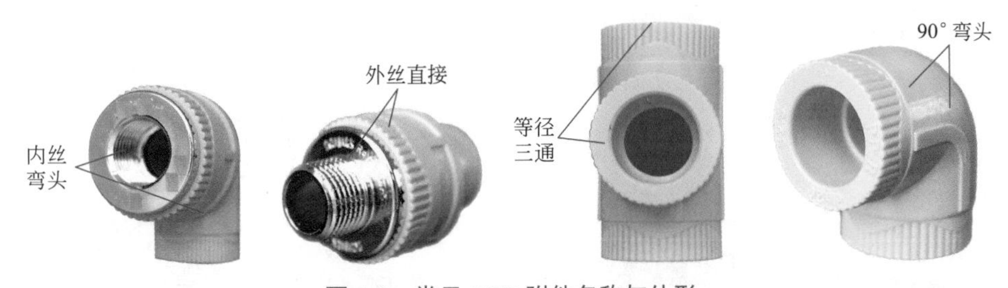

图 4-3　常见 PPR 附件名称与外形

提醒

PPR 水管配件名称常见的是由两个特征组合的，例如：
等径三通——两个特征为等径与三通。
90°弯头——两个特征为 90°与弯头。

常见 PPR 附件名称规格表示的含义如图 4-4 所示。

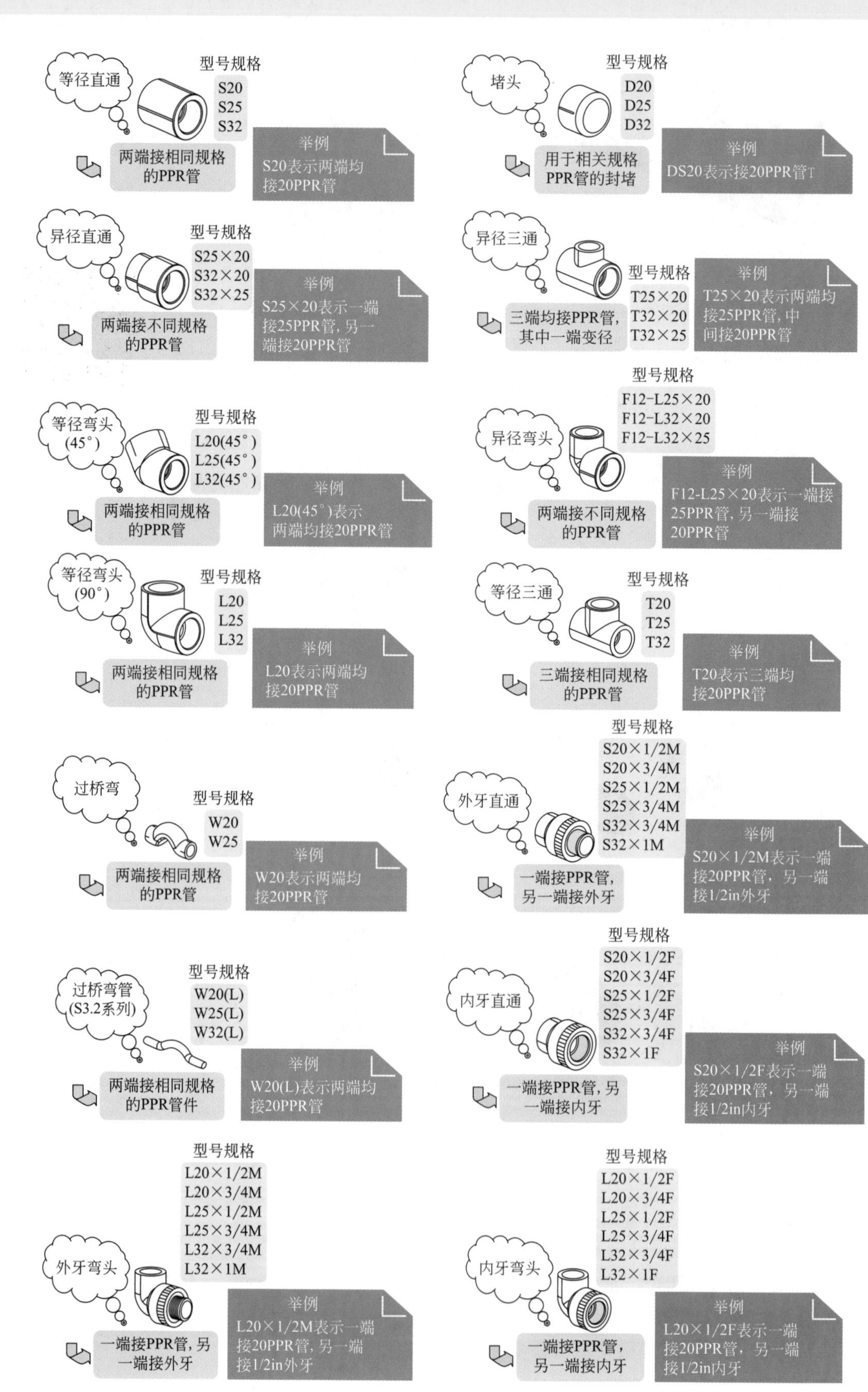

等径直通
型号规格
S20
S25
S32
两端接相同规格的PPR管
举例
S20表示两端均接20PPR管
堵头
型号规格
D20
D25
D32
用于相关规格PPR管的封堵
举例
DS20表示接20PPR管T
异径直通
型号规格
S25×20
S32×20
S32×25
两端接不同规格的PPR管
举例
S25×20表示一端接25PPR管，另一端接20PPR管
异径三通
型号规格
T25×20
T32×20
T32×25
三端均接PPR管，其中一端变径
举例
T25×20表示两端均接25PPR管，中间接20PPR管
等径弯头(45°)
型号规格
L20(45°)
L25(45°)
L32(45°)
两端接相同规格的PPR管
举例
L20(45°)表示两端均接20PPR管
异径弯头
型号规格
F12-L25×20
F12-L32×20
F12-L32×25
两端接不同规格的PPR管
举例
F12-L25×20表示一端接25PPR管，另一端接20PPR管
等径弯头(90°)
型号规格
L20
L25
L32
两端接相同规格的PPR管
举例
L20表示两端均接20PPR管
等径三通
型号规格
T20
T25
T32
三端接相同规格的PPR管
举例
T20表示三端均接20PPR管
过桥弯
型号规格
W20
W25
两端接相同规格的PPR管
举例
W20表示两端均接20PPR管
外牙直通
型号规格
S20×1/2M
S20×3/4M
S25×1/2M
S25×3/4M
S32×3/4M
S32×1M
一端接PPR管，另一端接外牙
举例
S20×1/2M表示一端接20PPR管，另一端接1/2in外牙
过桥弯管(S3.2系列)
型号规格
W20(L)
W25(L)
W32(L)
两端接相同规格的PPR管件
举例
W20(L)表示两端均接20PPR管
内牙直通
型号规格
S20×1/2F
S20×3/4F
S25×1/2F
S25×3/4F
S32×3/4F
S32×1F
一端接PPR管，另一端接内牙
举例
S20×1/2F表示一端接20PPR管，另一端接1/2in内牙
外牙弯头
型号规格
L20×1/2M
L20×3/4M
L25×1/2M
L25×3/4M
L32×3/4M
L32×1M
一端接PPR管，另一端接外牙
举例
L20×1/2M表示一端接20PPR管，另一端接1/2in外牙
内牙弯头
型号规格
L20×1/2F
L20×3/4F
L25×1/2F
L25×3/4F
L32×3/4F
L32×1F
一端接PPR管，另一端接内牙
举例
L20×1/2F表示一端接20PPR管，另一端接1/2in内牙

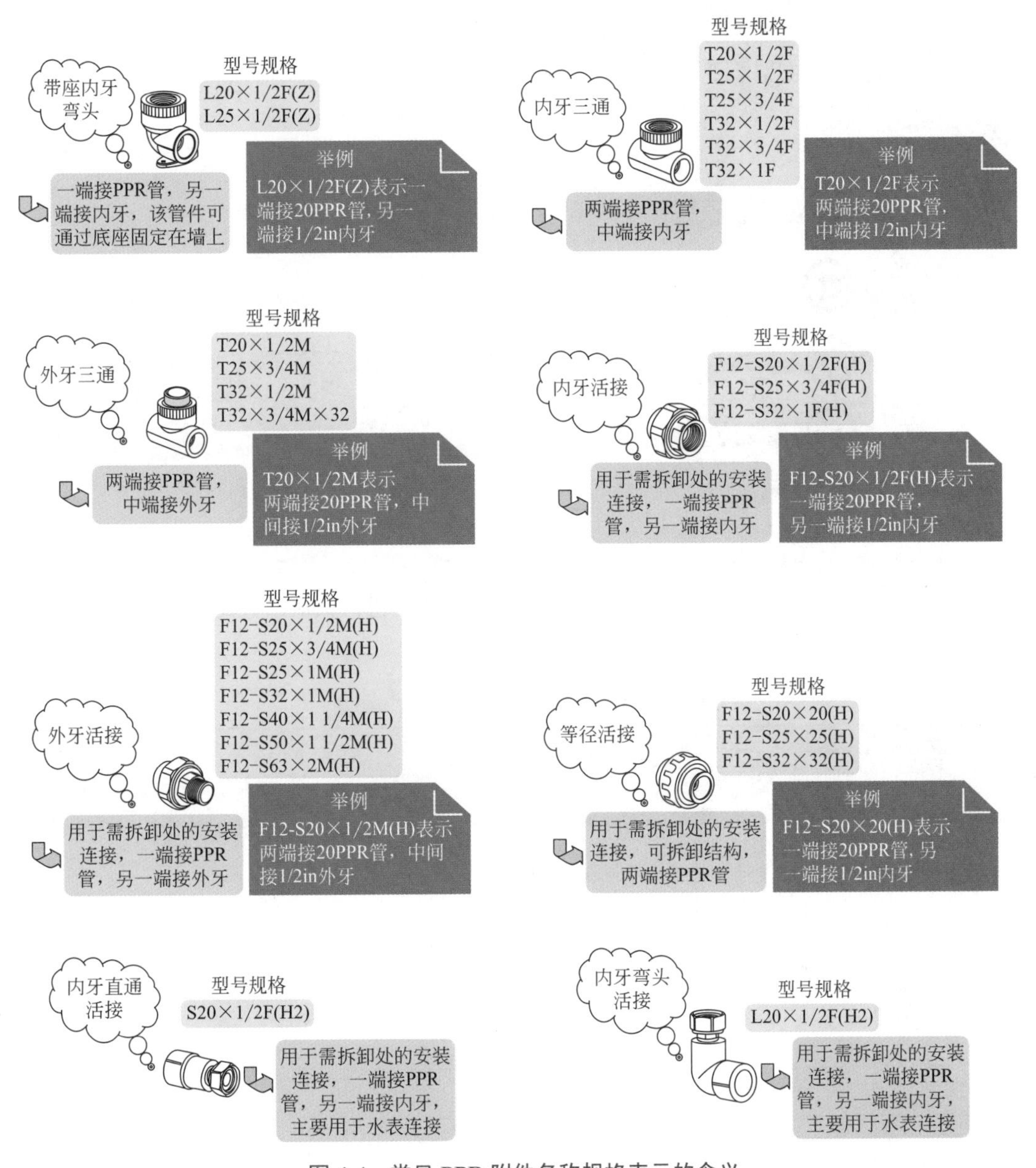

图 4-4　常见 PPR 附件名称规格表示的含义

提醒

PPR 管开槽，一般需要根据附件尺寸来确定。另外，三通的数量选择，一般可根据三通与水管的比大概 4 ： 1 来确定。

附件应用图例如图 4-5 所示。

4.1.4　PVC 水管

PVC 水管主要以 PVC 树脂粉为主体，还有硬脂酸钙、硬脂酸、聚乙烯、三盐、二盐、

石蜡、钙粉、钛白粉、蜡以及其他助剂等。

PVC 管一般分为Ⅰ型、Ⅱ型、Ⅲ型，它们的名称与特点如图 4-6 所示。

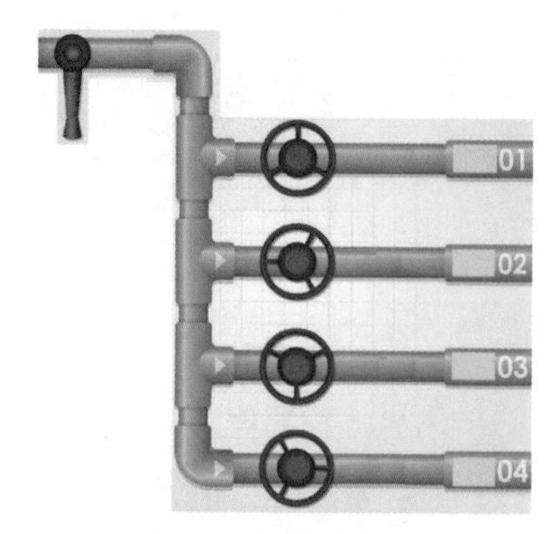

图 4-5　附件应用图例

PVCⅠ型——普通硬质聚氯乙烯管
PVCⅡ型——添加改性剂的UPVC管
PVCⅢ型——具有良好的耐热性能的氯化PVC管材

图 4-6　PVC 管类型名称与特点

UPVC 管就是硬 PVC 管。UPVC 管是氯乙烯单体经聚合反应而制成的无定形热塑性树脂加一定的添加剂或者除了用添加剂外，还采用与其他树脂进行共混改性的方法组成的管材。

排水 UPVC 管管材外径和壁厚见表 4-3。

表 4-3　排水 UPVC 管管材外径和壁厚

公称外径 /mm	平均外径 / 极限偏差 /mm	壁厚 /mm		长度 /mm	
		基本尺寸	极限尺寸	基本尺寸	极限偏差
40	+0.3/0	2.0	+0.4	4000/6000	±10
50	+0.3/0	2.0	+0.4		
75	+0.3/0	2.3	+0.4		
90	+0.3/0	3.2	+0.6		
110	+0.4/0	3.2	+0.6		
125	+0.4/0	3.2	+0.6		
160	+0.5/0	4.0	+0.6		

注：本表仅供参考。

给水 UPVC 管管材外径和壁厚见表 4-4。

表 4-4　给水 UPVC 管管材外径和壁厚

公称外径 /mm	壁厚 /mm				
	公称压力 /MPa				
	0.6	0.8	1.0	1.25	1.6
20					2.0
25					2.0

续表

公称外径 /mm	壁厚 /mm				
	公称压力 /MPa				
	0.6	0.8	1.0	1.25	1.6
32				2.0	2.4
40			2.0	2.4	3.0
50		2.0	2.4	3.0	3.7
63	2.0	2.5	3.0	3.8	4.7
75	2.2	2.9	3.6	4.5	5.6
90	2.7	3.5	4.3	5.4	6.7
110	3.2	3.9	4.8	5.7	7.2
125	3.7	4.4	5.4	6.0	7.4
140	4.1	4.9	6.1	6.7	8.3
160	4.7	5.6	7.0	7.7	9.5
180	5.3	6.3	7.8	8.6	10.7
200	5.9	7.3	8.7	9.6	11.9

注：本表仅供参考。

4.2 水龙头

4.2.1 水龙头的分类

水龙头又称为水嘴。水龙头根据历史产品，主要分为铸铁水龙头、陶瓷水龙头等，其图例如图 4-7 所示。

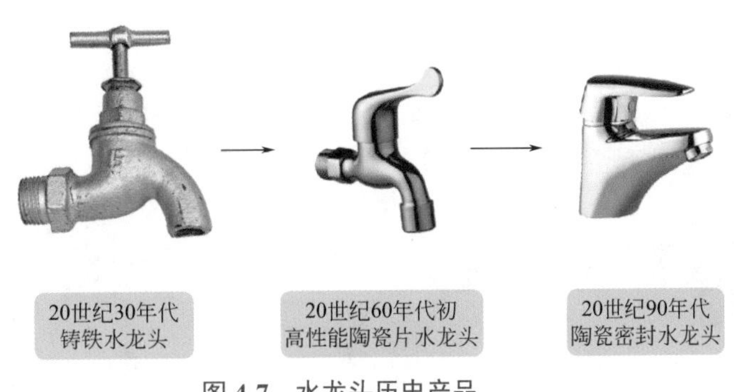

图 4-7　水龙头历史产品

水龙头根据市场，主要分为美式水龙头、欧式水龙头、英式水龙头。它们的工作压力见表 4-5。

表 4-5 水龙头工作压力

水龙头市场		建议工作压力 /bar	备注
美国		1.4 ～ 8.6	美式龙头
欧洲	Ⅰ类	1 ～ 5	欧式龙头
	Ⅱ类	0.1 ～ 2	英式龙头

注：1bar=100kPa。

水龙头根据安装方式，主要分为暗装式水龙头、明装式水龙头、分离式水龙头。

水龙头根据用途，主要分为面（碗）盆用水龙头、厨房用水龙头、浴缸水龙头。

常见水龙头的外形特点如图 4-8 所示。

单孔单把手单控面盆(立栓)水龙头
单孔单把手双控面盆水龙头
单孔单把手双控碗盆水龙头
抽取式厨房水龙头
单把手单控厨房水龙头
单孔入墙式浴缸(暗装)水龙头
单孔入墙式淋浴(暗装)水龙头
6″挂墙式淋浴水龙头
6″挂墙式浴缸水龙头
三孔入墙式浴缸(暗装)水龙头
二孔入墙式淋浴(暗装)水龙头
恒温水龙头
罗马浴缸水龙头
双把手两功能淋浴柱
单把手三功能淋浴柱
单把手两功能淋浴柱

图 4-8

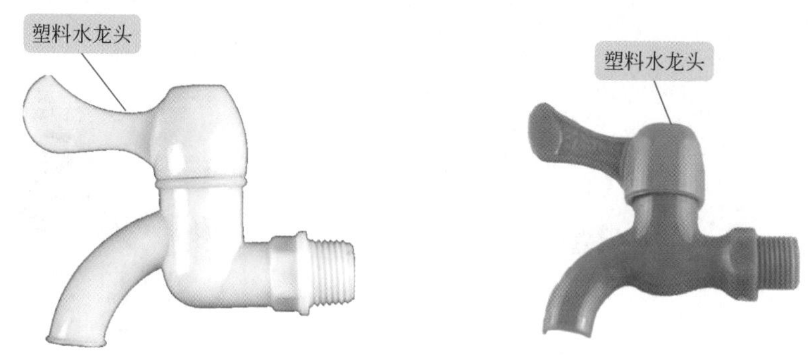

图 4-8　常见水龙头的外形特点

水龙头的特点如下。

铸铁水龙头——含碳量在 2% 以上的铁碳合金。铸铁螺旋升降式水龙头很容易漏水。铸铁水龙头很容易生锈，容易让水质在传输中受污染。另外，铸铁水龙头的密封垫容易损坏。

塑料水龙头——塑料水龙头一般为 PVC 材料的水龙头，具有小巧、耐腐蚀、抗老化、无锈、耐高压、重量轻、施工简易等特点。

合金水龙头——包括黄铜、青铜、白铜等合金水龙头。

三联式水龙头——除了接冷热水两根管道外，还可以接淋浴喷头。其主要用于浴缸的水龙头。

单手柄水龙头——是通过一个手柄即可调节冷热水温度的一种水龙头。

双手柄水龙头——是需要分别调节冷水管与热水管来调节水温的一种水龙头。

抬启式手柄水龙头——只需往上一抬即可出水。

感应式水龙头——只要把手伸到水龙头下，便会自动出水。

延时关闭的水龙头——关上水龙头开关后，水还会再流几秒钟才能够停止。

陶瓷水龙头——具有不生锈、不氧化、不易磨损等特点。

玉石水龙头——具有高贵典雅气质、美观大方等特点。

单联式水龙头——可单独接冷水管或热水管。

双联式水龙头——可以同时接冷热两根管道。其多用于浴室面盆以及有热水供应的厨房洗菜盆的水龙头。

螺旋式手柄水龙头——水龙头打开时，需要旋转很多圈。

扳手式手柄水龙头——一般只需要旋转 90° 即可实现水龙头的开关。

4.2.2　水龙头的具体公制尺寸

水龙头的具体公制尺寸见表 4-6。

表 4-6　水龙头的具体公制尺寸

水龙头龙头规格	英制 /（″）	公制 /mm
4 寸	4	102
6 寸	6	152
8 寸	8	204

4.2.3　不锈钢水龙头的类型

不锈钢水龙头的类型如图 4-9 所示。

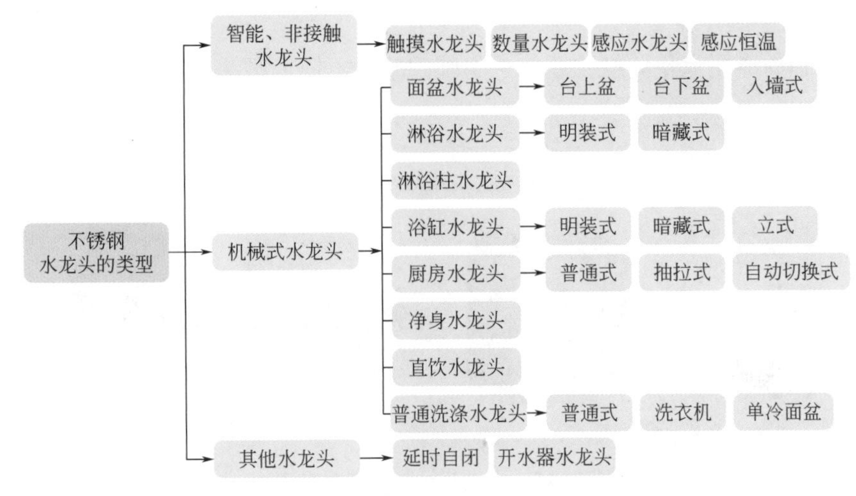

图 4-9　不锈钢水龙头的类型

4.2.4　组成水龙头的零件

组成水龙头主要的零件包括本体、出水口、分水器、阀芯、把手、水波器、安装紧固件等。水龙头主要组成的零件图例如图 4-10 所示。

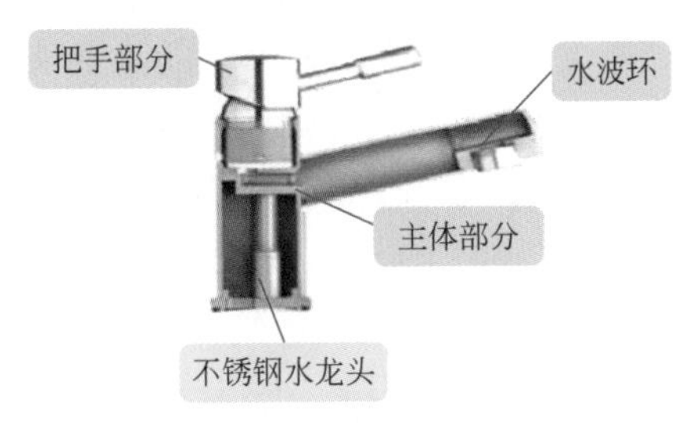

图 4-10　水龙头主要组成的零件图例

其中，水龙头本体是水龙头的主体部分，是其他零件组装的骨架，也是水龙头安装固定的元件，如图 4-11 所示。

图 4-11　水龙头本体

阀芯是水龙头的核心部件，主要起到控制水龙头开关、调节水温与水流的作用。阀芯的种类如下。

① 精密陶瓷阀芯（塑料外壳）——规格有 ϕ25、ϕ35、ϕ40。类型有长脚、平脚等。
② 恒温阀芯。
③ 慢开阀芯（螺旋升降式）——规格有 G1/2、G3/4 等。
④ 快开阀芯（铜外壳陶瓷）——规格有 G1/2、G3/4 等。
水龙头阀芯的应用变化（橡胶阀芯→陶瓷阀芯→不锈钢阀芯）如图 4-12 所示。

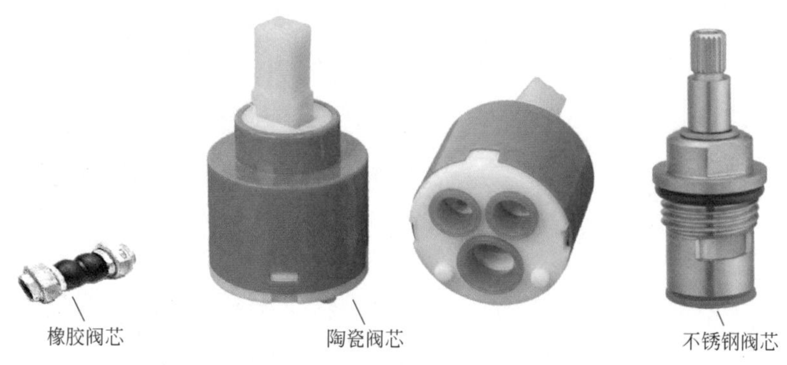

图 4-12　水龙头阀芯的应用变化

慢开阀芯一般用于中低端水龙头、流量要求大的水龙头。慢开阀芯具有寿命较短、流量大、成本低、无把手定位功能等特点。慢开阀芯工作时是通过螺杆旋转带动螺母做直线运动，从而使螺母上的油封与本体密封面贴合或分离，从而达到水的开、关效果，以及调节水流量的大小。慢开阀芯主要由螺杆、螺母、心轴外壳、橡胶止水垫片、O 形圈等组成，如图 4-13 所示。

快开阀芯一般用于中高端水龙头、非低压大流量的水龙头，常用于双把手水龙头上，也可用于单柄单控水龙头上。快开阀芯具有寿命较长、流量较小、有把手定位功能、成本较高等特点。快开阀芯工作时是通过旋转心轴杆带动动陶瓷片与静陶瓷片产生相对运动，从而使两陶瓷片上的孔重合或分离，即达到水的开、关效果，以及调节水流量的大小。快开阀芯如图 4-14 所示。

图 4-13　慢开阀芯的组成

图 4-14　快开阀芯

精密陶瓷阀芯一般用于中高端水龙头、非低压大流量的水龙头，以及常用于单柄双控水龙头上。精密陶瓷阀芯具有流量较小、成本较高、寿命较长等特点。精密陶瓷阀芯工作时是通过移动与旋转心轴杆带动动陶瓷片与静陶瓷片产生相对运动，从而使两陶瓷片上的孔重合或分离，即达到水的开、关效果，以及调节水流量大小。精密陶瓷阀芯与恒温阀芯图例如图 4-15 所示。

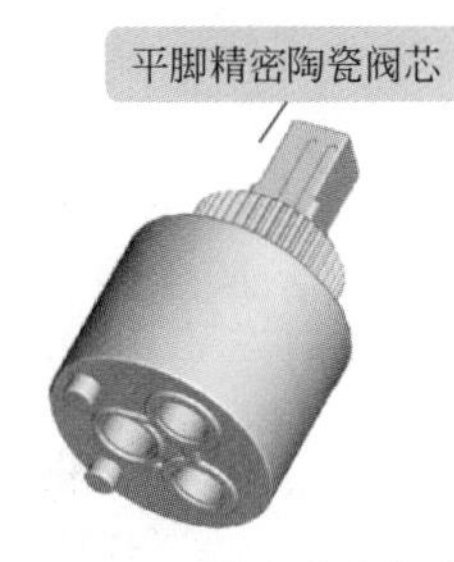

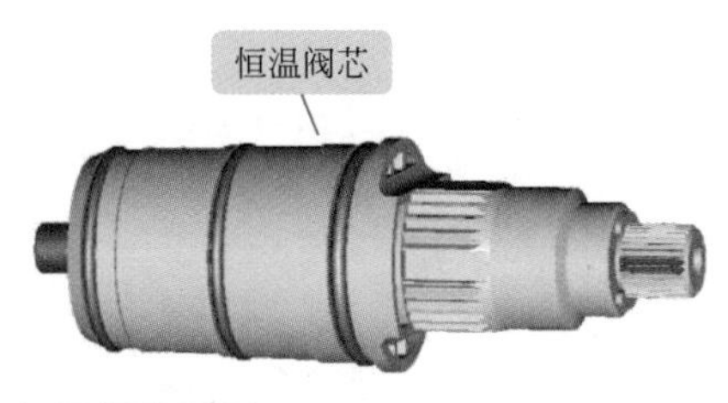

图 4-15　精密陶瓷阀芯与恒温阀芯图例

把手是水龙头的操作控制元件。水龙头通过其把手的旋转或移动使心轴做相应的运动，从而达到控制水龙头开关、水流量大小与温度调节的作用。常见把手的类型图例如图 4-16 所示。

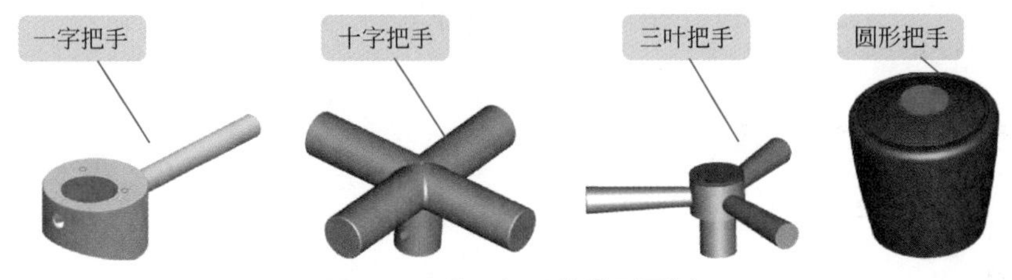

图 4-16　常见把手的类型图例

水龙头出水口是决定水龙头水流方向的一种元件。水龙头出水口有时与本体为一体，有时为独立个体。水龙头出水口类型如图 4-17 所示。

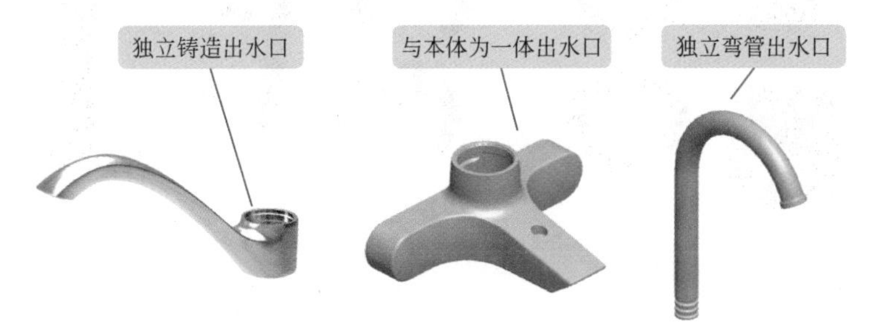

图 4-17　水龙头出水口类型

当水龙头具有两个或两个以上出水口时，需要用到分水器，用来切换水流方向。分水器按类型，可以分为压力差产生分水的自动分水器与手动切换产生分水的手动分水器。水龙头的分水器类型结构如图 4-18 所示。

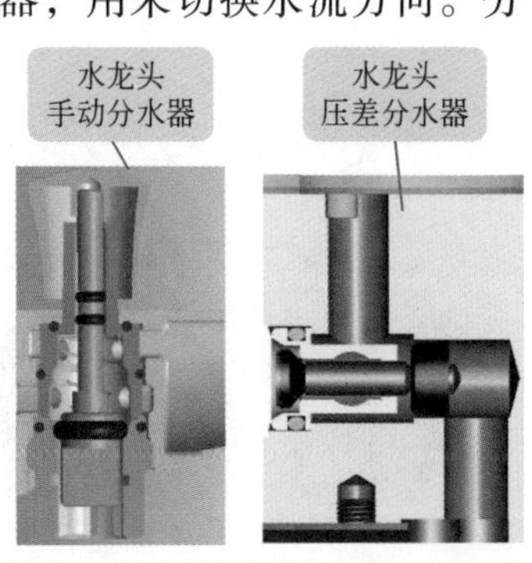

图 4-18　水龙头的分水器类型结构

水波器也称为水流空气起泡器。水波器主要起到控制水流形状、水龙头流量的作用。水流通过水波器后，会呈圆柱形或圆锥形。水波器应用时，一般要求水流没有分支、散射等现象。根据螺纹类型，水波器可以分为内螺纹水波器、外螺纹水波器等。水波器类型图例如图 4-19 所示。

常见美制水波器规格有 55/64-27UNS（内牙）、15/16-

27UNS、M28×1 等。常见中国、欧洲制水波器规格有 M22×1（内牙）、M24×1、M28×1 等。

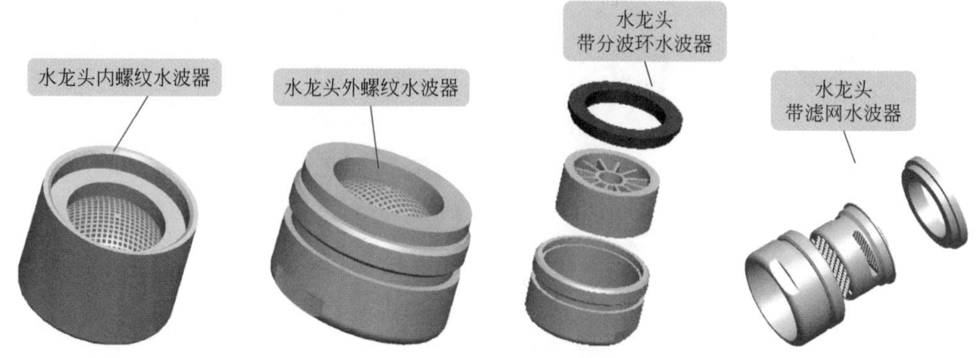

图 **4-19**　水波器类型图例

4.2.5　水龙头固定方式

水龙头固定方式图例如图 4-20 所示。

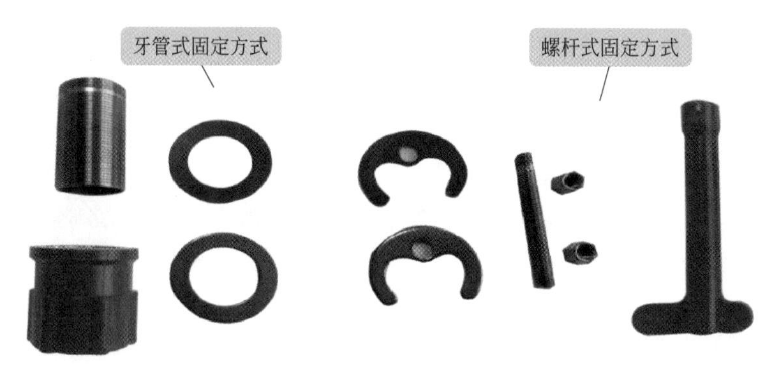

图 **4-20**　水龙头固定方式图例

4.2.6　水龙头的配件

水龙头常见的配件图例如图 4-21 所示。

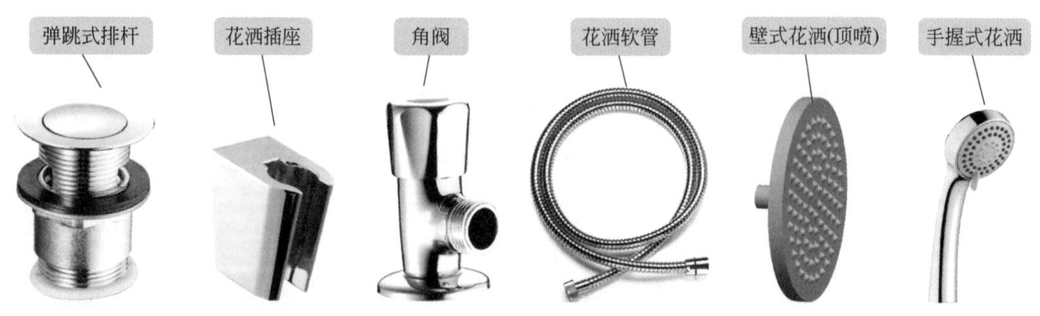

图 **4-21**　水龙头常见的配件图例

4.2.7　面盆水龙头有关数据

面盆水龙头有关的数据如下。

① 单孔水龙头外直径一般≥ 40mm。

② 单双孔进水柱高度一般≥ 48mm。

③ 双孔距离一般大约为 4in，其中 1in=25.4mm。

④ 陶瓷盆水龙头进水孔直径一般为 32 ～ 35mm。

⑤ 陶瓷盆单冷水龙头进水孔直径一般为 23 ～ 25mm。

⑥ 面盆水龙头下水口直径一般为 58 ～ 65mm。

4.3 阀

4.3.1　角阀

角阀又称为三角阀、混水阀、直角水阀等。因为管道在角阀处成 90° 的拐角形状，为此称为三角阀。

角阀属于装修中的水电件，其虽体积小，但很重要。角阀有快开角阀、慢开角阀之分。快开是指 90° 快速开启、关闭阀门。慢开是指 360° 不停地旋转角阀手柄才能够开启、关闭阀门。目前，基本都选择快开角阀。

角阀的阀芯可以分为球形阀芯、合金阀芯、陶瓷阀芯、ABS（工程塑料）阀芯、橡胶旋转式阀芯等。由于陶瓷阀芯具有开关手感顺滑轻巧、使用寿命长的特点，因此适用于家庭应用。

角阀尺寸与特点如图 4-22 所示。

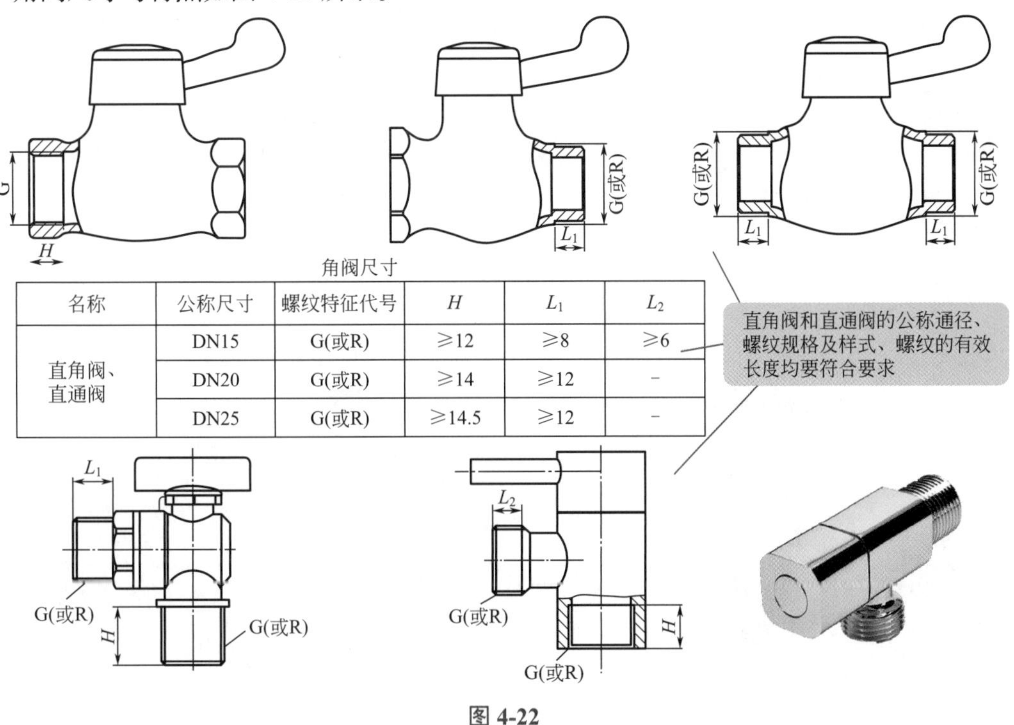

名称	公称尺寸	螺纹特征代号	H	L_1	L_2
直角阀、直通阀	DN15	G(或R)	≥12	≥8	≥6
	DN20	G(或R)	≥14	≥12	-
	DN25	G(或R)	≥14.5	≥12	-

图 4-22

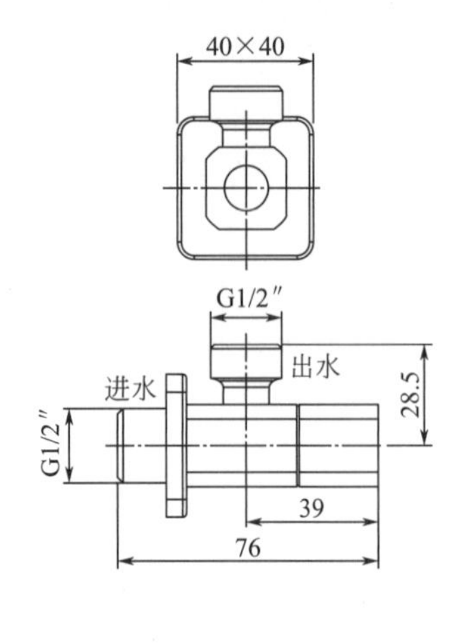

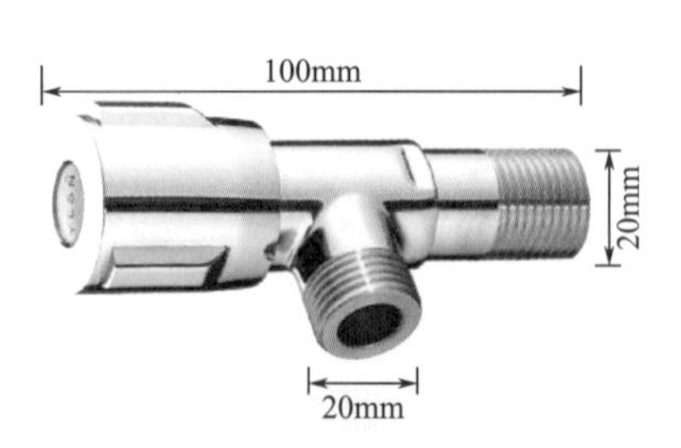

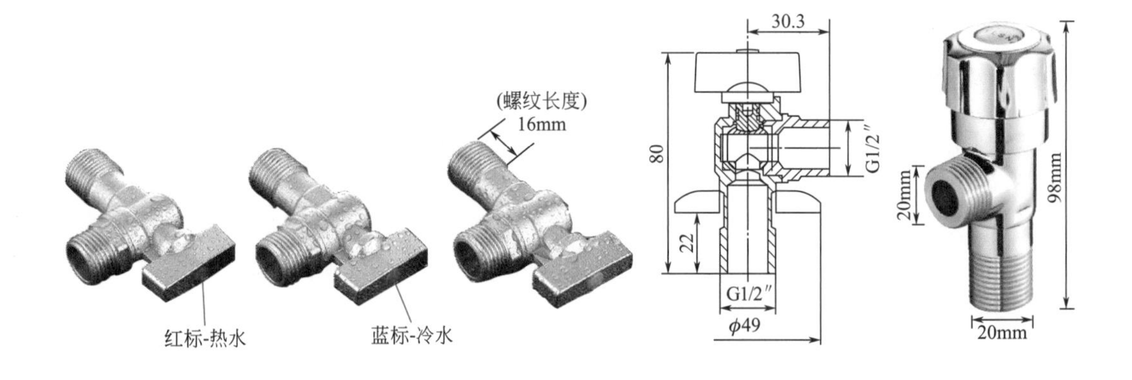

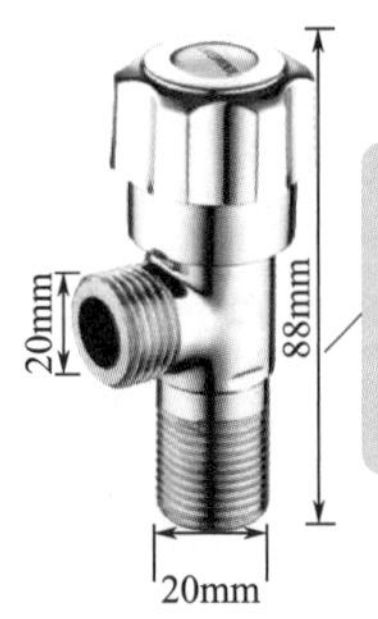

阀芯：铜阀芯
表面处理：多层电镀
出水类型：单出水
适用范围：面盆、菜盆、热水器、坐便器等
产品质量：150g

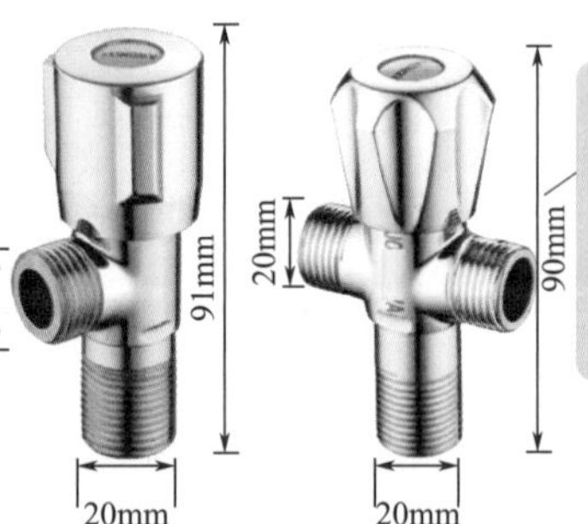

产品名称：全铜双出水角阀
产品材质：主体铜
阀芯：铜阀芯
表面处理：多层电镀
出水类型：双出水
适用范围：热水器、坐便器等
产品质量：170g

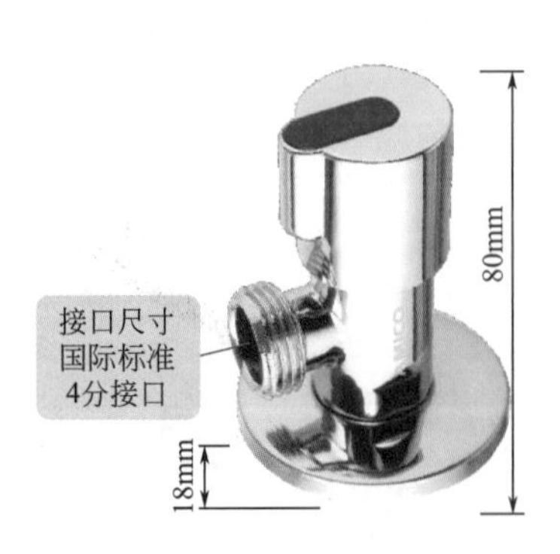

接口尺寸
国际标准
4分接口

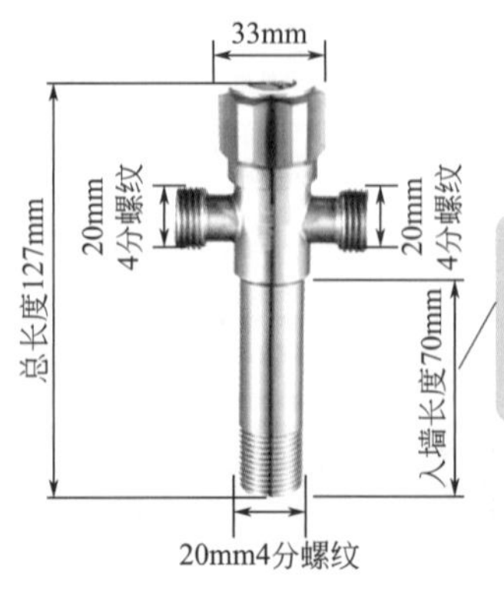

加长款180°
不锈钢三通角阀
一进二出
适用环境：浴室、阳台、厨房等

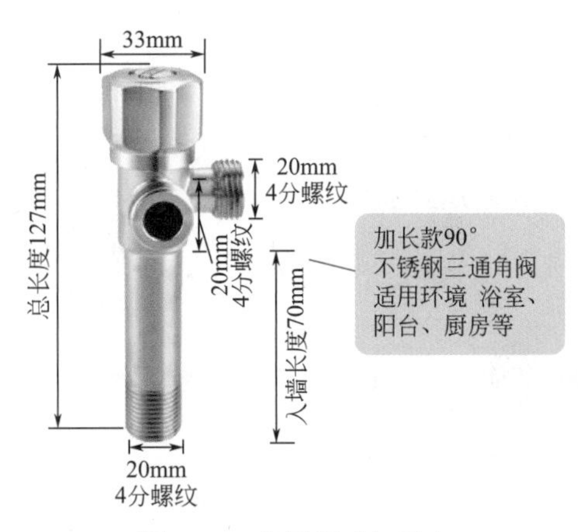

图 4-22　角阀尺寸与特点

角阀结构如图 4-23 所示。

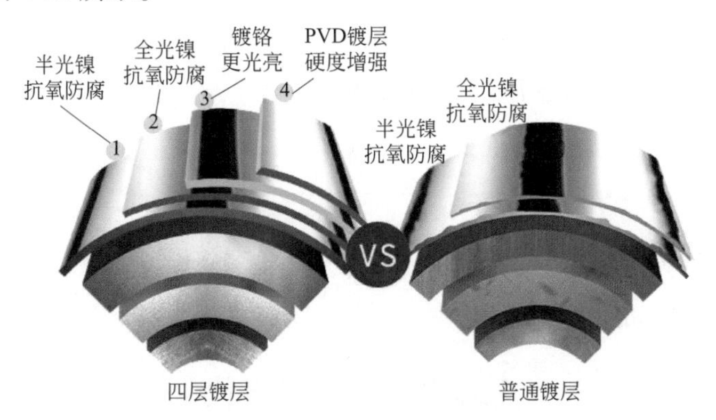

图 4-23　角阀结构

角阀选购技巧如图 4-24 所示。家装角阀参考数量见表 4-7。

角阀选购技巧

首先选择材质。最好是铜材质的角阀(会比较重)。锌合金的角阀会比较重、比较便宜，容易断裂

其次选择阀芯。一般都用陶瓷阀芯。阀芯一般从外部看不到，为此可以通过试手感来判断：手感太重，开关不便；手感太轻，用不了多长时间便漏水；手感柔和的，寿命比较长

最后选择电镀光泽。好的角阀表面光洁锃亮，手摸顺滑无瑕疵

图 4-24　角阀选购技巧

表 4-7　家装角阀参考数量

三室二厅（1 厨房 2 卫）	二室二厅（1 厨房 1 卫）	一室一厅（1 厨房 1 卫）
卫生间面盆：4 个	卫生间面盆：2 个	卫生间面盆：2 个
厨房间水槽：2 个	厨房间水槽：2 个	厨房间水槽：2 个
热水器：4 个	热水器：2 个	热水器：2 个
坐便器：2 个	坐便器：1 个	坐便器：1 个
合计：12 个	合计：7 个	合计：7 个

角阀安装效果如图 4-25 所示。

图 4-25 角阀安装效果

提醒

角阀与铜球阀有差异。铜球阀一般一户一个，其主要用于控制室内水的开或关。如果主水管为 6 分管，则需要配用 6 分铜球阀。如果主水管为 4 分管，则需要配用 4 分冷水管。

4.3.2 冲洗阀的分类

冲洗阀的分类图例如图 4-26 所示。

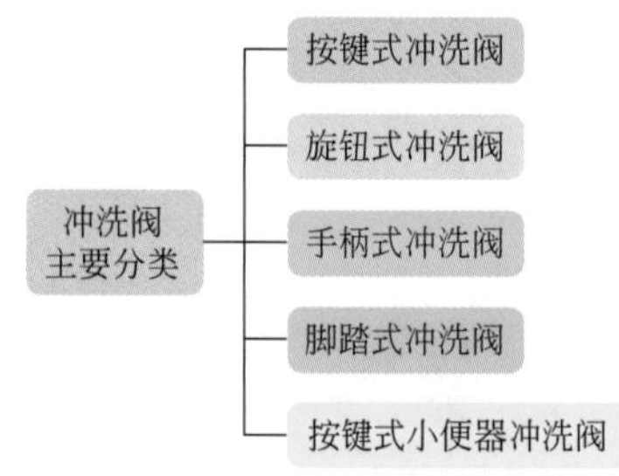

图 4-26 冲洗阀的分类图例

4.3.3 便器冲洗阀

根据使用场所，便器冲洗阀可以分为小便冲洗阀、大便冲洗阀；根据操作方式，便器冲洗阀可以分为手柄式冲洗阀、脚踏式冲洗阀、感应式便器冲洗阀等。常见便器冲洗阀图例如图 4-27 所示。根据便器冲洗阀的流量规格，大便冲洗阀的流量规格有 1.6GPF（6LPF）、1.28GPF（4.8LPF）等，小便冲洗阀的流量规格有 1.0GPF（3.8LPF）、0.5GPF（1.9LPF）、0.125GPF（0.5LPF）等。

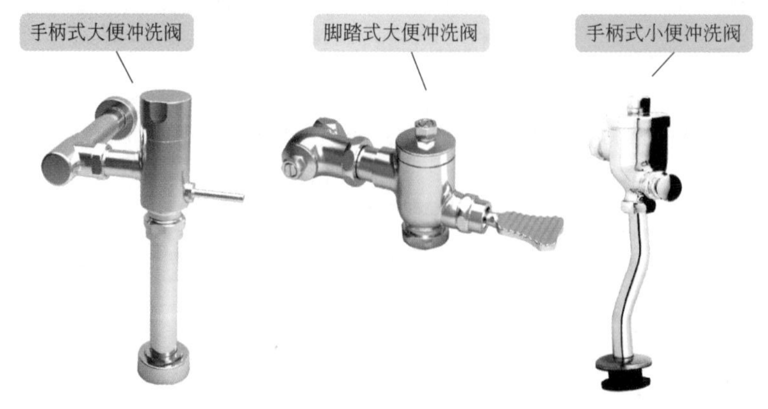

图 4-27 常见便器冲洗阀图例

常见冲洗阀结构特点图例如图 4-28 所示。

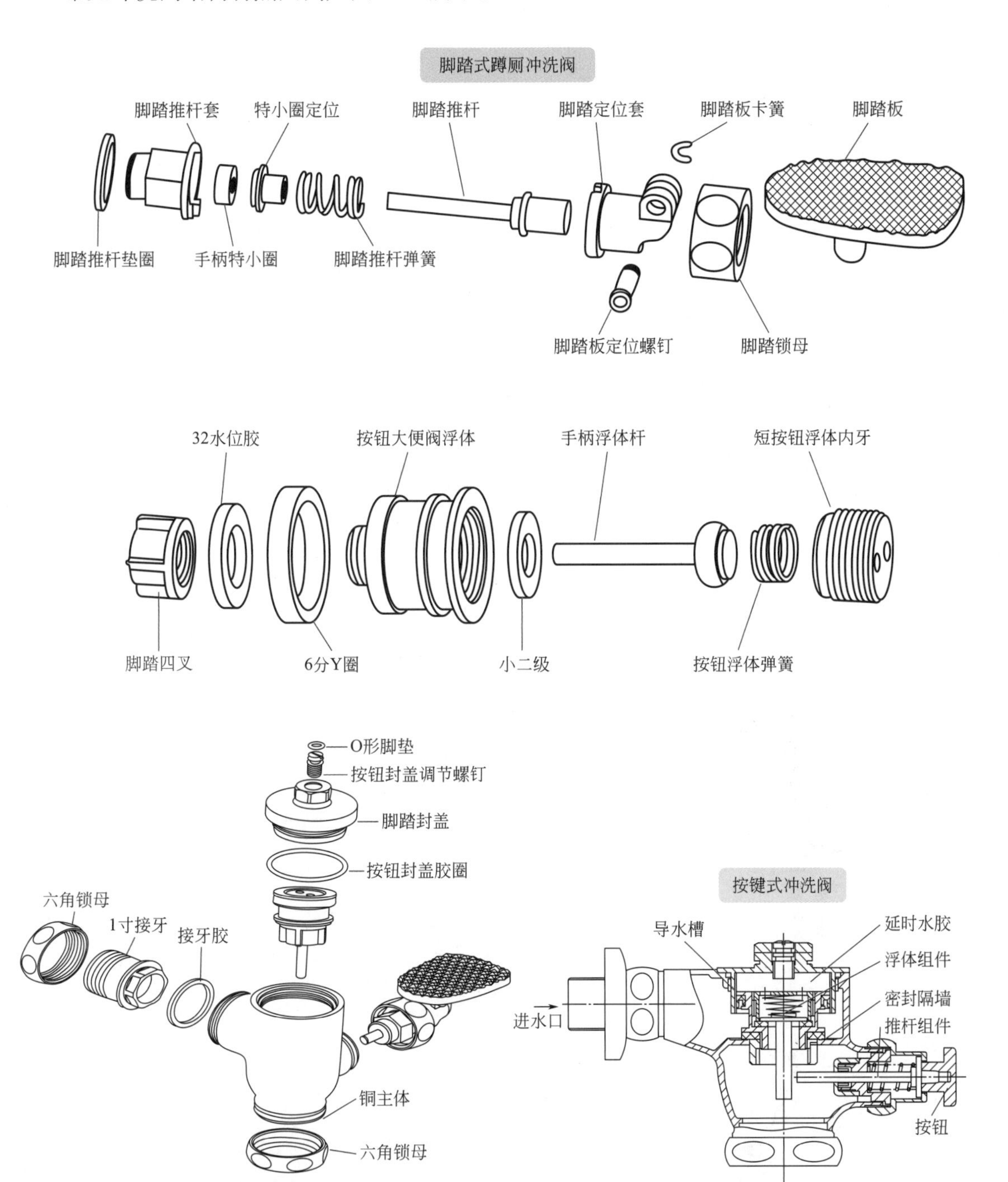

图 4-28　常见冲洗阀结构特点图例

4.3.4　常见冲洗阀的相关尺寸

常见冲洗阀的相关尺寸如图 4-29 所示。

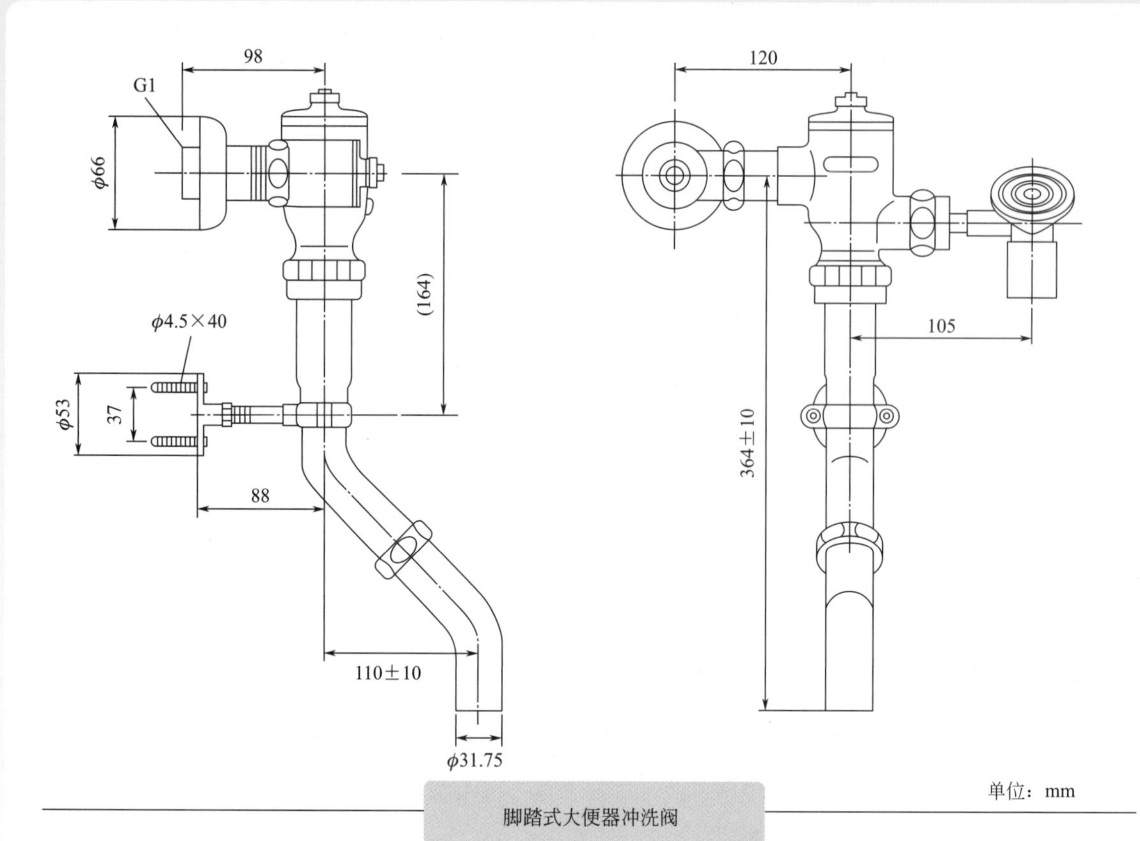

单位：mm

脚踏式大便器冲洗阀

98
G1
120
ϕ66
100～125
500
ϕ31.75

单位：mm

手柄式大便器冲洗阀

图 4-29　常见冲洗阀的相关尺寸

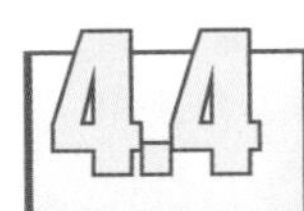

其他

4.4.1　坐便器

坐便器也称为马桶，是大小便用的有盖的桶。坐便器的类型与特点如图 4-30 所示。坐便器坑距一般有 300mm、400mm 两种，不过市场上也有坑距为 350mm 的坐便器。坑距是指下水口中心到水箱后面墙体的距离，误差不能够超过 1cm，否则坐便器无法安装。下排水方式的坐便器坑距是指地面下水孔中心点距未装修墙面的距离。后排水方式是要量其地距，也就是指排水孔中心点到做完地面的距离。

710mm×375mm×780mm

直冲式坐便器的优点与缺点?

优点：直冲式坐便器冲水管路简单，路径短，管径粗(一般直径为9～10cm)。冲水的过程短。与虹吸式坐便器相比冲污能力，直冲式坐便器容易冲下较大的污物，冲刷过程中不容易造成堵塞，卫生间里不用备置纸篓、在节水方面，比虹吸式坐便器好

缺点：直冲式坐便器的缺陷就是冲水声大、存水面较小、易结垢，防臭功能不如虹吸式坐便器

直冲式连体坐便器

直冲式坐便器利用水流的冲力来排走污物。一般池壁较陡，存水面积较小

虹吸式坐便器的优点与缺点?

优点：冲水噪声小、防臭效果优于直冲式

缺点：需要先放水到很高的水面，然后才将污物冲下去。因此，需要具备一定水量才可达到冲净的目的，每次要用8～9L水，相对而言比较费水。其排水管径一般为5～6cm左右，冲水时容易堵塞。因此，手纸不能直接扔在虹吸式坐便器里

虹吸式坐便器

虹吸式坐便器的结构是排水管道呈“∽”形，在排水管道充满水后会产生一定的水位差，借冲洗水在坐便器的排污管内产生的吸力将污物排走

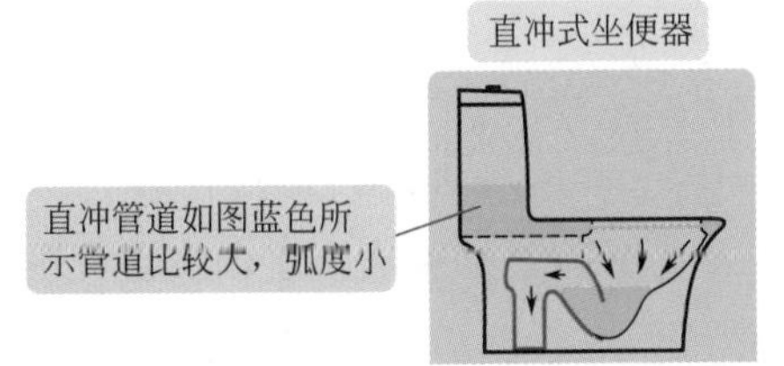

虹吸式坐便器

虹吸管道如图蓝色所示管道小一点，弧度大

图 4-30　坐便器的类型与特点

坐便器的冲水方式分为超漩式、虹吸喷射式、虹吸式、冲落式。其中，超漩式冲洗是强劲的水流沿无棱内壁持续回旋数周，旋涡式迅速而下，全方位地冲洗坐便器。超漩式冲水方式可以达到每次冲水量在 4.8L 以内。

虹吸式坐便器还可以分为旋涡式虹吸、喷射式虹吸两种。

① 旋涡式虹吸——该坐便器冲水口设在坐便器底部的一侧，冲水时水流沿池壁形成旋涡。这样会加大水流对池壁的冲洗力度，也加大了虹吸作用的吸力，有利于把坐便器内的脏物排走。

② 喷射式虹吸——该坐便器是在虹吸式坐便器上做了进一步改进，也就是在坐便器内底部增加一个喷射副道。冲水时，水一部分从便圈周围的布水孔流出，另一部分由喷射口喷出，这样具有较大的水流冲力，将脏物排走。

提醒

直冲式坐便器与虹吸式坐便器外形不同，适合的户型也不同。虹吸式坐便器的“体型”较“矮胖”。如果洗手间面积比较大，则可以考虑选择虹吸式坐便器；直冲式坐便器与虹吸式坐便器相比，直冲式坐便器相对来说较“瘦高”。如果洗手间面积较小，则选择直冲式坐便器。

坐便器的选购如图 4-31 所示。

坐便器的选购

看品牌，选样式，看价格
看水件，因水件直接决定坐便器的使用寿命
看质保，售后服务是大事
看冲水，根据坐便器桶坑的构造来判断
看构造，桶距大小、是分体还是连体、是后排水还是下排水等
看外观，是否喜欢。质量好的坐便器的釉面应顺滑无起泡，色泽饱和

图 4-31　坐便器的选购

提醒

一般选择储水量适中的坐便器，储水量过低易跑味儿，储水量过高会溅屁股。坐便器安装完成后，应在第一时间试一下冲水效果，另外，选择坐便器时，色彩要与洗脸盆及卫生间的整体色调一致。

4.4.2　浴缸

浴缸是一种水管装置，供沐浴、淋浴用。浴缸通常装置在家居浴室内。现代的浴缸大多用亚加力（亚克力）或玻璃纤维制造。

浴缸的分类如图 4-32 所示。

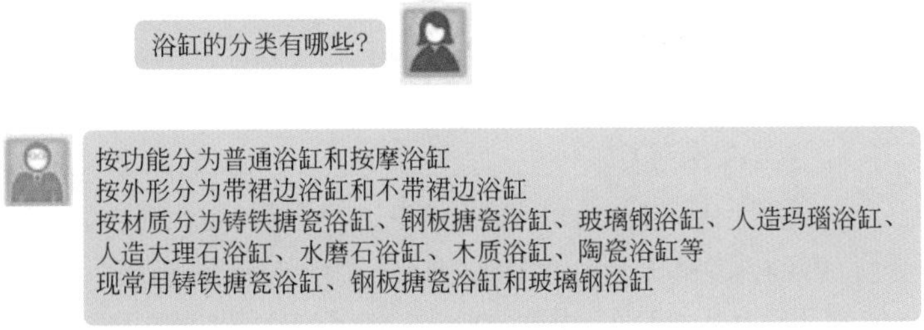

浴缸的分类有哪些？

按功能分为普通浴缸和按摩浴缸
按外形分为带裙边浴缸和不带裙边浴缸
按材质分为铸铁搪瓷浴缸、钢板搪瓷浴缸、玻璃钢浴缸、人造玛瑙浴缸、人造大理石浴缸、水磨石浴缸、木质浴缸、陶瓷浴缸等
现常用铸铁搪瓷浴缸、钢板搪瓷浴缸和玻璃钢浴缸

图 4-32　浴缸的分类

浴缸的规格见表 4-8。

表 4-8　浴缸的规格

类别	长度 /mm	宽度 /mm	高度 /mm
普通浴缸	1200、1300、1400、1500、1600、1700	700 ～ 900	355 ～ 518
坐泡式浴缸	1100	700	475（坐处 310mm）
按摩浴缸	1500	800 ～ 900	470

提醒

浴缸的接口尺寸如下。
浴缸排出口尺寸，一般为 DN40 或 DN50。
浴缸溢流口尺寸，一般为 DN32 或 DN50。
排水口直径，一般为 60mm。

不同材质浴缸比较见表 4-9。

表 4-9　不同材质浴缸比较

名称	优点	缺点	档次
铸铁搪瓷浴缸	坚固耐用、抗负荷性好、卫生	重量大（分为有裙、无裙）	高～中高
钢板搪瓷浴缸	经济、重量轻（无裙缸：大约 25kg；有裙缸：大约 40kg）、卫生	产生噪声、造型设计受到限制	中～中低
亚克力浴缸	重量轻（无裙缸：大约 25kg；有裙缸：大约 35kg）	易划伤、易失光	中～中低

浴缸的选择技巧如图 4-33 所示。

浴缸的选择技巧

看光泽度——通过看表面光泽，了解材质的优劣
手按、脚踩试坚固度——浴缸的坚固度关系到材料的质量、厚度
摸表面平滑度——适用于钢板、铸铁浴缸。该两种浴缸需镀搪瓷，镀的工艺不好会出现细微的波纹
听声音——购买时试水，听听声音。如果按摩浴缸的电动机噪声过大，会成为负担
看尺寸、形状——浴缸的大小要根据浴室的尺寸来确定。尺寸相同的浴缸，其深度、宽度、长度和轮廓也并不一样

图 4-33　浴缸的选择技巧

提醒

如果确定把浴缸安装在角落里，则三角形的浴缸要比长方形的浴缸多占空间。如果喜欢水深的浴缸，则脏物出口的位置就要高一些。单面有裙边的浴缸，购买时要根据下水口、墙面的位置注意裙边的方向。如果浴缸之上还要加淋浴喷头，则应选择稍宽的浴缸，并且淋浴位置下面的浴缸部分要平整，并且经过防滑处理。

4.4.3 洗手盆

洗手盆又称为洗脸盆、台盆，其功能为洗手、洗脸。洗手盆的选择要点如下。

① 台上盆——相对台下盆美观。

② 台下盆——相对台上盆便于清洁。

③ 整体台盆——多用于整体浴室柜。

④ 柱盆——适合面积小的卫生间。

洗手盆选择技巧如图 4-34 所示。

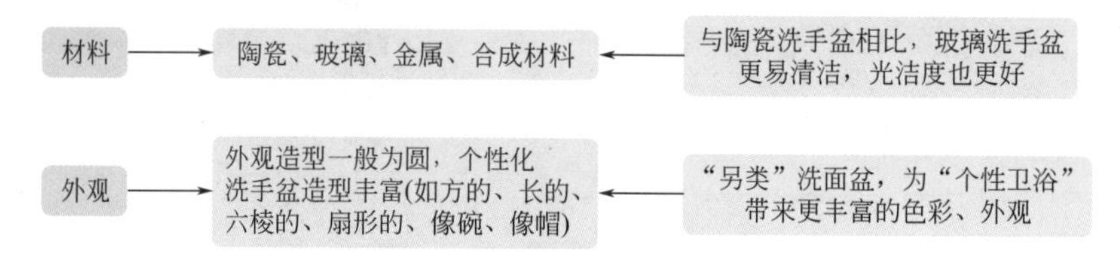

图 4-34 洗手盆选择技巧

4.4.4 洗面器

洗面器的类型如图 4-35 所示。

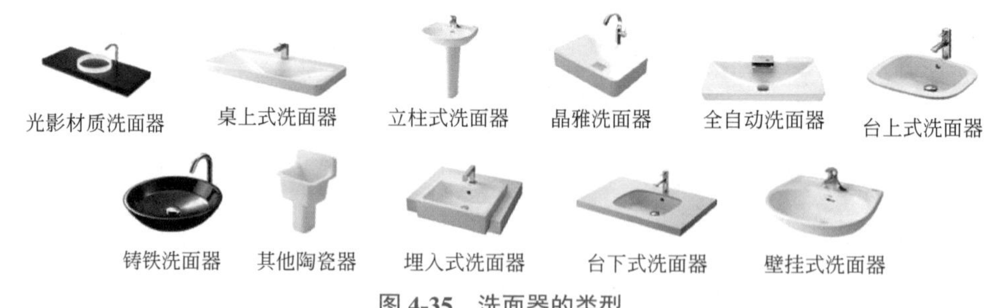

图 4-35 洗面器的类型

提醒

常见立柱式洗面器尺寸（W×D×H）约为 560mm×460mm×820mm。

第 5 章 电工材料设备轻松懂

 电线线缆 

5.1.1 电源线

电源线有品字尾电源线、多功能电源线、陶瓷插头电源线等类型。选择电源线时需要注意标称截面积、长度、芯数、适用范围等参数。

电源线标称截面积常见的有 $1mm^2$、$0.5mm^2$、$0.75mm^2$ 等，长度常见的有 1.5m、2m 等，芯数常见的有 2 芯、3 芯等。

品字尾电源线适用电脑、打印机、电热壶、电饭锅等。品字尾电源线一般是配三孔插头，需要三孔插座配合使用。电源线如图 5-1 所示。

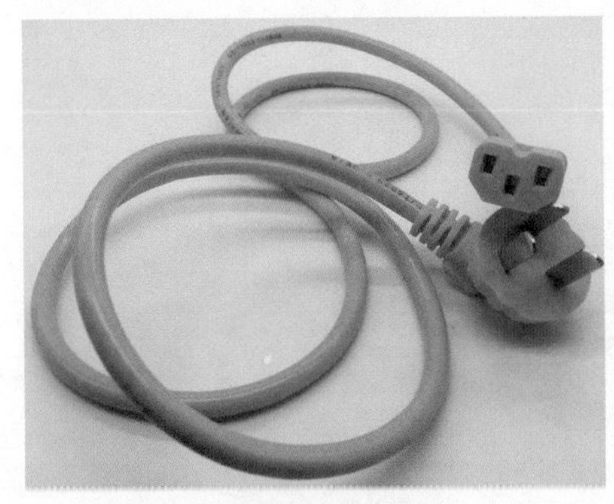

品字尾电源连接线

多功能电源连接线

图 5-1 电源线

5.1.2 电线

电线美规与公制对照见表 5-1。

表 5-1 电线美规与公制对照

美规线号 AWG	10	12	14	16	18	20	22
公制线芯直径 /mm	2.6	2.0	1.6	1.3	1.0	0.8	0.6
公制线芯截面积 /mm^2	5.50	3.50	2.00	1.25	0.80	0.50	0.32

家装常见电线如图 5-2 所示。

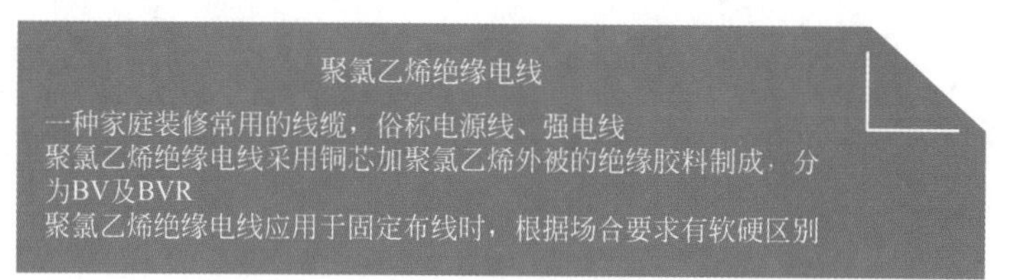

图 5-2 家装常见电线

强电电线的规格如图 5-3 所示。

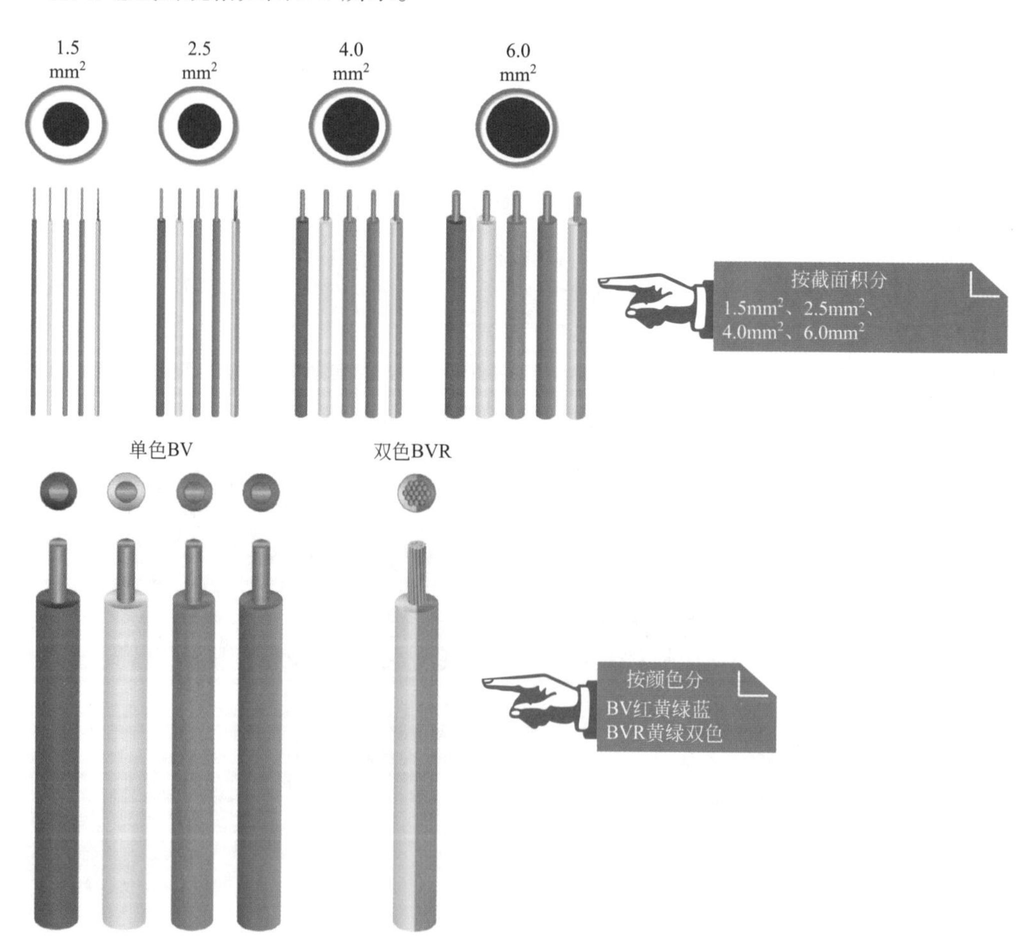

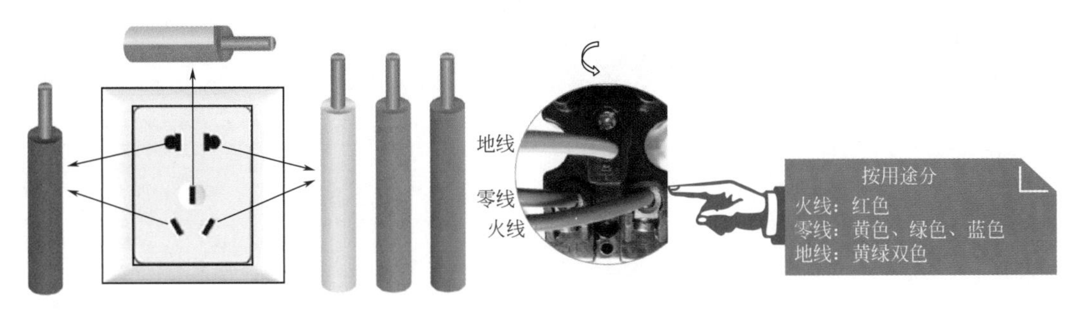

图 5-3　强电电线的规格

常见电线的参数见表 5-2。

表 5-2　常见电线的参数

导体截面积 /mm²	导体种类	绝缘厚度 /mm²	平均外径 /mm²	载流量 /A	单位质量 /（kg/km）	20℃导体直流电阻 /（≤ Ω/km）	70℃时最小绝缘电阻 / MΩ · km
BV1.5	1	0.7	2.80	17	20.1	12.1	0.0110
BVR1.5	2	0.7	3.00	17	21.1	12.1	0.0100
BV2.5	1	0.8	3.40	23	31.7	7.41	0.0100
BVR2.5	2	0.8	3.65	23	33.3	7.41	0.0110
BV4.0	1	0.8	3.85	32	46.5	4.61	0.0085
BVR4.0	2	0.8	4.20	32	49.2	4.61	0.0090
BV6.0	1	0.8	4.40	40	66.6	3.08	0.0070
BVR6.0	2	0.8	4.80	40	70.3	3.08	0.0084

家装电源线需要根据负荷大小来选择导线，即常说的 2.5、4 等。这些数字是指电线的截面积，默认单位为 mm^2。数值越大，可承载的最大电流量也越大。如果选择不匹配，过大浪费钱，过小不安全。电线经验选择方法见表 5-3、表 5-4。

表 5-3　电线经验选择方法 1

电线截面积 /mm²	截流量 /A	空气开关 /A	常用回路
1.5	14.5	10	灯具
2.5	19.5	16	灯具、插座、厨房、卫生间、2 匹以下空调、电热水器专用
4	26	25	专用回路为佳，如大功率电器、地暖、大 2 匹空调
6	34	32	专用回路为佳，超大功率电器、3 匹以上空调

表 5-4　电线经验选择方法 2

型号	规格 /mm²	用途	型号	规格 /mm²	用途
BV	1.5	插座地线、照明支线	BVR	1.5	插座地线、照明支线
	2.5	插座地线、插座、照明主线、洗衣机、空调挂机		2.5	插座地线、照明主线、洗衣机、空调挂机
	4.0	插座地线、插座、热水器、浴霸、电暖器、空调		4.0	插座地线、热水器、浴霸、电暖器、空调柜机
	6.0	进户主线（小居室）、中央空调		6.0	进户主线（小居室）、中央空调、配电箱

卫生间安装浴霸单独分路，一般选择截面积为 2.5mm² 的电线。

卫生间内安装电水器时单独分路，根据容量大小选择电线截面积，一般为 2.5 ～ 4mm²。

厨房单独分路，电线一般选择 2.5mm² 铜芯线。

照明、插座线路使用截面积不小于 2.5mm² 铜芯线。

空调线路使用截面积不小于 4mm² 铜芯线。

电线的选择如图 5-4 所示。

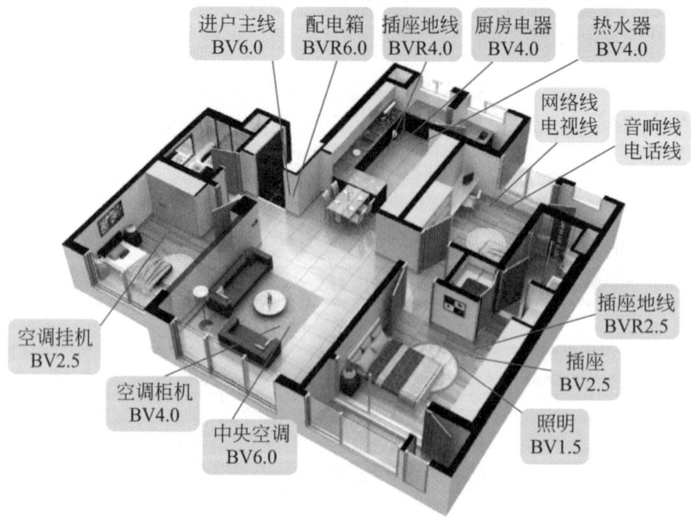

图 5-4　电线的选择

电线的用量图例如图 5-5 所示。

以$100m^2$左右的住宅为例
$1.5mm^2$规格约需300m
$2.5mm^2$规格约需500m
$4.0mm^2$规格约需300m
$6.0mm^2$规格约需200m

图 5-5　电线的用量图例

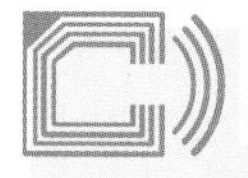

提醒

选择电线和水管时，不应只看重价格，而忽略质量。因为水电改造做好后，如果出现问题，则需要开墙修复，不仅麻烦得很，而且容易导致安全事故。如果想降低装修造价，则有的装修材料可以稍微选低档的，但购买电线、水管不能降低标准。

电线选择要点图例如图 5-6 所示。

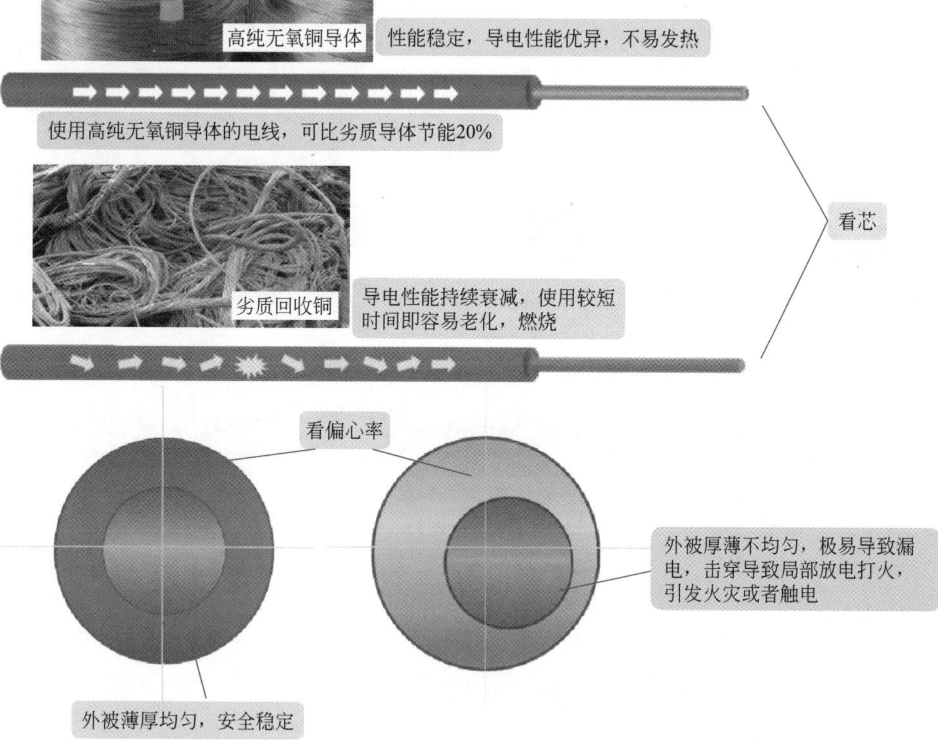

图 5-6　电线选择要点图例

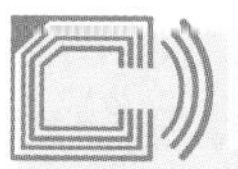

提醒

电线选择要点还包括是否足米、是否足重、是否有高阻燃外被、绞合是否精密等方面。

5.1.3 软线

软线也就是BVR，其是7根或者7根以上铜丝绞在一起的单芯线，比BV（硬线）软。RV线也是多根铜丝绞在一起的单芯线，比BVR更软，家装中一般不选择RV线。BVR与RV线的特点如图5-7所示。

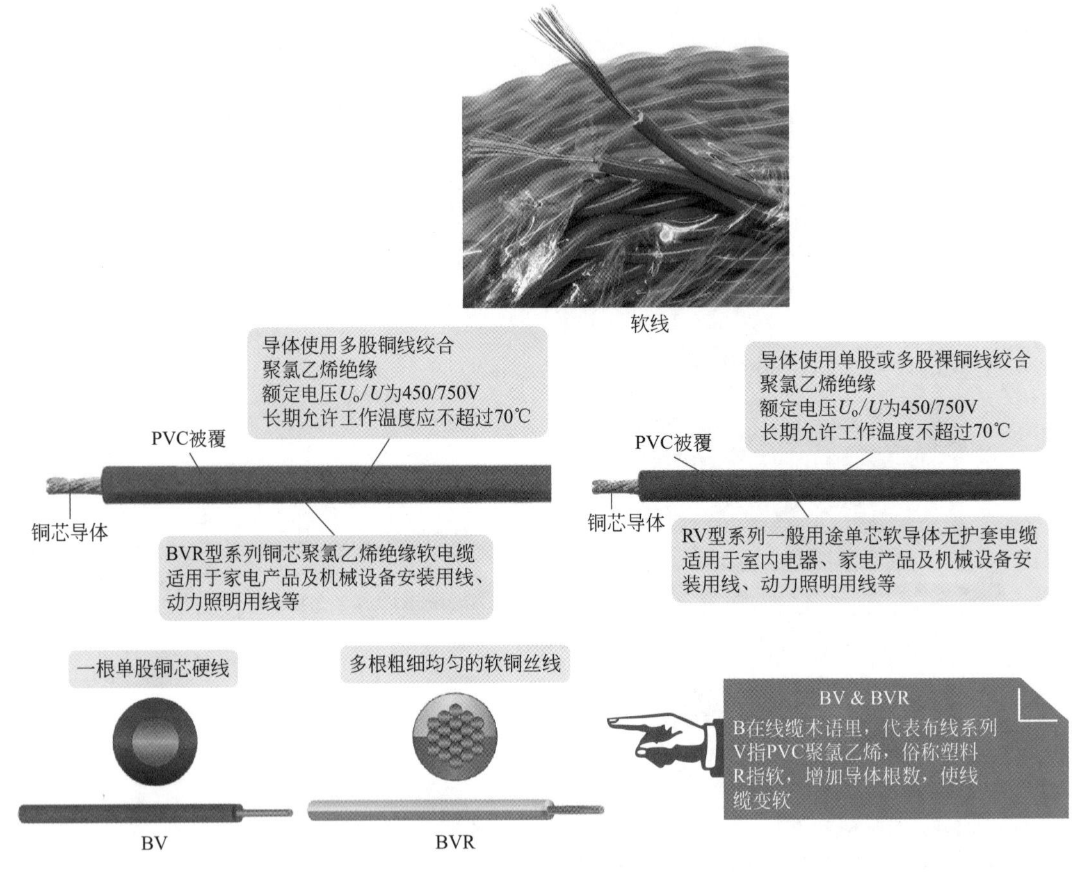

图5-7 BVR与RV线的特点

提醒

如果布线弯道较多，BVR比较方便穿管。选择BVR时，应选择采用高标准的PVC绝缘材料，拒绝使用再生塑料。选择薄厚均匀、偏心率低的BVR。选择低电阻、低消耗的BVR。

BVR型铜芯聚氯乙烯绝缘电线的规格见表5-5。

表5-5 BVR型铜芯聚氯乙烯绝缘电线的规格

额定电压/V	标称截面积/mm^2	导体结构（根数/线径）/（根/mm）	平均外径上限/mm	绝缘厚度/mm	标称外径/mm
450/750	2.5	19/0.41	4.1	0.8	3.65

续表

额定电压 /V	标称截面积 /mm^2	导体结构（根数 / 线径）/（根 /mm）	平均外径上限 /mm	绝缘厚度 /mm	标称外径 /mm
450/750	4	19/0.52	4.8	0.8	4.20
450/750	6	19/0.64	5.3	0.8	4.80
450/750	10	49/0.52	6.8	1.0	6.68
450/750	16	49/0.64	8.1	1.0	7.76
450/750	25	98/0.58	10.2	1.2	10.08
450/750	35	133/0.58	11.7	1.2	11.1
450/750	50	133/0.68	13.9	1.4	13.00
450/750	70	189/0.68	16.0	1.4	15.35

家装电线合格的判断方法如图 5-8 所示。

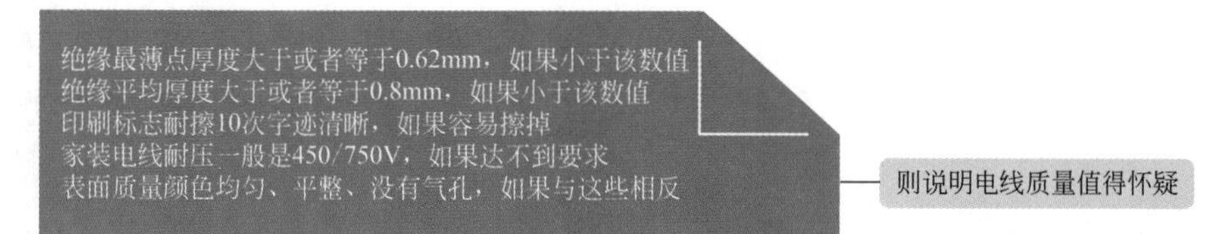

图 5-8　家装电线合格的判断方法

5.1.4　电脑网络线

网络线也就是双绞线，是连接电脑网卡与 ADSL（俗称“猫”）或者路由器或交换机的电缆线。网络线的用途如图 5-9 所示。

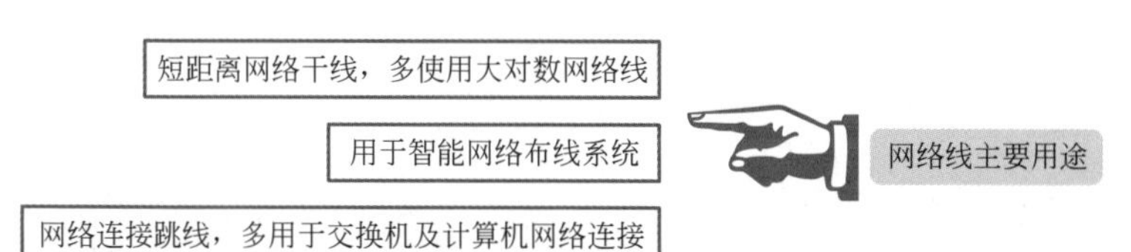

图 5-9　网络线的用途

电话线传输的信号是调制信号，电脑网卡不能识别。因此，由 ADSL 猫来转换成网卡能够直接识别的信号。这样，ADSL 一端连接电话线，另一端连接网络线，就能够实现上网。电脑网络线如图 5-10 所示。电脑成品网络线如图 5-11 所示。

100Ω 电缆最高传输频率分类如下。

3 类电缆：16MHz。

5 类电缆：100MHz。

5e 类电缆：150MHz。

6 类电缆：250MHz。

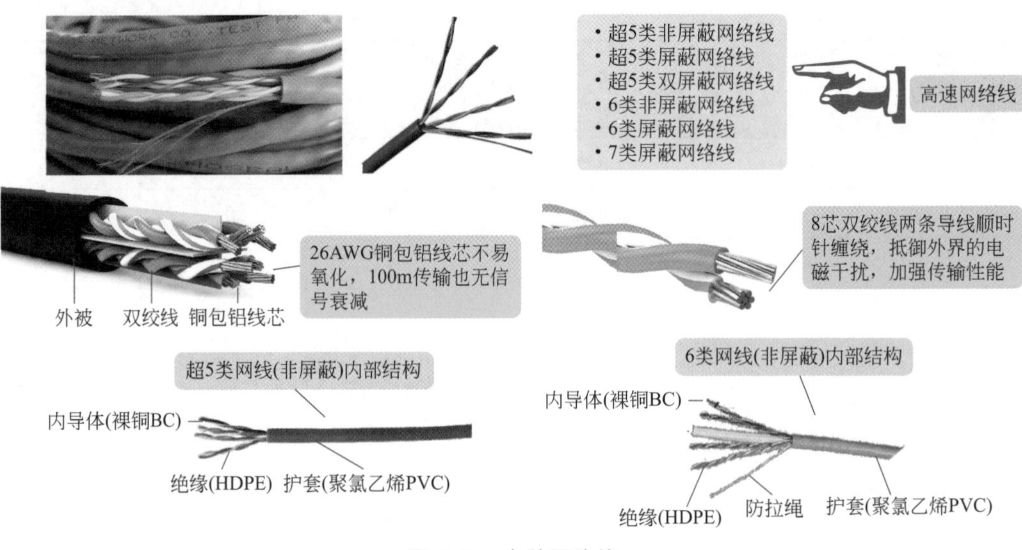

图 5-10 电脑网络线

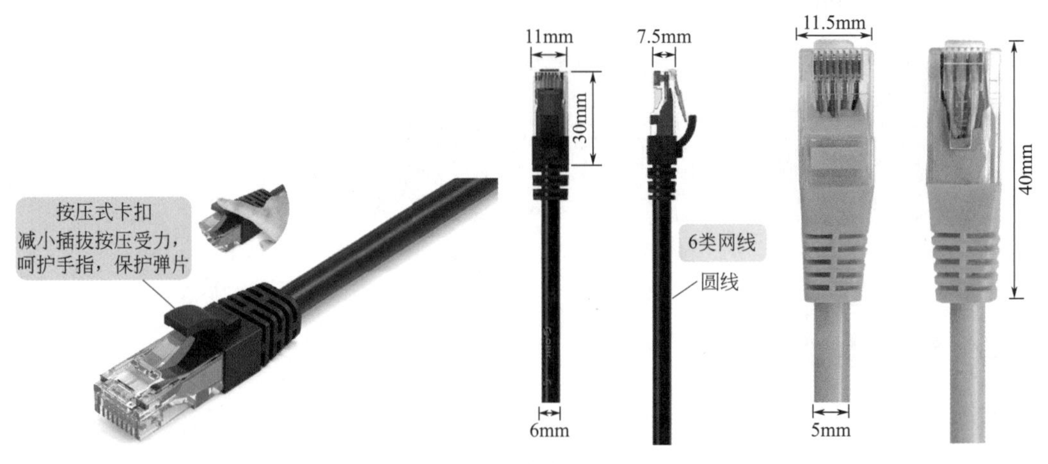

图 5-11 电脑成品网络线

网络线根据功能分类如图 5-12 所示。

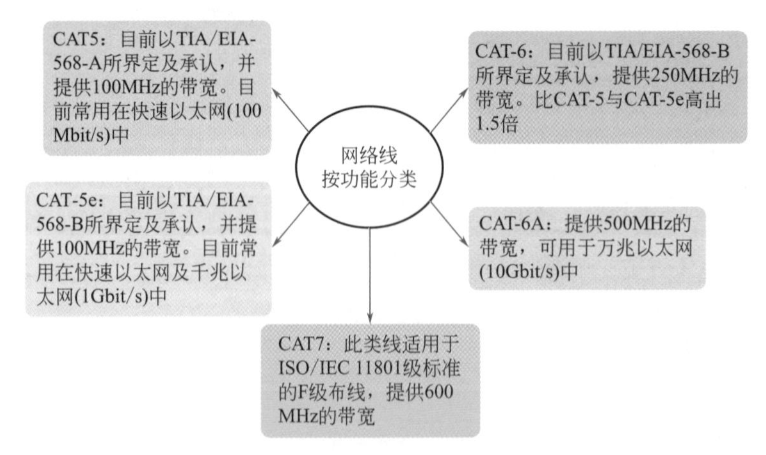

图 5-12 网络线根据功能分类

网线选购技巧如图 5-13 所示。

网线选购技巧

看网线材料——有的劣质网线4对中有2对铜线、2对铜包铁线。该线用在电脑网络问题不大，如果用在监控系统就会产生干扰

看包装——超5类网线标有CAT5E字样，标有CAT5的是5类线。线上面的标识：正规厂家的产品标识上标有长度

用万用表测试——国标网线305m单芯电阻大约为28Ω。市场假超5类网线电阻有的达50Ω

超5类双绞线属非屏蔽双绞线——与普通5类双绞线比较，超5类双绞线在传送信号时衰减更小，抗干扰能力更强。超5类非屏蔽双绞线是在对现有5类屏蔽双绞线的部分性能加以改善后出现的电缆

眼睛看——双绞线绞的密度应该接近1cm绞一下

图 5-13　网线选购技巧

提醒

一些网络线的特点如下。

无氧铜网线——该类网线主要材料是纯度很高的铜，为优质网线。该类网线传输距离一般为 100 ~ 120m。

铜包银网线——该类网线一般用进口铝作为主材料，外层是一层饱满的无氧铜层。该类网线一般用在普通网络下，在单一的网络环境下能传输 160 ~ 180m。

铜包铝网线——该类网线一般以普通铝为材质，外层为无氧铜层。该类网线传输距离大约为 100m。

全铜网线——该类网线也称为青铜网线、铜包铜网线。该类网线主材料是回炉铜，外层镀一层无氧铜。该类网线传输距离一般为 80 ~ 100m。

铜包钢网线——也就是平常所说的四铁四铝网线。其里面的线芯是两条铜包铝、两条铜包铁。该类网线一般只能用在普通网络情况下，并且最好布线在 80m 以内。

5.1.5　镀锌穿线管

镀锌管可以走水，也可以当作穿线管。镀锌穿线管是指对钢管表面通过特殊工艺进行镀锌处理后用来保护线路的一种钢管。

镀锌管的分类如图 5-14 所示。

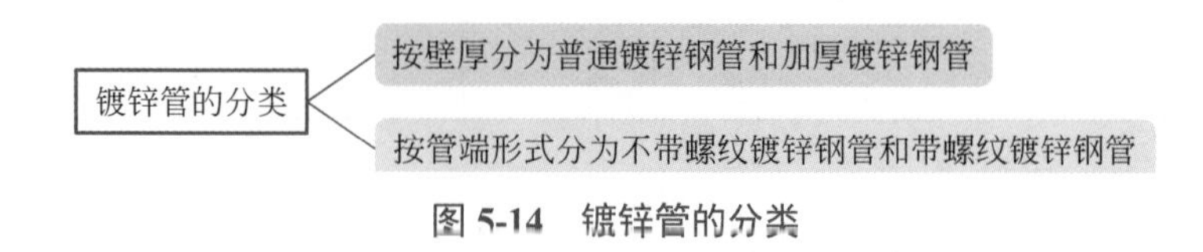

图 5-14　镀锌管的分类

选择镀锌穿线管的要求如图 5-15 所示。

图 5-15　选择镀锌穿线管的要求

镀锌钢管通常长度为 4 ～ 9m。钢管在镀锌前（即黑管）的外径、壁厚尺寸、允许偏差应符合表 5-6。

表 5-6　钢管在镀锌前（即黑管）的外径、壁厚尺寸、允许偏差

公称口径		外径		普通钢管			加厚钢管		
				壁厚		理论质量 /（kg/m）	壁厚		理论质量 /（kg/m）
mm	in	公称尺寸 /mm	允许偏差	公称尺寸 /mm	允许偏差 /%		公称尺寸 /mm	允许偏差 /%	
6	1/8	10.0	±0.50mm	2.00	+12 −15	0.39	2.50	+12 −15	0.46
8	1/4	13.5		2.25		0.62	2.75		0.73
10	3/8	17.0		2.25		0.82	2.75		0.97
15	1/2	21.3		2.75		1.26	3.25		1.45
20	3/4	26.8		2.75		1.63	3.50		2.01
25	1	33.5		3.25		2.42	4.00		2.91
32	11/4	42.3	±1%	3.25		3.13	4.00		3.78
40	11/2	48.0		3.50		3.84	4.25		4.58
50	2	60.0		3.50		4.88	4.50		6.16
65	21/2	75.5		3.75		6.64	4.50		7.88
80	3	88.5		4.00		8.34	4.75		9.81
100	4	114.0		4.00		10.85	5.00		13.44
125	5	140.0		4.00		13.42	5.50		18.24
150	6	165.0		4.00		17.81	5.50		21.63

注：公称口径表示近似内径的参考尺寸。

镀锌钢管的每米质量计算如下：

$$[(外径-壁厚)\times 壁厚]\times 0.02466=kg/m（每米的质量）$$

$$W=C[0.02466(D-S)S]$$

式中　W——镀锌钢管的每米质量，kg/m；
　　　C——镀锌钢管比黑管增加的质量系数；
　　　D——黑管的外径，mm；
　　　S——黑管的壁厚，mm。

镀锌钢管比黑管增加的质量系数见表 5-7。

表 5-7　镀锌钢管比黑管增加的质量系数

公称口径		外径	镀锌钢管比黑管增加的质量系数 C	
mm	in	mm	普通钢管	加厚钢管
6	1/8	10.0	1.064	1.059
8	1/4	13.5	1.056	1.046
10	3/8	17.0	1.056	1.046
15	1/2	21.3	1.047	1.039
20	3/4	26.8	1.046	1.039
25	1	33.5	1.039	1.032
32	$1^{1}/_{4}$	42.3	1.039	1.032
40	$1^{1}/_{2}$	48.0	1.036	1.030
50	2	60.0	1.036	1.028
65	$2^{1}/_{2}$	75.5	1.034	1.028
80	3	88.5	1.032	1.027
100	4	114.0	1.032	1.026
125	5	140.0	1.028	1.023
150	6	165.0	1.028	1.023

5.2 插座开关

5.2.1 插座

插座是指有一个或一个以上电路接线可以插入的电源座。插座可以分为民用插座、工业用插座、防水插座、普通插座、视频插座、音频插座、电源插座、电脑插座、电话插座、移动插座、USB 插座等。常见插座的特点如图 5-16 所示。

电源插座——具有设计用于与插头的插销插合的插套，并且装有用于连接软缆的端子的电器附件

移动式插座——打算连接到软缆上或与软缆构成整体的，而且在与电源连接时易于从一地移到另一地的插座

多位插座——两个或多个插座的组合体

器具插座——打算装在电器中的或固定到电器上的插座

可拆线移动式插座——结构上能更换软缆的电器附件

不可拆线移动式插座——由电器附件制造厂进行连接和组装后，在结构上与软缆形成一个整体的电器附件

固定式插座——用于与固定布线连接的插座

家庭墙面插座属于固定式插座

图 5-16　常见插座的特点

提醒

排插不带电源线与插头称为移动式插座。排插带插头形成整体称为转换器。

家用墙壁插座又称为墙壁电源插座、墙壁开关插座。其是指有一个或一个以上电路接线可插入的电源座，通过该插座可插入各种接线。

家用墙壁、地面电源插座的类型图例如图 5-17 所示。

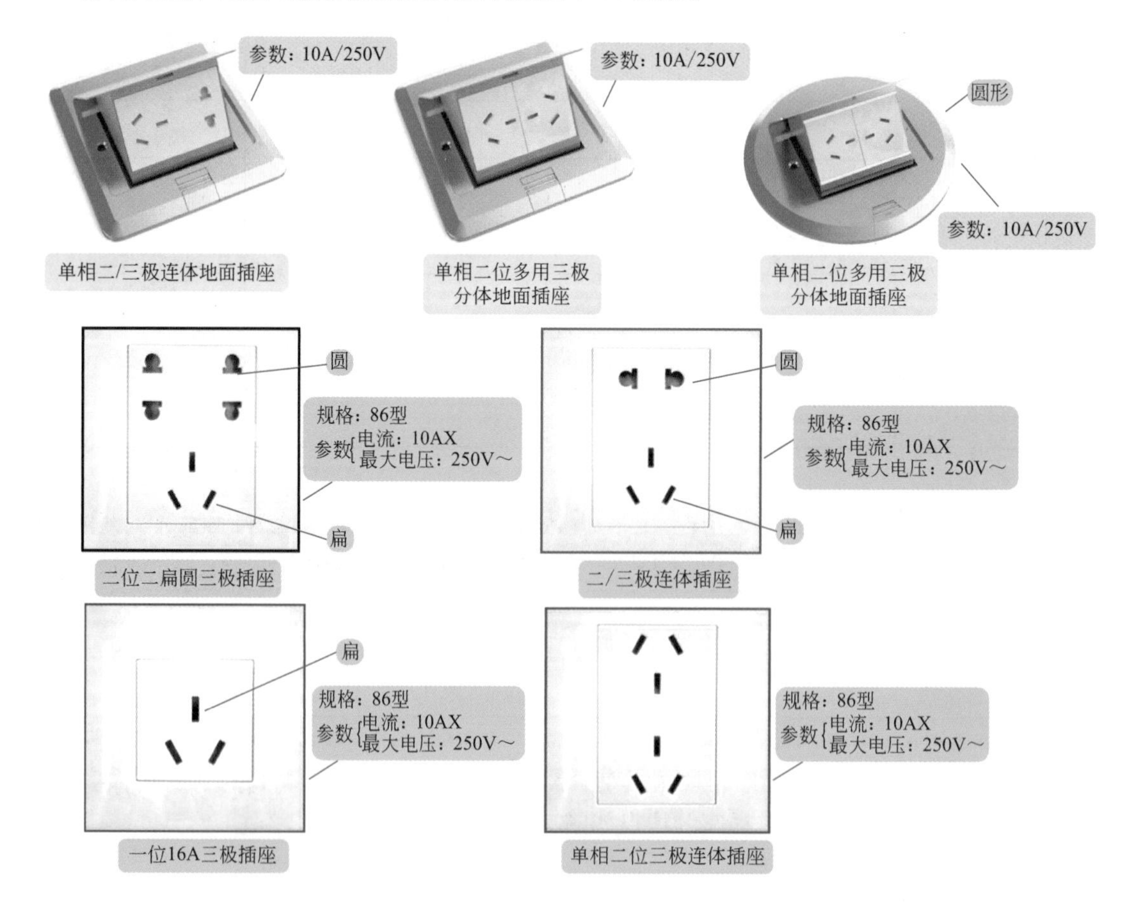

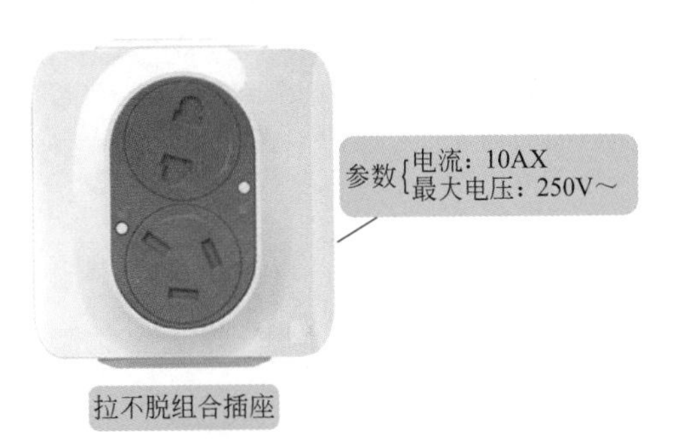

图 **5-17**　家用墙壁、地面电源插座的类型图例

地插座类型如图 5-18 所示。常见组合插座的特点如图 5-19 所示。

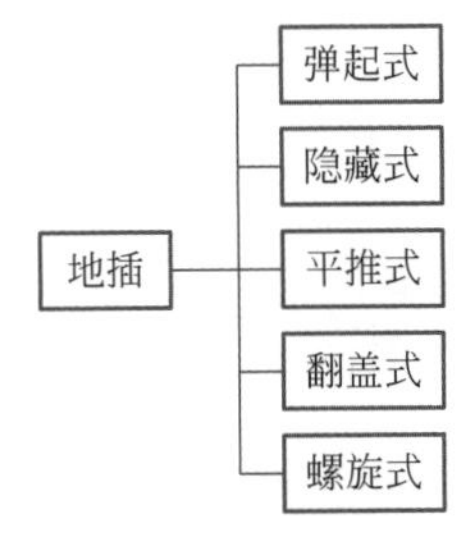

图 **5-18**　地插座类型

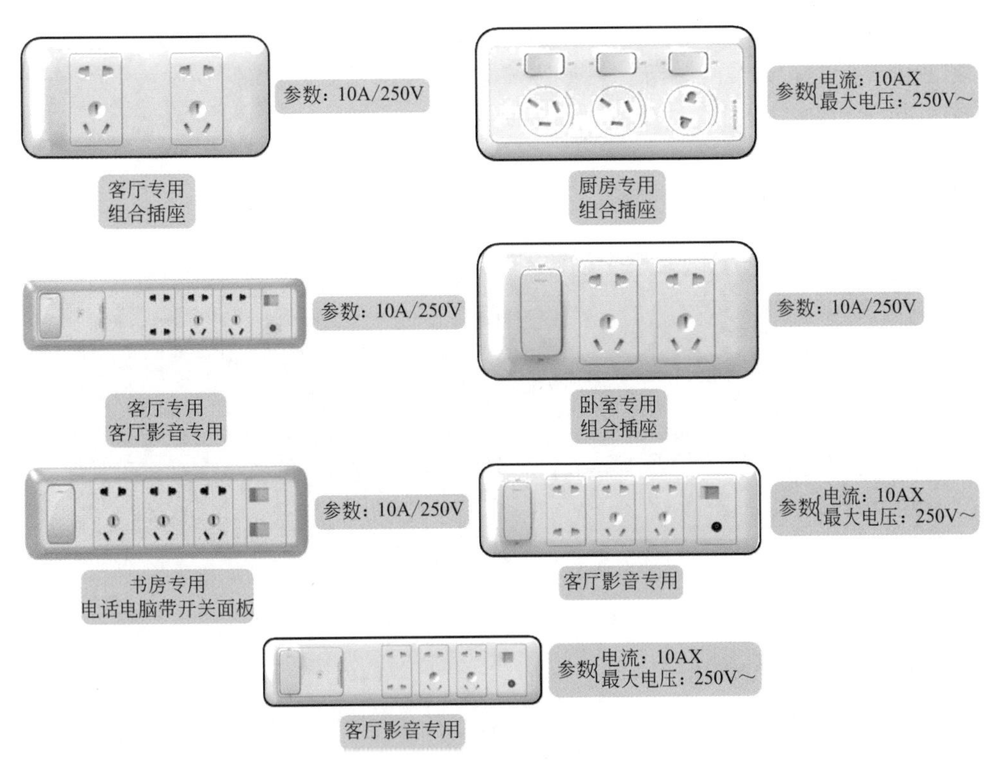

图 **5-19**　常见组合插座的特点

弱电插座图例如图 5-20 所示。

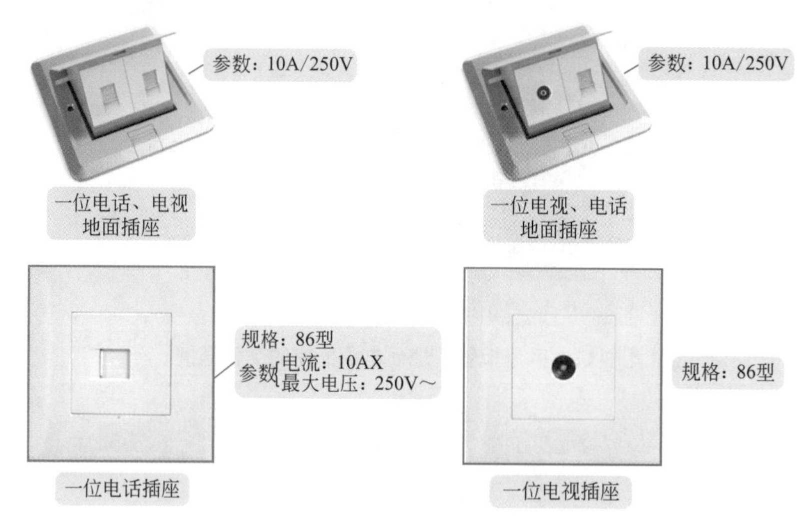

图 5-20　弱电插座图例

提醒

从外观上来看，家用插座常见的类型如下。

第一种 86 型，属于较常见的插座，外形为方形，尺寸为 86mm×86mm。

第二种 118 型，外形为横装的长条，在边框里卡入不同的功能模块组合而成。

第三种 120 型，面板高度为 120mm，可配套 1 ～ 3 个单元的功能件。

第四种非标型，该类产品与以上规格不同，大多面板高度为 86mm，宽度则根据产品种类不同。

插座的选择技巧如图 5-21 所示。

特殊插座——特殊要求，需要选择特殊插座

辨场所——不同场所应搭配不同种类的插座。厨房、卫生间的插座面板上最好安装防溅水盒或塑料挡板。有小孩的家庭，为了防止儿童用手指触摸或用金属物捅插座孔眼，最好选用带保险挡片的安全插座

查外观——面板应颜色均匀，表面光滑，无凹陷、无杂色、无气泡、无污渍、无裂纹、无肿胀、无缺胶、无变形、无刮伤、无缩水等缺陷。金属件无毛刺、无裂痕、无腐蚀痕迹，无生锈、螺钉头无损伤等不良情形

掂重量——如果选用了薄铜片的插座，感觉会较轻。好的插座选用的铜片与接线端子比较厚实，份量相对较重。铜件是插座关键的部分，也是识别劣质产品的重点部位。注意：有的不良厂家会在产品里加铁板以增加重量，因此选购时一定要注意

图 5-21　插座的选择技巧

5.2.2　明装大功率插座

明装大功率插座根据材质分为陶瓷插座、胶木插座等类型，根据眼孔分为 3 孔插座、5 孔插座等类型。明装大功率插座一般无电源引线。

常见明装大功率插座最大使用电压为 250V、最大使用电流为 16A。它一般适用空调、电冰箱、取暖器、电磁炉、电炉、电饭锅等使用。

明装大功率插座图例如图 5-22 所示。

图 5-22　明装大功率插座图例

5.2.3　开关

开关意为开启、关闭，也就是实现开与关。开关还是指可以使电路开路、使电流中断或使其流到其他电路的电子元件。开关有一个或数个电子触点，其中触点闭合表示电子触点导通，允许电流流过；开关触点开路表示电子触点不导通形成开路，不允许电流流过。

开关的分类如图 5-23 所示。

开关的分类

根据用途分类：墙壁开关、波动开关、波段开关、控制开关、转换开关、录放开关、电源开关、预选开关、限位开关、隔离开关、行程开关、智能防火开关等

根据结构分类：按钮开关、按键开关、微动开关、船型开关、钮子开关、拨动开关、薄膜开关、点开关

根据接触类型分类：a型触点、 b型触点、c型触点

根据开关数分类：单控开关、双控开关、多控开关、调光开关、门铃开关、插卡取电开关、感应开关、触摸开关、遥控开关、智能开关、调速开关、浴霸专用开关等

图 5-23　开关的分类

开关的主要参数如图 5-24 所示。

开关的主要参数

额定电压：指开关在正常工作时所允许的安全电压。如果加在开关两端的电压大于该值，会造成两个触点间打火击穿

额定电流：指开关接通时所允许通过的最大安全电流。如果超过该值时，开关的触点会因电流过大而烧毁

绝缘电阻：指开关的导体部分与绝缘部分的电阻值。开关绝缘电阻值一般应在100MΩ以上

接触电阻：指开关在开通状态下，每对触点间的电阻值。开关接触电阻一般要求在0.1～0.5Ω，该值越小越好

耐压：指开关对导体及地间所能够承受的最高电压

寿命：指开关在正常工作条件下，能够操作的次数。开关寿命一般要求为5000～35000次

图 5-24　开关的主要参数

家装开关常见的类型如图 5-25 所示。

家装开关常见的类型

86型开关——最常见的开关外观是方形的，外形尺寸86mm×86mm。86型开关为国际标准

118型开关——一般指横装的长条开关。118型开关一般是自由组合式样的

120型开关——120型常见的模块以1/3为基础标准，即在一个竖装的标准120mm×74mm面板上，能够安装三个1/3标准模块。模块根据大小分为1/3、2/3、1位三种

146型开关——该开关宽度是普通开关的两倍。面板尺寸一般为86mm×146mm或类似尺寸，安装孔中心距大约为120.6mm。该开关需要长形暗盒才能够安装

图 5-25　家装开关常见的类型

提醒

120型开关面板的高度为120mm，可配套一个单元、两个单元、三个单元的功能件。120型开关的外形尺寸有两种，一种为单连（74mm×120mm），可以配置一个单元、两个单元、三个单元的功能件；另一种为双连（120mm×120mm），可以配置四个单元、五个单元、六个单元的功能件。

开关还可以分为其他类型，如图5-26所示。

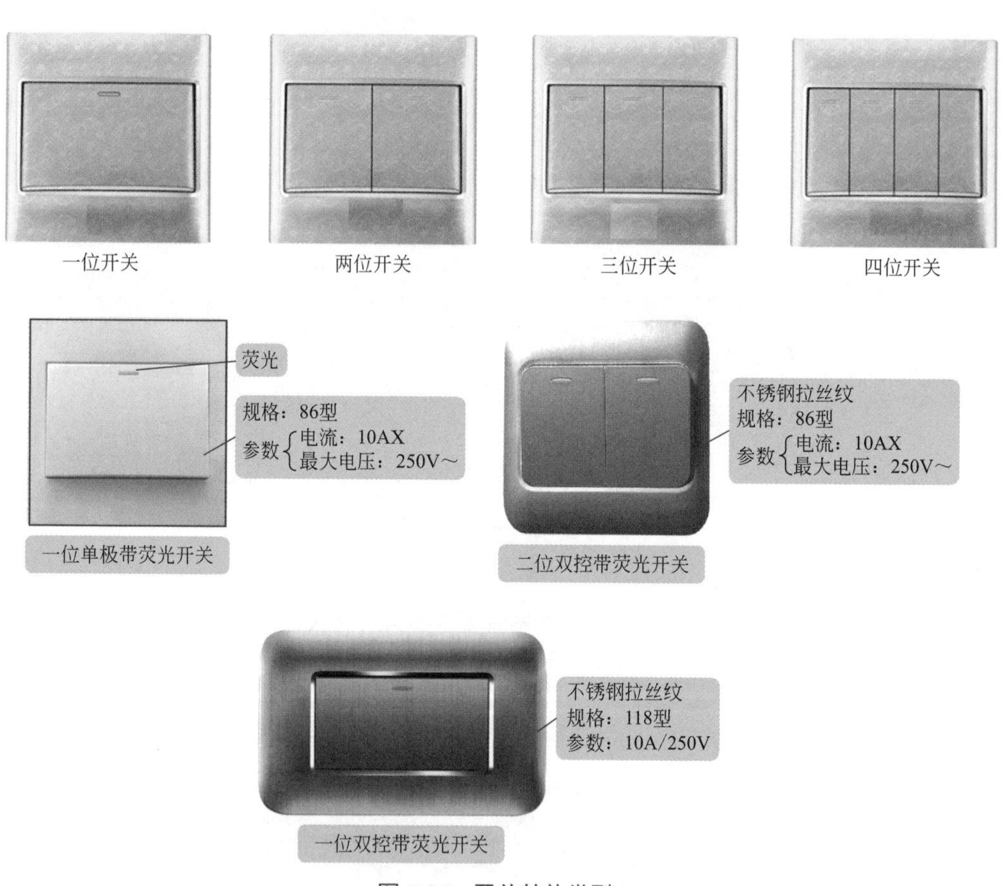

图5-26　开关其他类型

提醒

几位开关的形象描绘如下：一位开关是一杆，二位开关是两杆，三位开关是三杆，四位开关是四杆等，以此类推。

开关的一些工艺如图5-27所示。

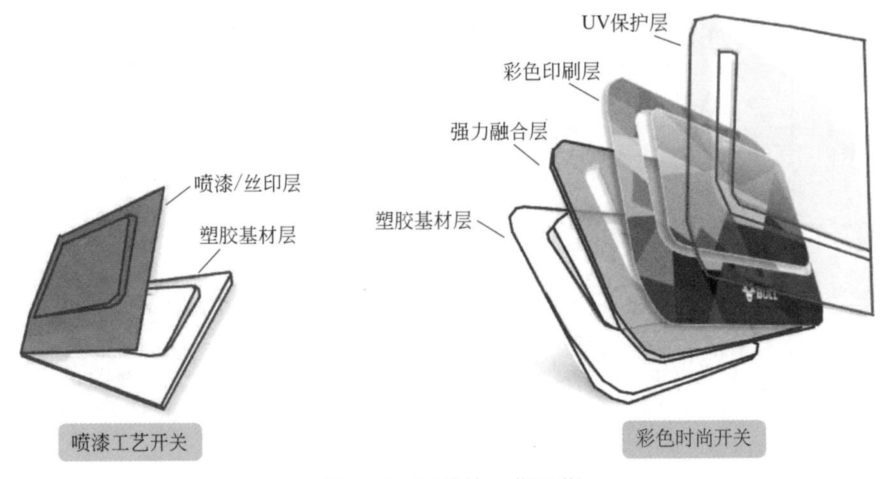

图 5-27　开关的一些工艺

插座 + 开关同一面板的图例如图 5-28 所示。

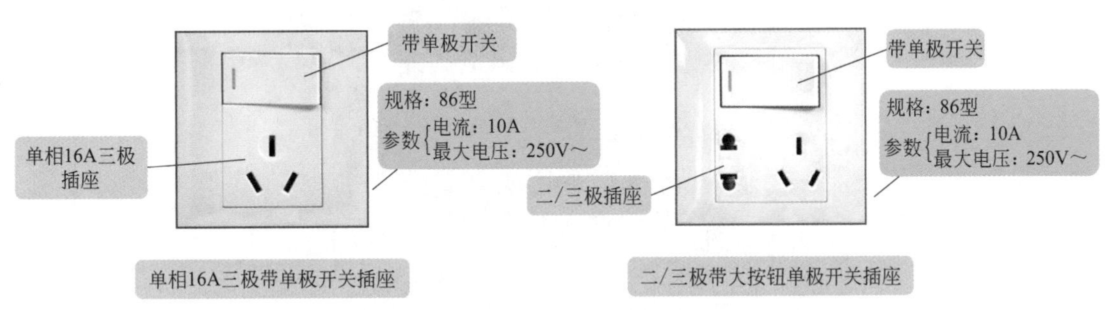

图 5-28　插座 + 开关同一面板的图例

5.2.4　开关数量的选择——经验数据

家装各房间开关、插座数量的选择参考如下。

客厅——开关：1 个（客厅顶灯用）。

插座：6 个（电视机、饮水机、空调、电话机、地灯、备用插座）。

主卧——开关：1 个（主卧室顶灯用）。

插座：6 个（两个床头灯、空调、电话机、电视机、地灯插座）。

次卧室——开关：1 个（次卧室顶灯用）。

插座：4 个（空调、电话机、写字台灯插座、备用插座）。

阳台——开关：1 个（阳台顶灯用）。

插座：1 个（备用插座）。

书房——开关：1 个（书房顶灯用）。

插座：6 个（网口、空调、电话机、书房台灯、电脑、备用插座）。

卫生间——开关：2 个（卫生间顶灯、排风扇或浴霸用）。

插座：4 个（洗衣机、吹风机、电热水器、电话插座）。

厨房（厨房、餐厅一体）——开关：2 个（厨房顶灯、餐厅顶灯用）。

插座：7 个（电冰箱、油烟机、厨宝、微波炉、餐桌边上的涮火锅插座、橱柜台面上至少有两个备用插座）。

提醒

具体数量可以根据实际情况作适当调整。

5.2.5　客厅开关插座的布置

客厅沙发是休息、娱乐重要场地。因此，沙发旁应多布置几个电源插座，以方便手机、iPad 等电子产品的充电。客厅开关插座的选择参考图例如图 5-29 所示。

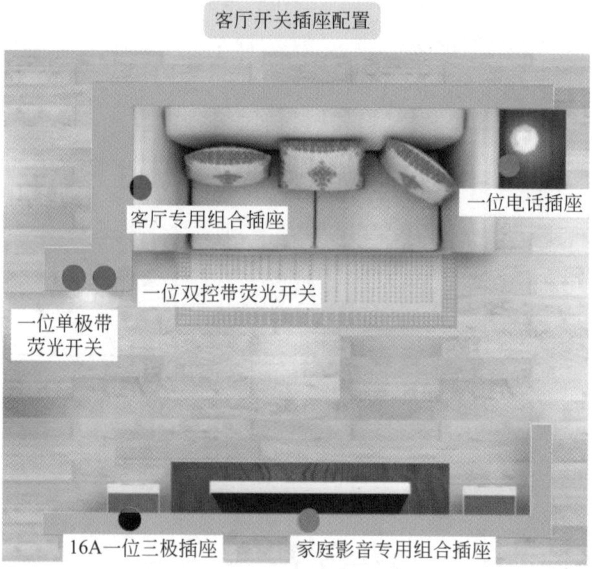

图 5-29　客厅开关插座的选择参考图例

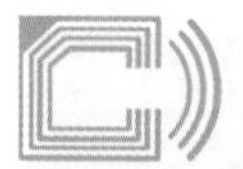

提醒

水电装修时，很多业主认为少装插座可以省电线、线管、插座底盒、插座面板、安装费等，也就是降低家装造价。但是，随着以后家里的电器越来越多，会造成电源插座不够用的现象，并且装修后再增加插座就难了。另外，应尽量避开几个电器同时使用一个插座的情况，以免引发事故。为此，选择插座时，需要根据住房面积以及家庭实际电器数量，并且预留备用插座，以便扩容。

5.2.6　卧室开关插座的布置

卧室进门口、床头处控制顶灯的开关一定要布置双控开关，这样不管是出入还是躺在床上均可以方便地控制卧室顶灯。卧室开关插座的布置参考图例如图 5-30 所示。

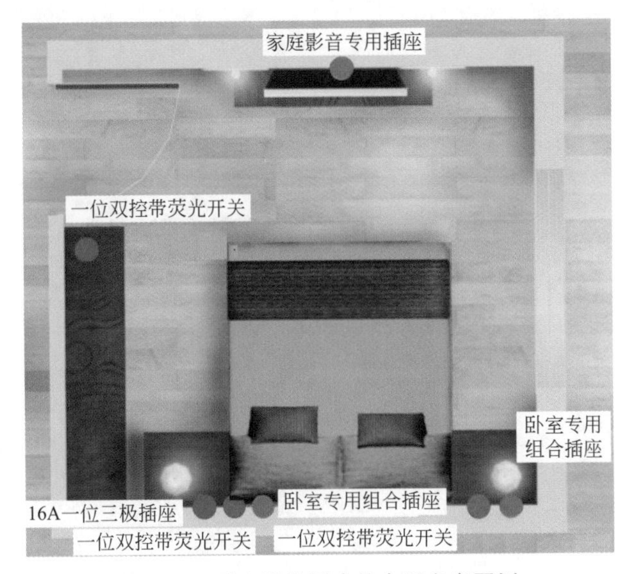

图 5-30　卧室开关插座的布置参考图例

5.2.7　书房开关插座的布置

在笔记本电脑、iPad 等数码产品趋于普及的年代，书桌所用的插座最好安装在书桌上面，以免设计在桌下需要钻到桌子底下去插插头。书房开关插座的布置参考图例如图 5-31 所示。

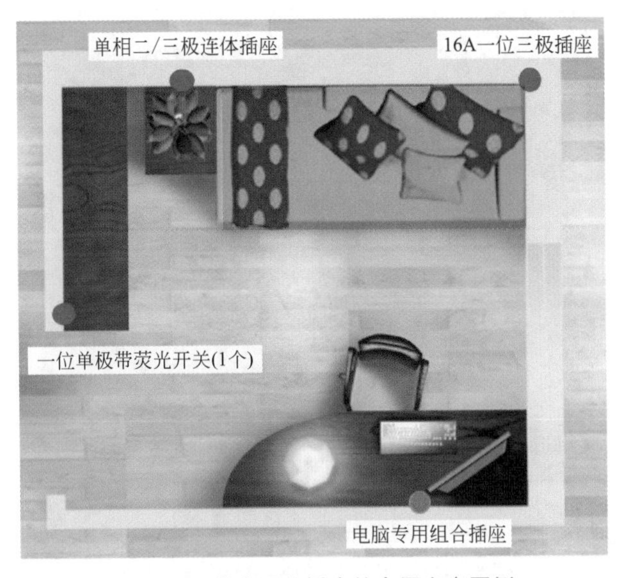

图 5-31　书房开关插座的布置参考图例

5.2.8　厨房开关插座的布置

厨房台面上一般使用电器较多，可根据电器位置适当多布置插座，并且为了安全起见插座要远离灶具。厨房开关插座的布置参考图例如图 5-32 所示。

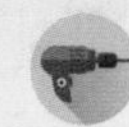

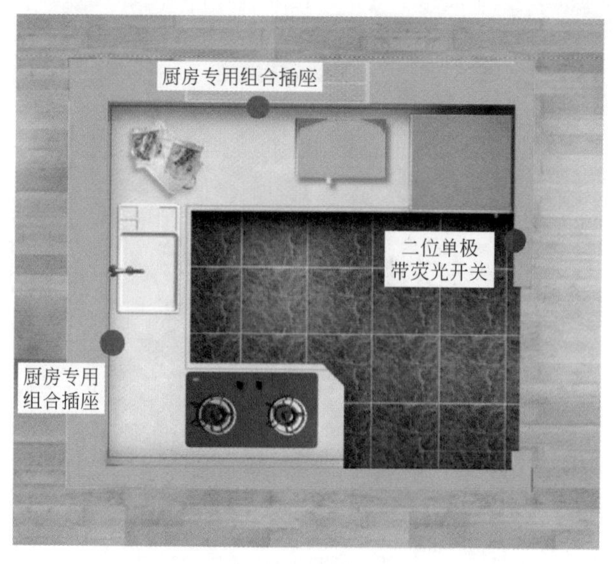

图 5-32　厨房开关插座的布置参考图例

5.2.9　餐厅开关插座的布置

火锅是中国的特色，为了更加方便地享受火锅美味，餐桌附近应合理地布置插座。餐厅开关插座的布置参考图例如图 5-33 所示。

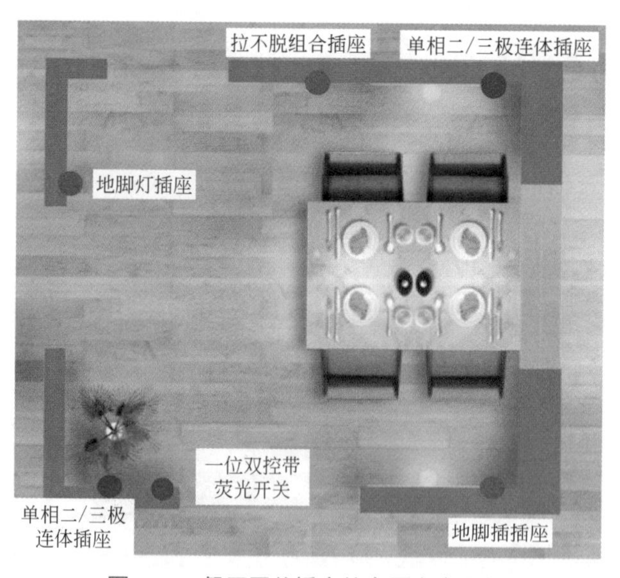

图 5-33　餐厅开关插座的布置参考图例

5.2.10　洗手间开关插座的布置

浴室潮气较大，尤其是沐浴之后可能存在水汽大的现象。为了安全，浴室的插座最好装上防溅盒。洗手间开关插座的布置参考图例如图 5-34 所示。

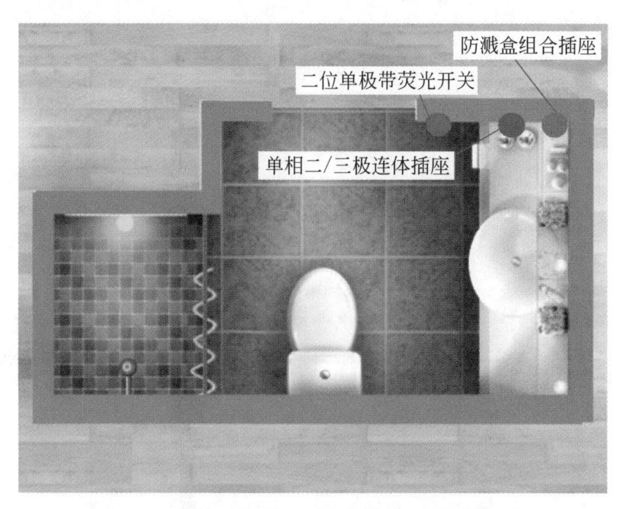

图 5-34　洗手间开关插座的布置参考图例

5.2.11　智能无线WiFi 插座面板

在墙壁无线路由器面板安装位置需要事先预留好网线与电源线。如果事先没有预留好电源线，则可以从旁边电源插座里面引电源线到安装面板的底盒里即可。智能无线 WiFi 插座面板特点如图 5-35 所示。

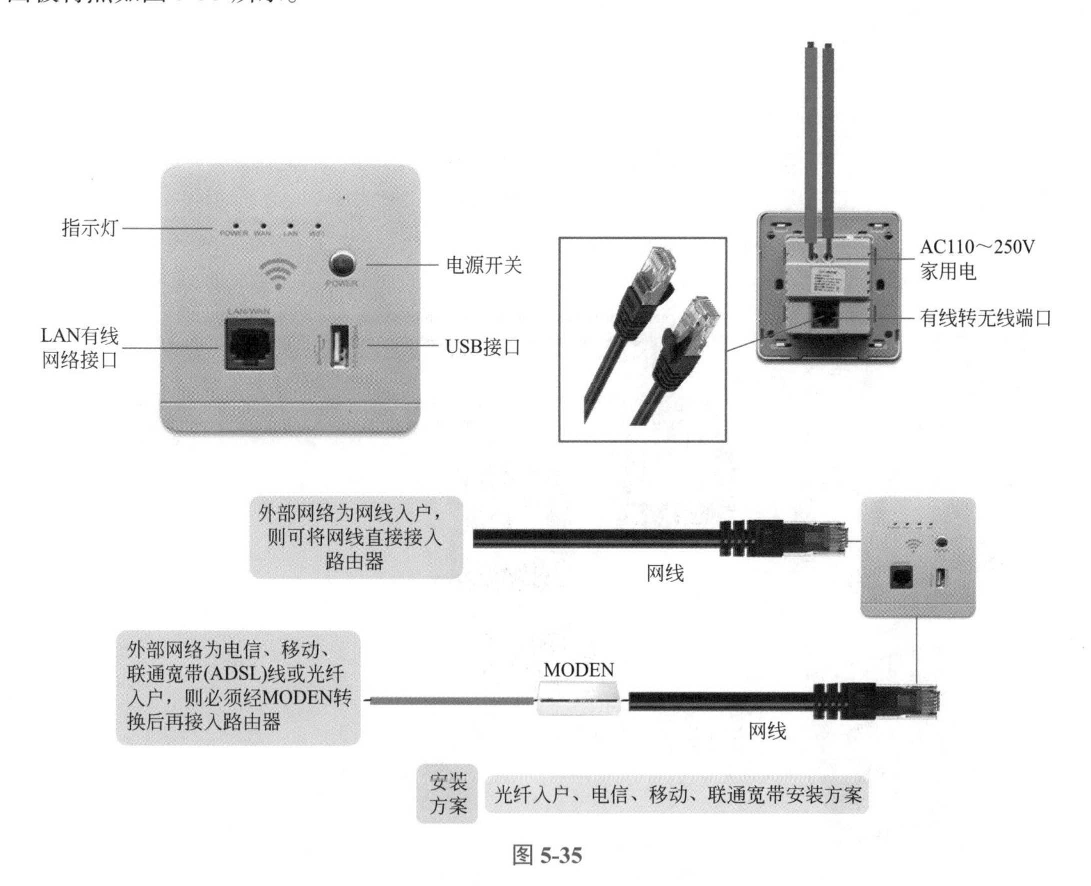

图 5-35

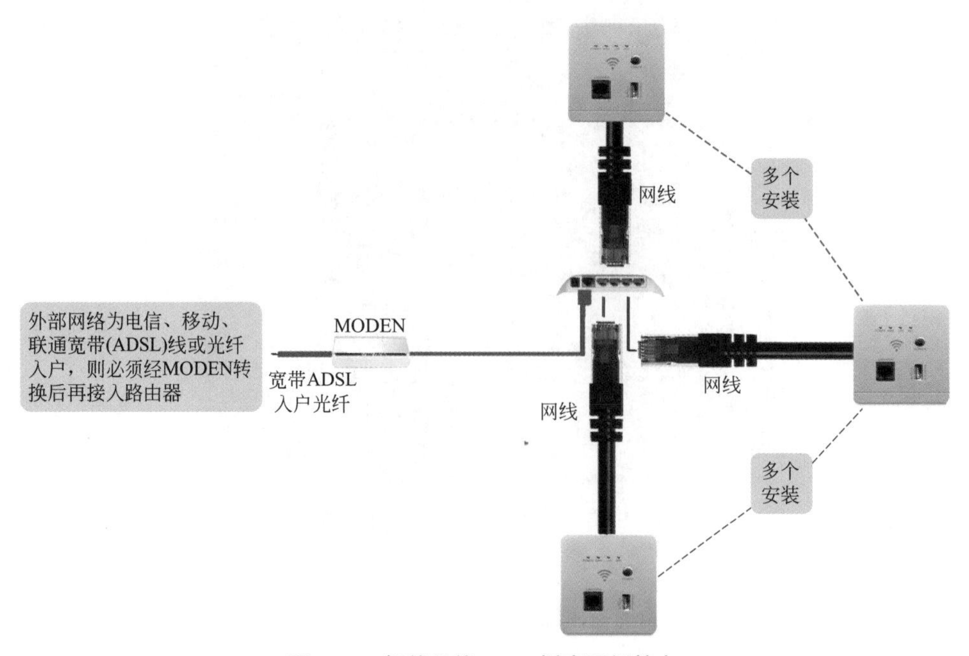

图 5-35　智能无线 WiFi 插座面板特点

5.2.12　USB 插座

常见 USB 插座特点如图 5-36 所示。

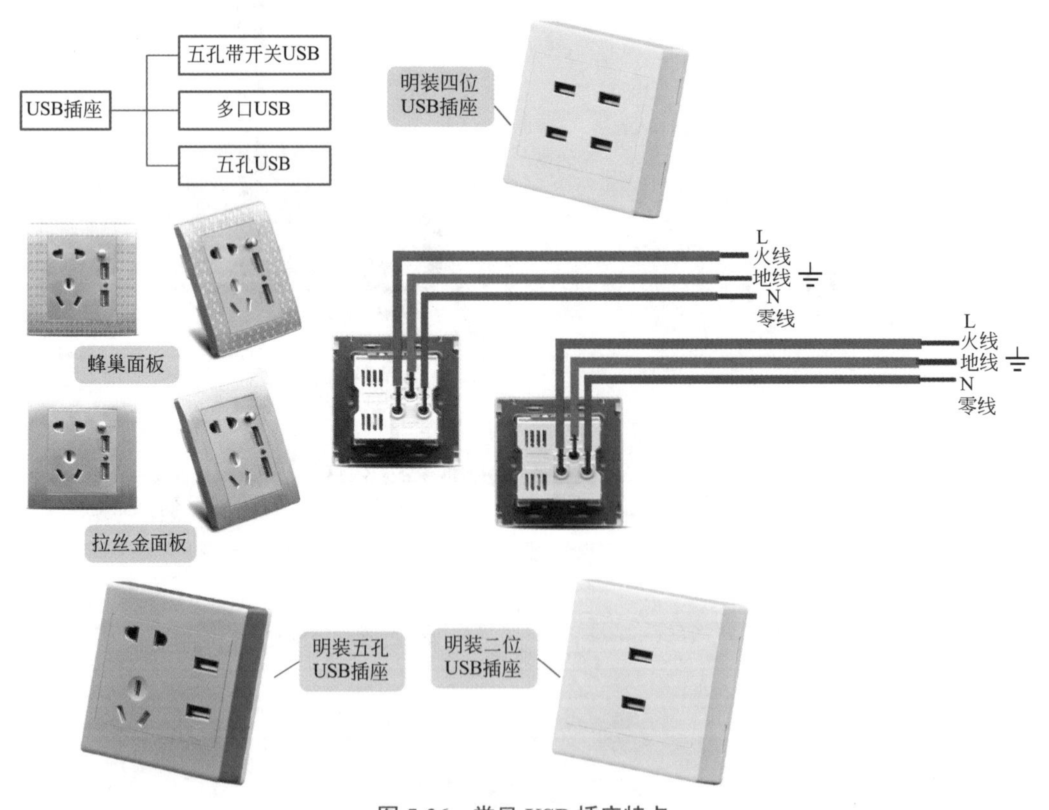

图 5-36　常见 USB 插座特点

5.2.13　浴霸开关

常见浴霸开关外形图例如图 5-37 所示。常见浴霸开关的类型如图 5-38 所示。

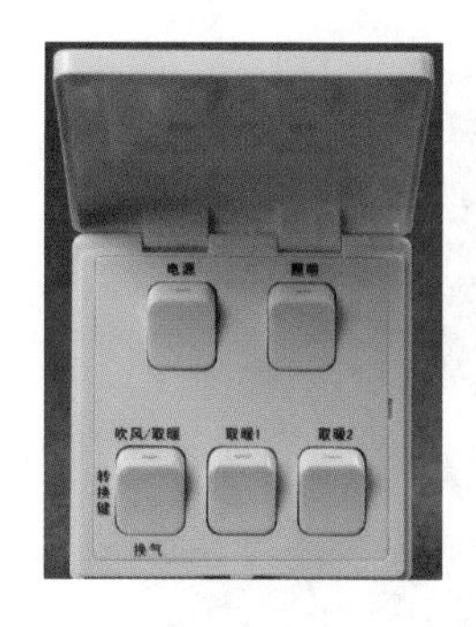

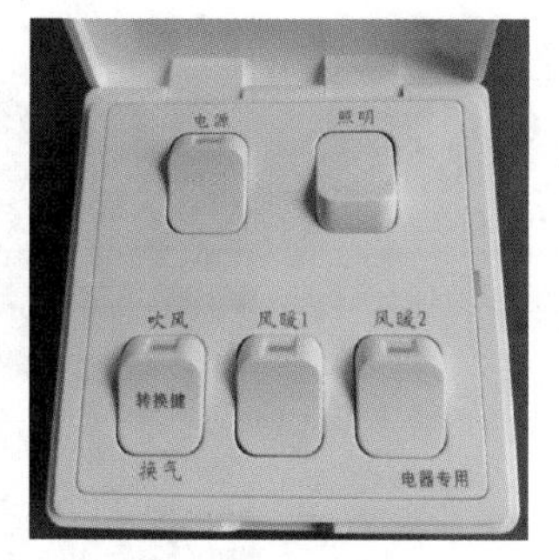

图 5-37　常见浴霸开关外形图例

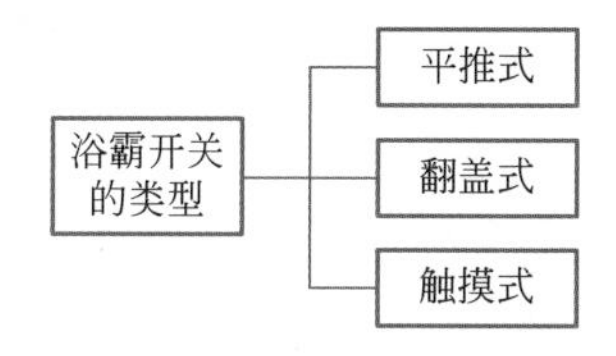

图 5-38　常见浴霸开关的类型

86 型五开（照明、灯暖、浴室）专用 18A 防水浴霸开关图例如图 5-39 所示。

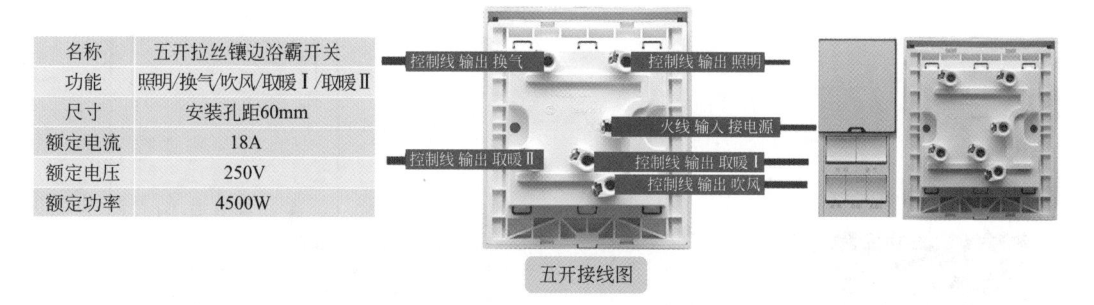

名称	五开拉丝镶边浴霸开关
功能	照明/换气/吹风/取暖Ⅰ/取暖Ⅱ
尺寸	安装孔距60mm
额定电流	18A
额定电压	250V
额定功率	4500W

图 5-39　86 型五开专用 18A 防水浴霸开关图例

86 型四开（照明、灯暖、浴室）专用 18A 防水浴霸开关图例如图 5-40 所示。

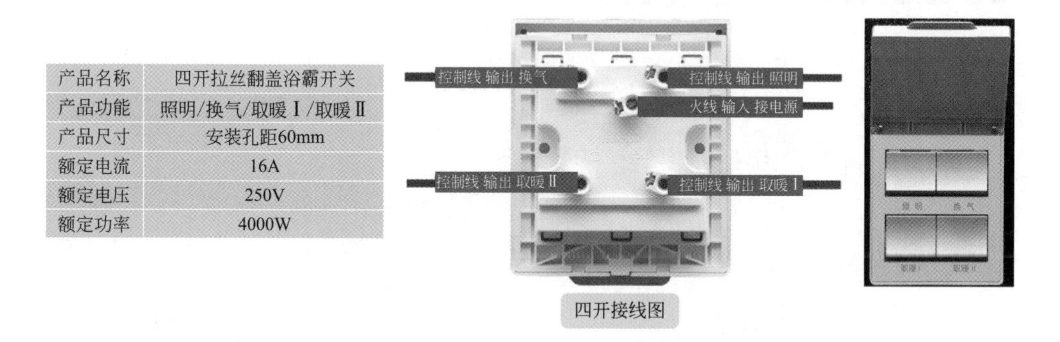

产品名称	四开拉丝翻盖浴霸开关
产品功能	照明/换气/取暖Ⅰ/取暖Ⅱ
产品尺寸	安装孔距60mm
额定电流	16A
额定电压	250V
额定功率	4000W

图 5-40　86 型四开防水浴霸开关图例

86 型浴霸专用、五开、夜光、带防水盒五合一、浴室卫生间通用翻盖（透明）开关的特点如图 5-41 所示。

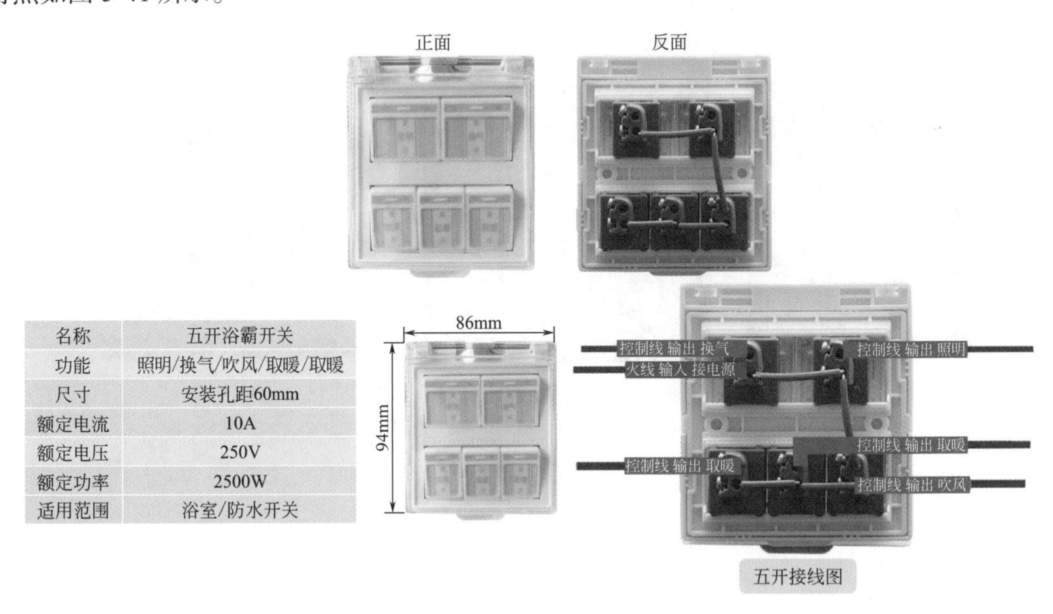

名称	五开浴霸开关
功能	照明/换气/吹风/取暖/取暖
尺寸	安装孔距60mm
额定电流	10A
额定电压	250V
额定功率	2500W
适用范围	浴室/防水开关

图 5-41　86 型五开翻盖（透明）浴霸开关的特点

智能触摸屏定时 86 型墙壁浴霸开关的特点如图 5-42 所示。

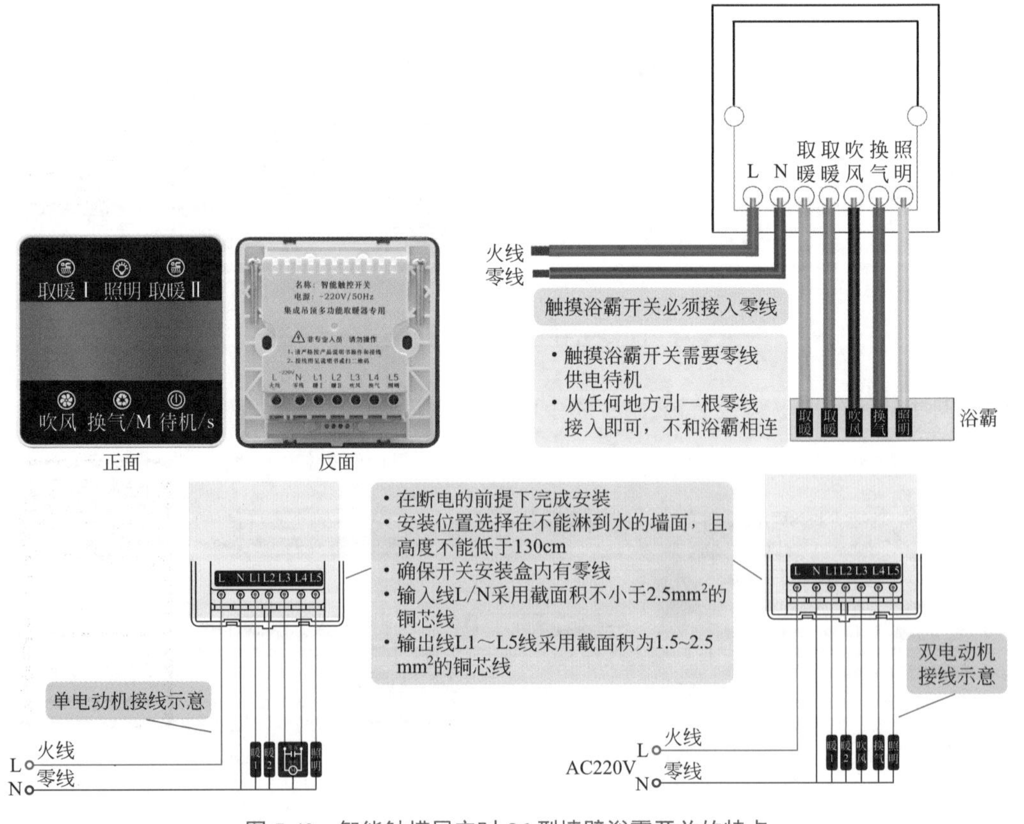

图 5-42　智能触摸屏定时 86 型墙壁浴霸开关的特点

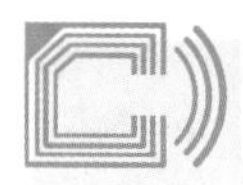

提醒

一般浴霸自带开关与开关盒。如果换掉开关盒，则必须配套好开关面板。一般而言，浴霸开关与普通开关所需要的底盒尺寸在正常情况下是通用的，但是也有差异。普通开关一般安装在卫生间门外，而浴霸开关安装在卫生间门内。

5.2.14　开关插座安装螺钉

一般开关插座配的是标准安装螺钉，不是加长安装螺钉。一般在厨房、卫生间以及其他贴瓷砖的地方用不了标准安装螺钉，需要另外买加长螺钉，如图 5-43 所示。

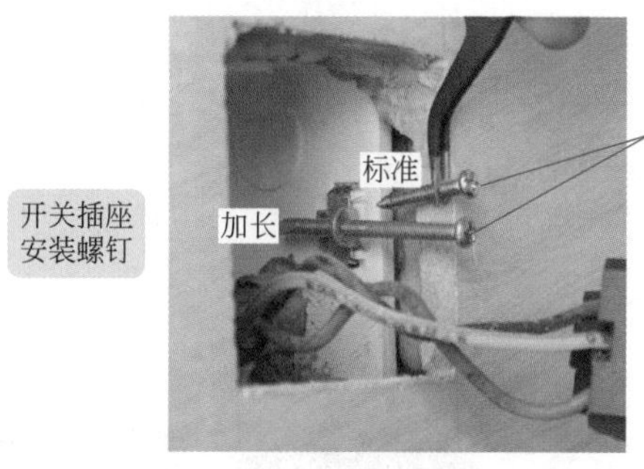

图 5-43　开关插座安装螺钉

开关插座专用圆头加长螺钉 M4×3/4/5/6/7/8/10cm 和地插平头螺钉如图 5-44 所示。开关插座原配的螺钉一般长 3cm（螺钉直径一般都是 4mm），加长螺钉长度一般为 4 ～ 6cm（螺钉直径一般都是 4mm）。

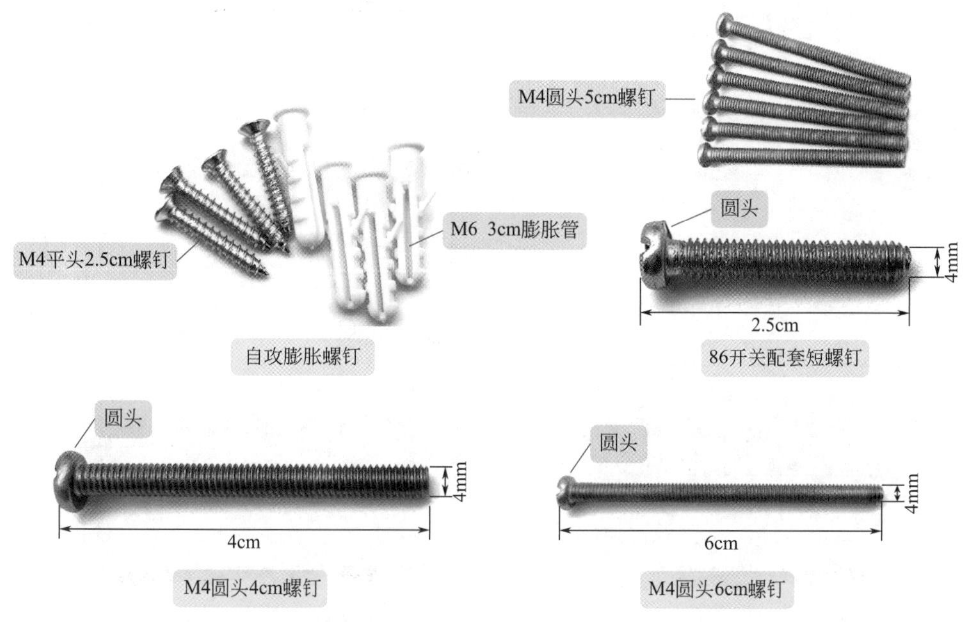

图 5-44　开关插座专用螺钉

提醒

自攻膨胀螺钉适用于明装开关插座。
圆头螺钉适用于各种暗装开关插座。
平头螺钉适用于各种地面插座。

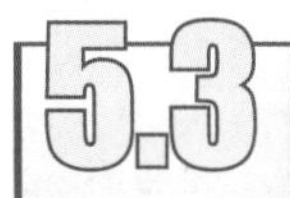

5.3 接线盒、底盒与空白面板

5.3.1 接线盒与底盒

如果电线布线过长或者需要转弯，则接头部位都需要一个接线盒来保护。接线盒分为面板、底盒。底盒最常见的为 86 型、118 型。

国标 86 型长宽都是 86cm，呈方形。118 型与 120 型相同，规格都是 120mm×74mm，但是 118 型需要横向安装，120 型则需要竖向安装。

接线盒图例如图 5-45 所示。

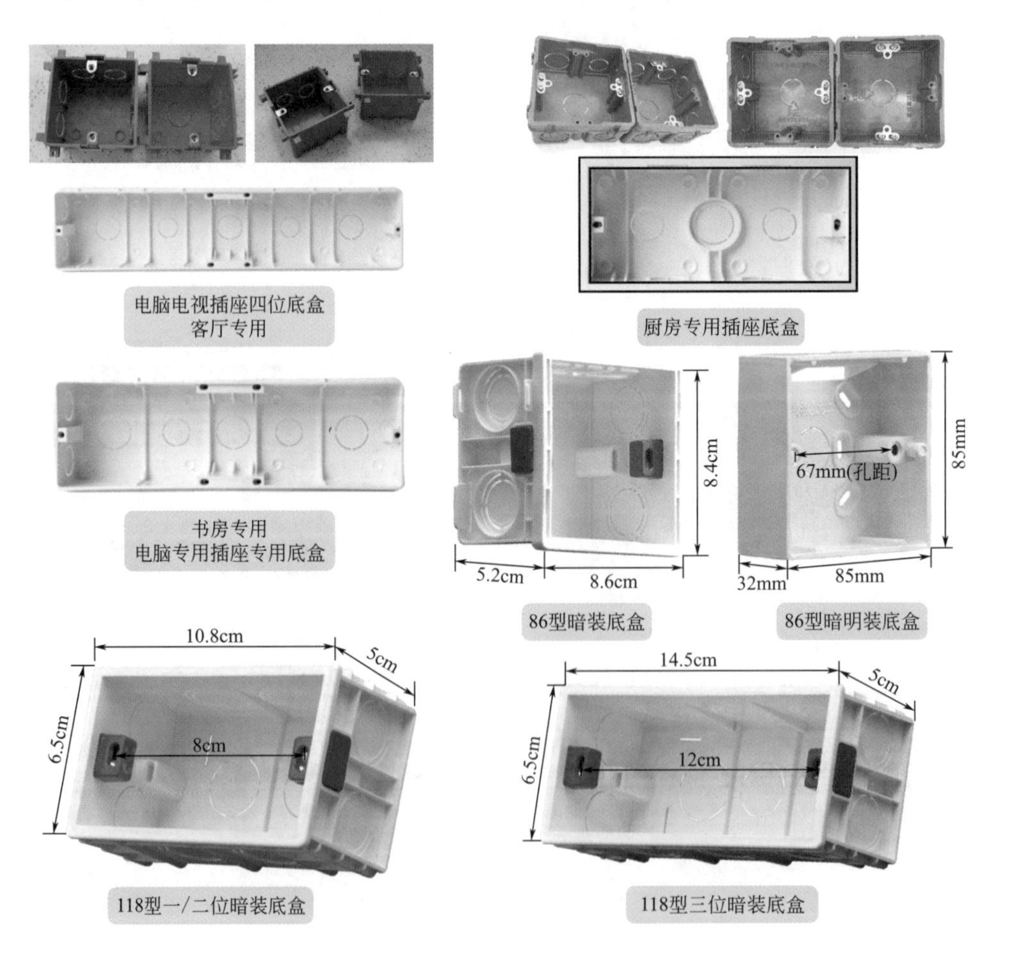

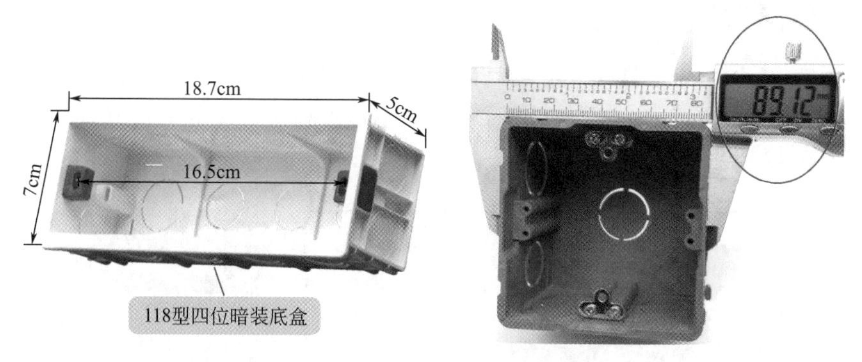

图 5-45　接线盒图例

提醒

接线盒分为明盒、暗盒。选择明盒时，需要考虑好明盒的敲落孔是圆形还是方形。若为圆形敲落孔明盒，则需要与 PVC 圆管连接。若为方形敲落孔明盒，则需要与 PVC 线槽连接。

金属底盒如图 5-46 所示。

图 5-46　金属底盒

金属底盒常见规格：86H50——75mm×75mm×50mm，86H60——75mm×75mm×60mm，86H70——75mm×75mm×70mm，86H80——75mm×75mm×80mm。

安装孔距：60mm±0.37mm。

壁厚：标准 0.8mm、1.0mm。

高度：50mm、60mm、70mm、80mm。

孔：4 分（全小孔）、4 分与 6 分（大小孔）、6 分（全大孔）等。

镀锌：彩镀、白锌等。

提醒

86 型通用暗盒有的是承耳，有的是安装孔柱。一般安装孔柱因螺钉螺纹啮合长固定性好一些，但是其距离调整性差。还有一种一边是固定的安装孔柱、另一边是承耳金属安装片的暗盒。安装孔柱能够完全封闭安装螺钉，避免安装螺钉与电线接触。特别是底盒装满了电线，拧动安装螺钉时可能会损坏电线。

5.3.2 空白面板

空白面板有 86 型、118 型等，也就是配合不同种类底盒使用。空白面板也有普通空白面板与加厚空白面板之分。空白面板出厂时一般不带螺钉，需要用户自配螺钉。86 型空白面板图例如图 5-47 所示。

图 5-47 86 型空白面板图例

提醒

采用空白面板的接线盒一般用于分线、转接等。如果接线盒里面有火线、零线、地线，则可以改为接插座面板，不过需要接线盒的位置适合插座的位置。

5.4 设备设施

5.4.1 断路器

漏电断路器也称为漏保、漏电保护器，其在电器的金属外壳发生漏电时能够自动切断电源。

空气断路器也称为空开、空气开关，其在线路电流过载或短路时能够自动切断电源。家装所用的空气断路器为小型家用断路器。

小型家用断路器的接线顺序一般左零右火，也就是 N 为零线标志、L 为火线标志、PE 为地线标志。小型家用断路器一般只标 N 标志，有的断路器 N 标志在左边，有的断路器 N

标志在右边。为此，接线时需要查看断路器的标志，如图 5-48 所示。如果断路器上没有标识零线、火线标志，则可以查看漏电断路器的线路图来判断。

小型家用断路器诸如 C40 标识的含义为：C 代表脱扣特性曲线，40 表示额定电流为 40A。

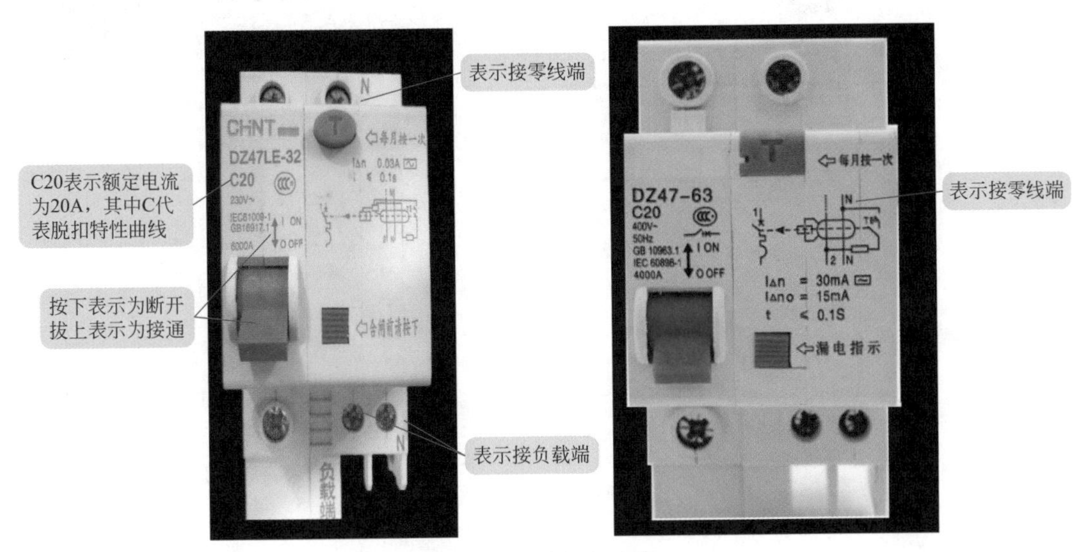

图 5-48　空气断路器

提醒

家装空开剩余电流动作值选择的方法与要点如下。

① 住宅的电源总进线断路器整定值不大于 250A 时，断路器的剩余电流动作值一般选择 300mA。

② 住宅的电源总进线断路器整定值为 250 ～ 400A 时，断路器的剩余电流动作值一般选择 500mA。

③ 住宅的电源总进线断路器整定值大于 400A 时，需要在总配电柜的出线回路上分别装设若干组具有剩余电流动作保护功能的断路器，其剩余电流动作值根据整定值来选择动作值。

5.4.2　灯座

灯座是固定灯位置、使灯触点与电源相连接的一种器件，也就是电灯泡的插座。

灯座根据外形分为方形 86 型暗装螺口灯座、圆形螺口灯座等，根据安装方式分为暗装灯座、明装灯座，根据材质分为 PVC 面板灯座、铜圈灯座、铝圈灯座等。常见的家用灯座参数为 250V/6A。选择灯座时，应选择面板光滑的灯座。

灯座图例如图 5-49 所示。灯座分类图例如图 5-50 所示。

灯座典型结构如图 5-51 所示。

灯座有关尺寸要求如图 5-52 所示。

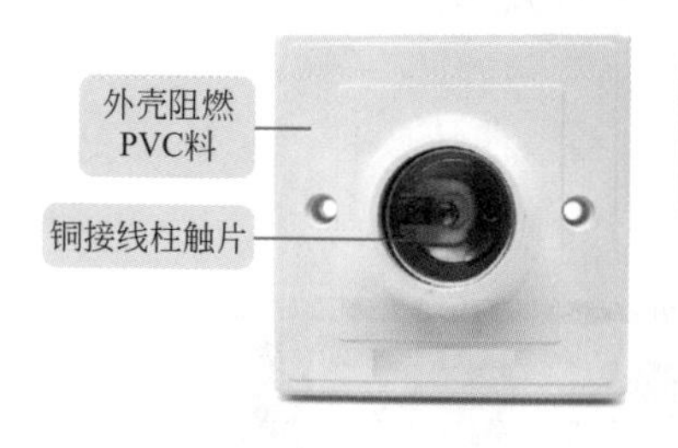

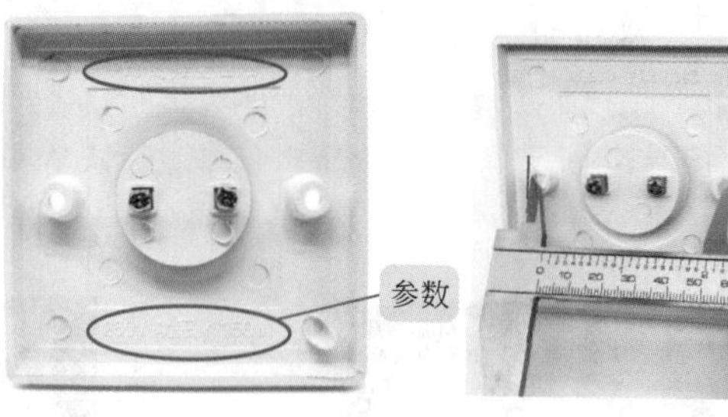

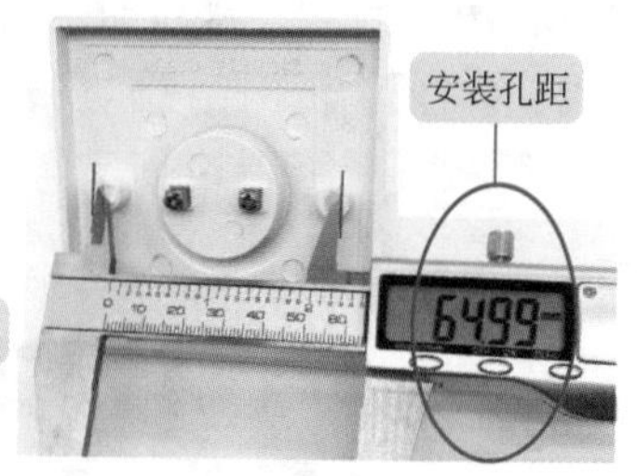

图 5-49　灯座图例

灯座分类

分类依据	类别	分类依据	类别
根据外部部件材料	绝缘材料灯座 金属灯座	根据类型	开关式灯座，该类灯座装有控制灯电源的开关 非开关式灯座
根据防水等级	普通灯座 防滴漏型灯座	根据防触电性能	敞开式灯座 封闭式灯座 独立式灯座
根据安装方法	管接式灯座 悬吊式灯座 平装式灯座 其他灯座	根据耐热性	额定工作温度达到所定极限值的灯座 (带标记T的)在高温条件下工作的灯座

图 5-50　灯座分类图例

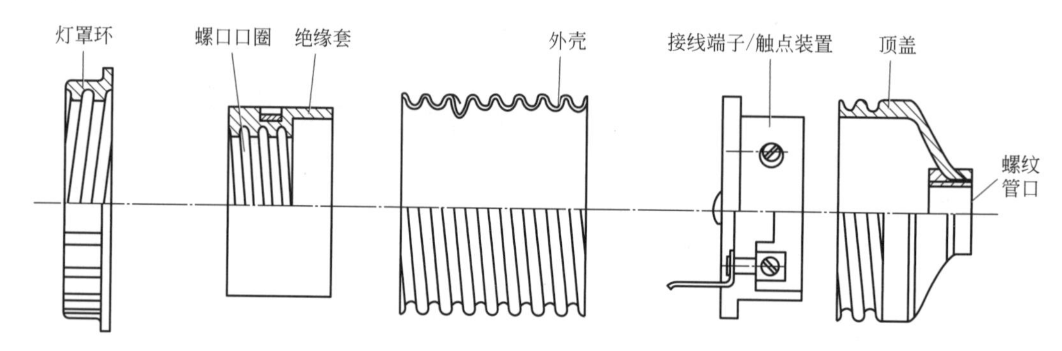

图 5-51　灯座典型结构

灯座的螺纹管口应具备下述螺纹之一

E14灯座：M10×1
E27灯座：M10×1、M13×1或M16×1
E40灯座：M13×1、M16×1或(G3/8A)

螺口口圈和连接件的厚度

mm

螺口口圈的厚度	E5	E10	E14	E27	E40
不带支撑的螺口由总高度不低于螺口周长3/4的绝缘材料支撑的螺口	0.20 0.15	0.20 0.15	0.30 0.25	0.30 0.25	0.50 0.40
侧面或中心触点的厚度(如果是弹性的)	0.18	0.18	0.28	0.38	0.48

灯座外壳与其顶盖的螺纹啮合的最小有效螺纹长度

mm

型号		E14	E27	E40
金属灯座	滚压螺纹	5.0	7.0	10.0
	切削螺纹	5.0	5.0	7.0
绝缘材料灯座		5.0	7.0	10.0

螺纹管口及定位螺钉的尺寸

mm

标称螺纹直径			M10×1 M13×1	M16×1 G3/8A
螺纹长度	金属管口		3	8
	绝缘材料管口		5	10
定位螺钉直径	有头螺钉		2.5	3.0
	无头螺钉	一个螺钉	3.0	4.0
		一个以上的螺钉	3.0	3.0

灯座装配有连接标称横截面积各值导线的接线端子

E10灯座：0.5～0.75mm^2
E14灯座和装有M10×1型螺纹管口的E27灯座：0.5～1.0mm^2
其他E27灯座：0.5～2.5mm^2
额定电流为16A的E40灯座：1.5～4mm^2
额定电流为32A的E40灯座：2.5～6mm^2

柱形接线端子最小尺寸

mm

灯座	标称螺纹直径	导线孔直径	接线柱螺纹长度
E10	2.5	2.5	1.8
E14	2.5	2.5	1.8
E27	2.5	2.5	1.8
E40	3.5	3.5	2.5

注：1.孔的直径不能比螺钉的直径大0.6mm以上。
2.接线端子螺钉的螺纹部分的长度不应小于导线孔直径与接线柱螺纹长度之和。

螺纹式接线端子最小尺寸

mm

灯座	标称螺纹直径	螺钉头以下螺纹长度	螺母中螺纹长度	螺钉头与螺钉主体的标称直径之差	螺钉头高度
E10	2.5	4.0	1.5	2.5	1.4
E14	3.0	5.0	1.5	3.0	1.8
E27	3.5	5.0	1.5	3.5	2.0
E40	4.0	6.0	2.5	4.0	2.4

图 5-52　灯座有关尺寸要求

5.4.3 灯头

灯头是指接在电灯线末端、供安装灯泡用的接口。

灯头根据材质分为胶木材料外壳灯头、铜金材料接线柱灯头、带电木穿心开关灯头等，根据接口形式分为卡口灯头、螺口灯头等。灯头图例如图 5-53 所示。常见的家用灯头参数为 250V/6A。

图 5-53　灯头图例

5.4.4 灯具

灯具是指能透光、分配、改变光源光分布的器具。灯具包括除光源外所有用于固定、保护光源所需的全部零部件，以及与电源连接所必需的线路附件。

灯具的分类如图 5-54 所示。

灯具的分类

室内照明——台灯、壁灯、吸顶灯、落地灯、吊灯、天棚灯等
室外照明——景观灯、道路灯、草坪灯、高杆灯、庭院灯、地埋灯、护栏灯、探照灯、广场灯、交通灯、隧道灯、泛光灯等
舞台灯具——舞台灯、电脑灯、追光灯、扫描灯、摇头灯、回光灯、聚光灯、激光灯等
车用灯具——前灯、尾灯、转向灯、氙气灯、警灯、边侧灯、刹车灯等
光源——1代：白炽灯(卤素灯、石英灯等)
2代：荧光灯(杀菌灯、节能灯、无极灯、日光灯等)
3代：HID(高压汞灯、低压钠灯、高压钠灯、石英金卤灯、陶瓷金卤灯、氙灯、氪灯等)
4代：LED(二极管、LED系列等)

图 5-54 灯具的分类

吊灯的特点、选择如图 5-55 所示。

吊灯的特点、选择

特点
① 吊灯适合用于客厅。吊灯的花样多
② 吊灯的安装高度，最低点应离地面不小于2.2m

选择
① 不要选择有电镀层的吊灯，因电镀层时间长了易掉色
② 应选择全金属、玻璃等材质内外一致的吊灯
③ 豪华吊灯一般适合复式住宅
④ 简洁式的低压花灯适合一般住宅
⑤ 最上档次最贵的就是水晶吊灯
⑥ 最好选择带分控开关的吊灯，以便局部控制
⑦ 最好选择可以安装节能灯光源的吊灯

图 5-55 吊灯的特点、选择

提醒

区分吸顶灯卤粉灯管、三基色粉灯管的方法：同时点亮两灯管，把双手放在两灯管附近。在卤粉灯管光下手色发白、失真，在三基色粉灯管光下手色是皮肤本色。

另外，想要打造“豪宅”氛围，欧式吊灯是不错选择。不过，欧式吊灯较适用于家庭面积大的用户。

吸顶灯的特点、选择如图 5-56 所示。

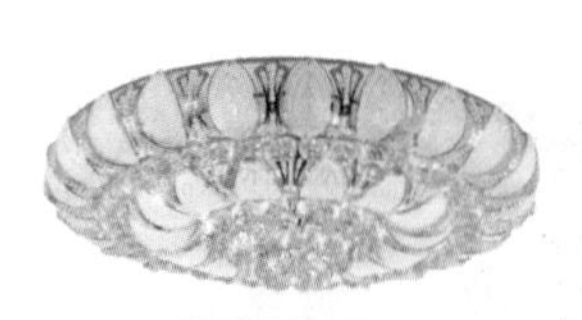

吸顶灯的特点、选择

特点
① 吸顶灯常用的有方罩吸顶灯、圆球吸顶灯、尖扁圆吸顶灯、半圆球吸顶灯、半扁球吸顶灯、小长方罩吸顶灯等
② 吸顶灯适合于客厅、卧室、厨房、卫生间等处照明
③ 吸顶灯可直接装在天花板上，赋予空间清朗明快的感觉

选择
① 吸顶灯内一般有镇流器与环行灯管。镇流器有电感镇流器、电子镇流器两种
② 吸顶灯的环行灯管有卤粉、三基色粉。三基色粉灯管显色性好、发光度高、光衰慢
③ 吸顶灯有带遥控、不带遥控两种。带遥控的吸顶灯开关方便，适合用于卧室
④ 吸顶灯的灯罩材质一般为塑料、有机玻璃，玻璃灯罩很少

图 5-56 吸顶灯的特点、选择

提醒

一般直径在 200mm 左右的吸顶灯适合在走道、浴室内使用。一般直径在 400mm 左右的吸顶灯适合装在面积不小于 $16m^2$ 的房间顶部。一般 LED 吸顶灯适合吸附或嵌入屋顶天花板上，作为室内的主体照明设备。

落地灯的特点、选择如图 5-57 所示。

特点

① 落地灯常用作局部照明，强调移动的便利，以及对角落气氛的营造
② 直接向下投射落地灯，适合阅读等需要精神集中的活动
③ 间接照明落地灯，可以调整整体的光线变化

选择

① 落地灯一般放在沙发拐角处
② 落地灯的灯光柔和，晚上看电视时效果好
③ 落地灯的灯罩材质种类丰富，消费者可以根据自己的喜好选择

图 5-57　落地灯的特点、选择

壁灯的特点、选择如图 5-58 所示。

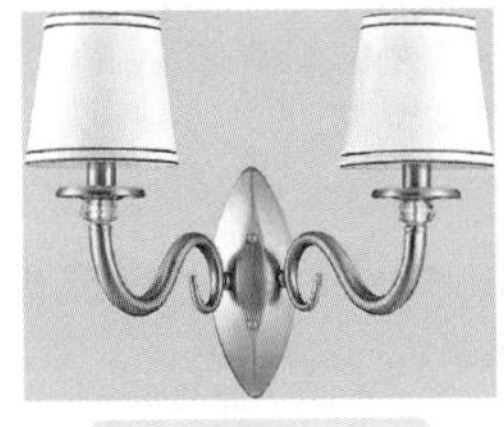

特点

① 壁灯适合用于卧室、卫生间照明
② 壁灯常用的有双头玉兰壁灯、双头橄榄壁灯、双头鼓形壁灯、双头花边杯壁灯、玉柱壁灯、镜前壁灯等
③ 壁灯的安装高度，其灯泡应离地面不小于1.8m

选择

选壁灯主要看结构、造型

图 5-58　壁灯的特点、选择

提醒

一般机械成型的壁灯较便宜，手工壁灯较贵。铁艺锻打壁灯、全铜壁灯、羊皮壁灯等属于中高档壁灯。另外，还有一种带灯带画的数码万年历壁挂灯，其有照明、装饰、日历等功能。

台灯的特点、选择如图 5-59 所示。

特点

① 台灯根据材质分为陶瓷灯、木灯、铜灯、树脂灯、水晶灯等
② 台灯根据功能分为护眼台灯、装饰台灯、工作台灯等
③ 台灯根据光源分为灯泡、插拔灯管、灯珠台灯等

选择

① 选择台灯主要看电子配件质量、制作工艺
② 一般客厅、卧室等选择装饰台灯
③ 工作台、学习台等选择节能护眼台灯

图 5-59　台灯的特点、选择

筒灯的特点、选择如图 5-60 所示。

特点

① 筒灯一般装设在卧室、客厅、卫生间的周边天棚上
② 筒灯属于嵌装在天花板内部的隐置性灯具，具有光线都向下投射特点
③ 筒灯可以用不同的反射器、镜片、百叶窗、灯泡，达到不同的光线效果
④ 筒灯不占据空间，可增加空间的柔和气氛

选择

筒灯的灯口需要选择耐高温、不易变形的

图 5-60　筒灯的特点、选择

射灯的特点、选择如图 5-61 所示。

特点

① 射灯可安置在吊顶四周或家具上部，也可置于墙内、墙裙或踢脚线里
② 射灯光线直接照射在需要强调的家具器物上，以突出主观审美，达到重点突出、环境独特等效果
③ 射灯光线柔和，雍容华贵

选择

① 射灯可以分为低压、高压两种。最好选低压射灯，其寿命长一些，光效高一些
② 射灯的光效高低以功率因数大小体现，功率因数越大光效越好

图 5-61　射灯的特点、选择

提醒

选择与应用灯具时注意要点如下。

① 根据房高选择灯具，特别对于 1.5m 以下建房的居室内，应慎用高落差吊灯。吊灯的安装高度离地面不能小于 2.2m。

② 根据房间面积大小，选择适合的灯功率。

③ 尽量选择灯头少的灯。

④ 若要表现沉稳的感觉，宜将光源灯具放在低处。如果空间大，则可以采用立灯。

⑤ 灯光不但可以照明，还可以发挥区隔空间的效用。

5.5 其他

5.5.1　塑料膨胀管

塑料膨胀管又称为胶塞。有的塑料膨胀管采用 PE 低压塑料生产，具有高强度、高韧度等特点。塑料膨胀管用于家用、办公、公共、类似用途的线盒、暗盒等的安装固定。

塑料膨胀管包装常见为袋装、盒装。常见塑料膨胀管为 6mm 的塑料膨胀管，塑料膨胀管图例如图 5-62 所示。

图 5-62　塑料膨胀管图例

直通 6mm 的塑料膨胀管直径要大于洞孔，这样才能够卡住。鱼形、鱼形带边的塑料膨胀管考虑存在回缩特点，因此根据塑料膨胀管边下的直径选择相应尺寸的钻头钻孔。

塑料膨胀管钻孔时的孔深需要过膨胀管 5mm，这样避免灰渣塞住洞底，引起膨胀管无法完整装入。

不同厂家的塑料膨胀管规格数据存在差异，因此钻孔时应量取所用塑料膨胀管的有关尺寸数据。

塑料膨胀管选择技巧如图 5-63 所示。

塑料膨胀管选择技巧：一看、二闻、三摸

一看——外观品质、色泽

二闻——质量好的塑料膨胀管闻起来无刺鼻塑胶味，质量差的塑料膨胀管闻起来有刺鼻塑胶味

三摸——摸起来感觉硬度够不够强、防不防滑、爆不爆裂等来判断

图 5-63　塑料膨胀管选择技巧

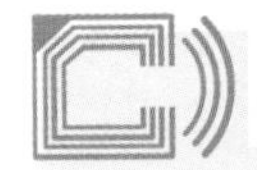

提醒

在砖墙、土墙、砖缝、水泥上等钻塑料膨胀管的孔规格有差异。一般根据同规格孔一致或者微调整，以塑料膨胀管能够放入为标准，过大影响膨胀系数，过小则塑料膨胀管放不进去。6cm 塑料膨胀管用 5cm 螺钉安装会比较紧固。如果带垫片，则因垫片是留在外面的，无需量垫片的尺寸。

5.5.2　电工胶布

电工胶布又称为电气绝缘胶布，其有红、黄、蓝、绿、黑等颜色（常见的为黑色）。电工胶布图例如图 5-64 所示。

判断低劣电工胶布的方法如图 5-65 所示。

电工胶布使用图解如图 5-66 所示。

PVC电气绝缘胶布	
材质	PVC
使用电压	不高于600V
使用温度	不高于80℃
颜色	红、黄、蓝、绿、黑
尺寸(厚度×宽度×长度)	0.15mm×17mm×13.7m

图 5-64　电工胶布图例

低劣电工胶布			
阻燃性不佳	易被腐蚀	耐候性不佳	溢胶严重
易老化脱落	铅中毒	突芯严重	扯旗
贴服性不佳	易被磨损	脱落	

图 5-65　判断低劣电工胶布的方法

一般的电工胶布
- 适用于250V以下的电线接头包扎
- 气候寒冷时，如果电工胶布的黏性减弱，将其放在30℃以上环境中，便可恢复黏性

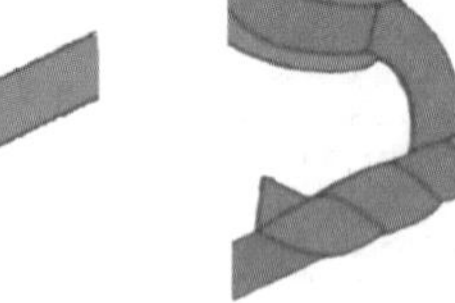

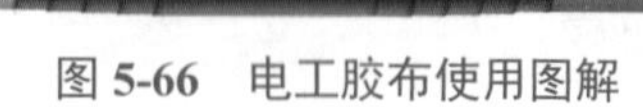

图 5-66　电工胶布使用图解

5.5.3　自粘固定线夹线扣

自粘固定线夹线扣一般适合截面积小于 7mm^2 的电话线、USB 线等。自粘固定线夹线扣的应用如图 5-67 所示。

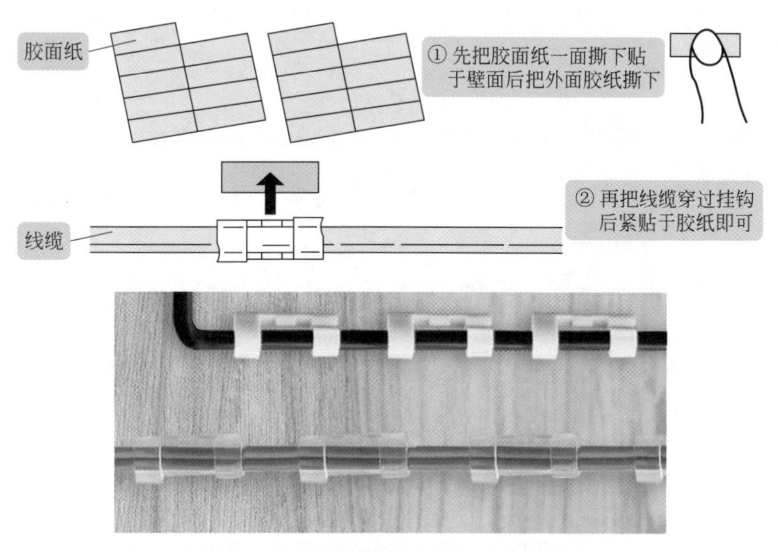

图 5-67　自粘固定线夹线扣的应用

第6章 水电施工基本技能轻松掌握

6.1 路线形式与准备

6.1.1 电路走顶与走地

电路管道走顶与走地的比较见表6-1。

表6-1 电路管道走顶与走地的比较

项目	优点	缺点
走地	防火、安全性能比较高	如果不是活线时，电路出现问题，需要维修，则可能需要对地面造成破坏，恢复相对麻烦
走顶	维修方便	可能费工

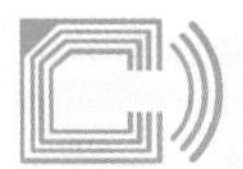

提醒

电路安装方式原则：走顶不走地；顶不能走，考虑走墙；墙不能走，考虑走地。原因是出故障后检修方便，损失不大。

6.1.2 水路走顶与走地

水路管道走顶与走地的比较如图6-1所示。

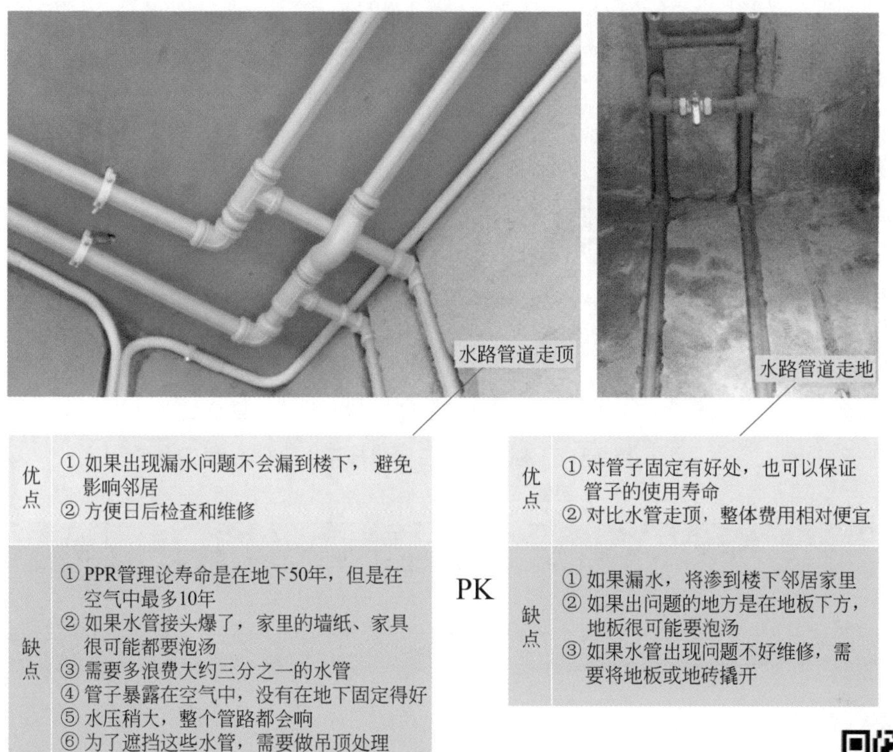

图 **6-1**　水路管道走顶与走地的比较

6.1.3　弹施工水平线

首先确定标高 ±0.00 的点或者线，然后在墙面用卷尺量出 1000mm 高的位置，接着用红外线水平仪沿 1000mm 位置投射光影，并且沿四周墙面投影，最后用墨斗弹出施工水平线。

弹施工水平线如图 6-2 所示。

图 **6-2**　弹施工水平线

电施工插座工艺需要弹插座水平标准线，如图 6-3 所示。

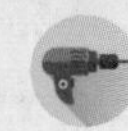

图 6-3　电施工插座工艺需要弹插座水平标准线

提醒

在建筑施工中，房间墙上弹出一般为 50cm 水平线（也就是简称 50 线、五零线）。50 线是相对于成型后的地面而言的，是为了控制地面标高和门、窗、洞口高度。其可以作为安装与装修施工的高度控制线。有的地方把 1m 线作为高度控制线。

6.1.4　水电施工要求与技巧概述

水电施工的要求与技巧概述如下。

① 水电布线要合理，并且在遵守规范施工的前提下，尽量采用就近接线原则，不绕管、不来回走管、不舍近求远走管等。

② 水电布线尽量靠墙角走，房间中间尽量做到无线管，从而有效防止后期工种碾压破坏的风险，有利于后期维修。

③ 水电布线时，所有用电器的线路布线均需要布设地线，以及做好接地处理。

④ 水电验收合格后，才能够粉平线槽。水电墙槽一般应用 1 ∶ 3 水泥砂浆填补密实，并且分两次粉平墙面。粉平前打毛槽边沿，并浇湿槽。

⑤ 水电管走向必须遵循一定的规律，走向一般与墙体平行，尽量避免水电管与墙体成一定的夹角。

⑥ 水电设计、安装时需要考虑一些细节，也许只是简单地增加一个射灯、一个插座等，却能够给生活带来惊喜与方便。

⑦ 水电后的施工工序施工时尽量保持水管内有水。这样如果打破了水管能够及时发现处理。如果水管无水，装修竣工后测试管道才发现漏水，则造成的损失会更大。

⑧ 先布电管后穿线，线管验收合格后再进行穿线。

⑨ 电线与水管平行距离不应小于 30cm。

⑩ 电线与水管交叉、过桥间距不应小于 10cm。

⑪ 强弱电严禁在同一根管内铺设，不得接入同一个接线盒。

⑫ 电路施工时，不得重复布线、电线不加套管直埋、插座导线随意安装等，以免导致

电路出现使用故障，以及引发触电与火灾安全事故。

⑬ 电路布线遵循“火线进开关，零线进灯头”的原则。

⑭ 电路布线的插座需要设漏电保护装置。

⑮ 电热水器需要固定在承重墙上，如果固定在非承重墙上，则需要制作固定支架。

⑯ 客厅电路改造需要事先考虑到电器的摆放位置，并且充分做好预留工作。

⑰ 客厅一般需要安装的电线包括电源线、空调线、电视线、照明线、电话线、电脑线、门铃线等。进门的内侧需要预留门铃线接口或者楼道对讲接口。一般情况下客厅需要预留至少五个电源接口，并且空调、DVD 等插座最好选择带开关的插座，这样在不用时可以关掉电源，避免费电。如果考虑客厅将来摆放饮水机、加湿器，则需要预留相应的电源接口。

⑱ 卫生间的插座一定要设计、安装保护盒，以免水溅到插座里引起短路等事故。

⑲ 厨房插座可以安装带开关的插座，这样可以避免经常插拔带来的不方便。

⑳ 卧室顶灯，也就是床边、进门处可以考虑双控开关，这样方便使用。

㉑ 客厅顶灯，也就是进门厅、主卧室门处可以考虑双控开关，这样方便使用。

㉒ 浴霸安装位置一般需要靠近淋浴房或浴缸，而不是装在卫生间的正中心，以免淋浴时感觉到冷。

㉓ 管道铺设施工时，带有保温作用的墙体与涂刷防水的墙体部分尽量避免开凿。

㉔ 水管走向需要避开电线管，以免发生漏水时触到电路引发危险。

㉕ 水路除了可以走地面外，还可以将水路放在天花吊顶内，以方便维修。

㉖ 水电改造完成后，需要画出详细的水电改造图，并且标明重要节点位置，以留以后参照与维护等需要。

㉗ 水路布线时尽量避免水管走地，因为日后地面水管更容易受压。

㉘ 水路布线有冷水管、热水管之分。布水路时，需要注意遵循左热右冷的规律。

㉙ 埋在墙内的冷水管至少要有 1cm 的保护层，热水管的保护层要比冷水管厚 0.5cm。

㉚ 地漏的下水道处理要到位，以免造成返水现象。

㉛ 水表安装位置要方便读数，水表、阀门离墙面的距离要适当，以方便使用、维修。

㉜ 坐便器的进水出口，需要尽量安置在能被坐便器挡住视线的地方。连体坐便器要根据型号来确定出水口的位置，一般要留在坐便器下水口正中左方 200mm 处。

㉝ 如果厨房、卫生间共用一个热水器，则水路改造时需要想好热水器安装的位置，这样才能够确定冷水管、热水管安装的位置，以便进行水路改造。

㉞ 安装水管时，需要保证冷水管、热水管的管口高度一致，一般高出墙面 2cm 左右，间距在 15cm 左右。

㉟ 家装冷水管、热水管一般需要采用入墙安装法，开槽时要注意槽的深度，并且冷水管与热水管不能同槽。

㊱ 家装时不要随意改变地漏的位置，因为涉及防水、堵塞、坡度、楼下等问题。

㊲ 家装时，需要首先考虑清楚洗衣机是上排水的还是下排水，以便安排排水口。

㊳ 家装时，一般厨房地面需要做防水，墙面也需要做 0.3m 的防水。

㊴ 所有下水管都预接存水管，避免管内气味进入房间。排水、排污的支管不能进入主管，并且预防回水。

㊵ 水管与电线管尽量避免交叉，需要交叉时不要交叉太多，并且做到水管在下、电管在上，如图 6-4 所示。

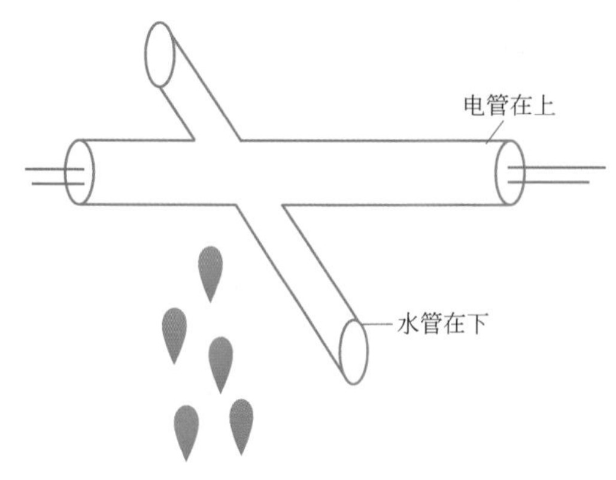

图 6-4　水管在下、电管在上

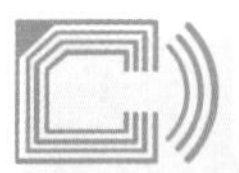

提醒

遵循水管在下、电管在上主要是为了安全。否则，如果漏水，有可能再导致电路发生故障。如果是顶部安装，则也应是水管在下、电管在上，如图 6-5 所示。

图 6-5　顶部安装水管在下、电管在上

6.2 定位与开槽

6.2.1 定位与定位牌

水电定位可以采用画图形或者贴图形模板、定位牌。水电定位牌采用 KT 板等材料制作而成的电器设备模型，使用时根据水电布置图、施工图所需位置，用玻璃胶粘贴定位牌，粘贴高度在实际位置上。这样便于直观了解定位，避免施工误差。

如果是定位给业主看的，则定位牌一般比实际施工位置上沿高 50mm，以便工人施工与业主观察互不影响。

定位图例如图 6-6 所示。

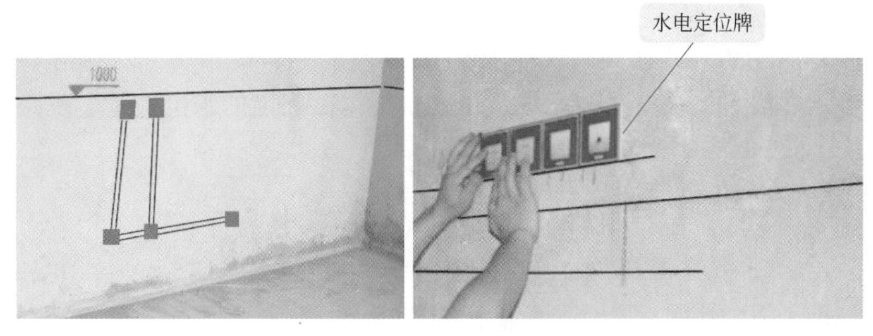

图 6-6　定位图例

管线定位首先确定管线的改造路径，然后用墨斗横平竖直弹线（见图 6-7），最后用专用开槽工具开槽。划线开槽时，注意墙脚线槽需要离墙脚不小于 300mm，如图 6-8 所示。

图 6-7　用墨斗横平竖直弹线

图 6-8　墙脚线槽离墙脚不小于 300mm

KT 板图例如图 6-9 所示。

定位时，有时候需要画出家具、床铺在地面、墙面的摆设情况与安装位置。这样，更能够清楚了解水电的功能与位置，从而避免施工偏差带来的不利装修，如图 6-10 所示。

图 6-9　KT 板图例

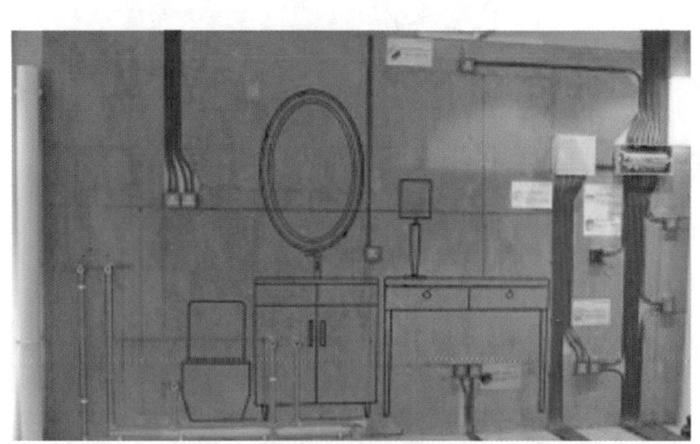

图 6-10　定位画出来

定位，其实包括定位点与定位线。典型的定位点就是水电设备的安装位置，典型的定位线就是水管、电线管槽定位线。

水管、电线管槽定位线就是标记线，也就是根据已确定的水电位置、线路走向，用墨斗弹出，以及用水平尺画出必须切割的标记线。

6.2.2 开槽

电路墙面开槽深度需要保持在管径的 1.5 倍左右或者墙面水管槽深度大于管径 5mm 为宜，宽度大于管径 8 ～ 10mm 为宜，并且切割平直美观、准确。为此，一般沿线切割成槽。如果有专用开槽机，就采用专用开槽机切割。如果没有专用开槽机，则可以采用电锤 + 切割机来进行。

线槽开好后，注意将切好的线槽两边打毛，这样便于封槽时水泥咬合，如图 6-11 所示。

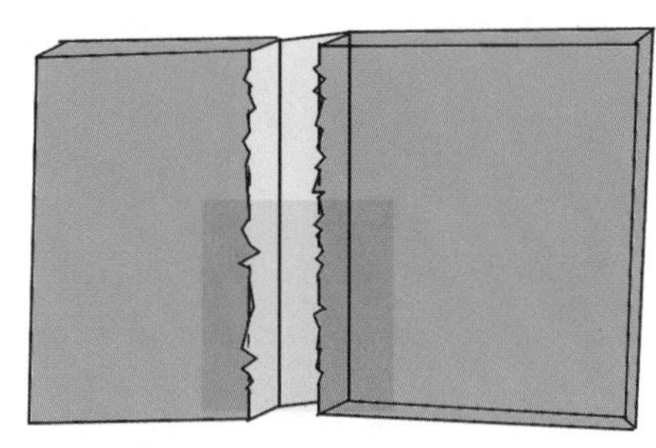

图 6-11　线槽两边打毛

给排水管管槽需要做防水处理，也就是刷上防水涂料，并且刷到外沿不少于 50mm，如图 6-12 所示。地面管槽防水处理与墙面槽内防水处理需要形成整体。

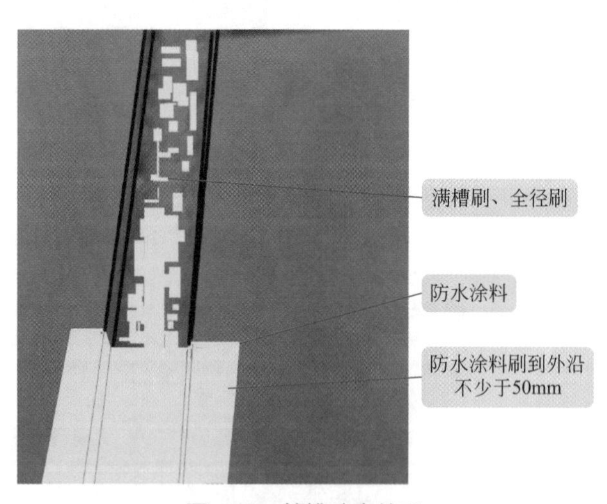

图 6-12　管槽防水处理

提醒

不得在预制板、梁、柱上开大线槽，只能开小线槽，以免破坏板、梁、柱的结构力。

有的墙壁线槽需要涂抹防水层，以及热水管加保温材料，如图 6-13 所示。

图 6-13　墙壁线槽涂抹防水层及热水管加保温材料

提醒

水管墙槽的宽度，单槽为 4cm，双槽为 10cm；墙槽深度为 3 ～ 4cm。穿墙洞尺寸要求：如果走单根水管，墙洞直径为 6cm；如果走两根水管，墙洞直径为 10cm 或打两个直径为 6cm 的墙洞分开走。

另外，线管开槽弯处需要大圆角，如图 6-14 所示。线管不能开长横槽、倾斜槽，如图 6-15 所示。

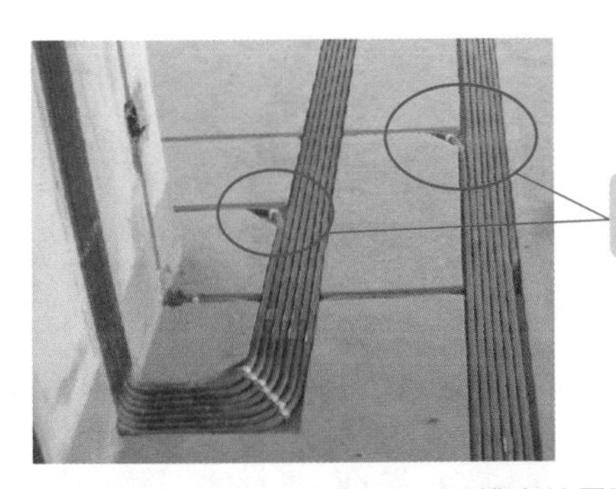

图 6-14　开槽弯处需要大圆角

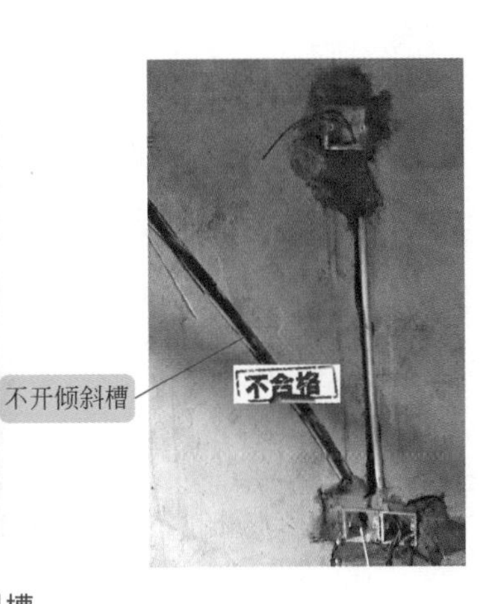

图 6-15　线管不能开长横槽、倾斜槽

第 7 章 水暖工技能轻松掌握

7.1 水暖工须知

7.1.1 卫生洁具安装施工准备

卫生洁具安装施工准备包括材料要求、主要机具、作业条件等，具体要求见表 7-1。

表 7-1 卫生洁具安装施工准备

项目	说明
材料要求	①卫生洁具的规格、型号必须符合设计要求，有合格证。卫生洁具外观规矩，造型周正。卫生洁具表面光滑、美观、无裂纹，边缘平滑。卫生洁具色调一致 ②卫生洁具零件规格应标准，质量可靠，外表光滑，电镀均匀，螺纹清晰，锁母松紧适度，无砂眼、裂纹等缺陷 ③卫生洁具的水箱应采用节水型 ④其他材料：麻丝、石棉绳、白水泥、螺母、胶皮板、铜丝、油灰、八字阀门、水嘴、丝扣返水弯、镀锌管件、截止阀、排水口、镀锌燕尾螺栓、铅皮、螺钉、焊锡、熟盐酸、铅油、白灰膏等均需要符合材料标准要求
主要机具	①机具：砂轮锯、手电钻、套丝机、砂轮机、冲击钻 ②工具：克丝钳、方锉刀、锯子、扭力扳手、剪子、活络扳手、自制呆扳手、管钳、锤子、铲子、錾子、圆锉刀、螺丝刀、电烙铁等 ③其他：划规、线坠、水平尺、小线、盒尺等
作业条件	①所有与卫生洁具连接的管道压力、闭水试验已完毕，并且已经办好隐预检手续 ②浴盆的稳装应等土建做完防水层及保护层后配合土建施工进行 ③其他卫生洁具需要在室内装修基本完成后再进行稳装

7.1.2　卫生洁具安装操作工艺

卫生洁具安装操作工艺见表 7-2。

表 7-2　卫生洁具安装操作工艺

项目	说　明
工艺流程	安装准备→卫生洁具与配件检验→卫生洁具安装→卫生洁具配件预装→卫生洁具稳装→卫生洁具与墙地缝隙处理→卫生洁具外观检查→通水试验
要求	①卫生洁具在稳装前需要进行检查、清洗 ②配件与卫生洁具应配套 ③部分卫生洁具需要先进行预制再安装

7.1.3　卫生洁具安装成品保护

卫生洁具安装成品保护的要求如下。

① 洁具在搬运、安装时要防止磕碰。

② 洁具稳装后，为防止配件丢失或损坏，例如拉链、堵链等材料、配件需要在竣工前统一安装。

③ 在釉面砖、水磨石墙面剔孔洞时，宜用电钻或先用小錾子轻剔掉釉面，待剔到砖底灰层处方可用力，但不得过猛，以免将面层剔碎或震成空鼓现象。

④ 稳装后洁具排水口应用防护用品堵好，镀铬零件用纸包好，以免堵塞或损坏。

⑤ 安装完的洁具需要加以保护，防止洁具瓷面受损、整个洁具损坏。

⑥ 在冬季室内不通暖时，各种洁具必须将水放净。存水弯应无积水，以免将洁具、存水弯冻裂。

⑦ 通水试验前需要检查地漏是否畅通，分户阀门是否关好，然后根据层段分房间逐一进行通水试验，以免漏水使装修工程受损。

7.1.4　卫生洁具安装注意点

卫生洁具安装注意点如下。

① 避免蹲便器不平，左右倾斜。

② 避免卫生洁具零件镀铬表面被破坏。

③ 避免卫生洁具溢水失灵。

④ 避免坐便器与背水箱中心没对正，弯管歪扭。

⑤ 避免立式小便器距墙缝隙太大。

⑥ 避免高低水箱的拉、扳把不灵活。

⑦ 避免坐便器周围离开地面。

⑧ 避免卫生洁具管道堵塞。

⑨ 严禁使用未经过滤的白灰粉代替白灰膏安装卫生设备，避免造成卫生设备胀裂。

7.1.5　厨房水暖系统的安装方法

厨房暖气一般适宜用高 900mm 的暖气片，以便节省房间的使用宽度。厨房洗菜盆下方

需要预留冷水口、热水口，距地面高度大约 300mm 或者 450mm。

厨房燃气热水器冷水口、热水口距地面高度一般为 1200 ～ 1500mm，并且冷水口与热水口间距大约为 200mm。

厨房电热水器冷热水、热水口距地面高度一般大约 1200mm。

厨房水暖系统如图 7-1 所示。

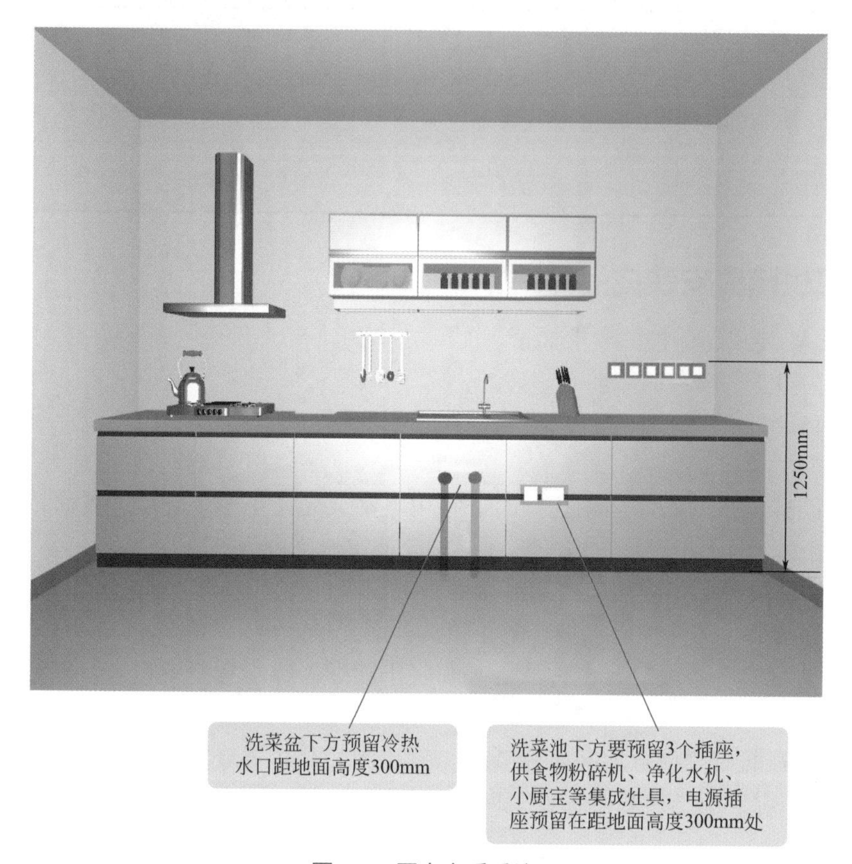

图 7-1　厨房水暖系统

为了确保水暖系统的保温、保护等作用，可以在水管安装时增加一些保温、保护等措施，如图 7-2 所示。

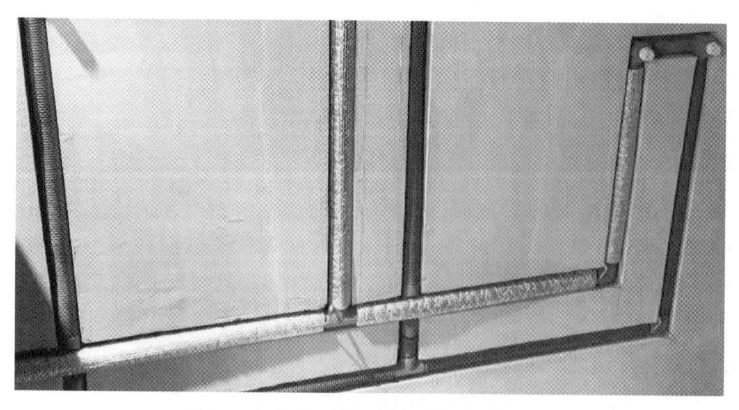

图 7-2　增加一些保温、保护等措施

7.1.6　卫生间的填埋

有的房子在交房时，卫生间的地面要比室内其他地面低 30 ～ 40cm。房屋装修施工时，需要用材料把卫生间地面填充到合适的高度。这就是卫生间填埋，即填底。

卫生间填埋常见的方式见表 7-3。

表 7-3　卫生间填埋常见的方式

名称	图例	说明
建筑废料		建筑废料，也就是建渣。建筑废料便宜，施工简单。填埋的建筑废料要敲碎，尽量减少尖锐的棱角，以免破坏防水层。一般是首先把底部铺上 15cm 左右的沙子（保护防水层），然后用建筑废料填充，最后用沙子把缝隙填满。需要考虑楼板的承重情况，并且有的物业是不允许用建筑废料回填卫生间的
炭渣		采用炭渣实惠，炭渣材质轻，吸潮性比较好。但是炭渣材料不好找。填炭渣时，需要确保炭渣的干燥性。炭渣的稳定性不好，因此填好后需要压实。炭渣上面的水泥浆一般需要铺较厚，以防出现裂缝
陶粒		目前，陶粒是卫生间回填的最佳材料。陶粒材质轻，内部有微多孔吸潮作用，构造较圆润，不用担心破坏防水层。陶粒价格较贵 可以是珍珠棉陶粒或泡沫砖，加上沙子、水泥回填
预制板架空		采用直接预制板架空。也就是地下用砖头架空，再把预制板盖到沉箱上即可。预制板一般先在外面做好，并且需要加钢筋

提醒

无论采用哪种回填方法，都不能破坏防水层。回填时，需要保护好管道，最好用砖头把水管支撑起来。如果全部用沙子，水管可能会下沉，接口处可能会漏水。另外，防水最好做两次，第一次就是在整个下沉部位做好防水，第二次就是回填后再做一次防水。

如果考虑一旦防水没做好，后期再修的可行性与方便性，则预制板架空等方法可以优先考虑。

7.1.7 卫生间施工要求

卫生间有关施工要求如下。

① 卫生间地面找平后，必须有排水坡度。排水坡度最低位置应为地漏位置。排水处理工艺如图 7-3 所示。

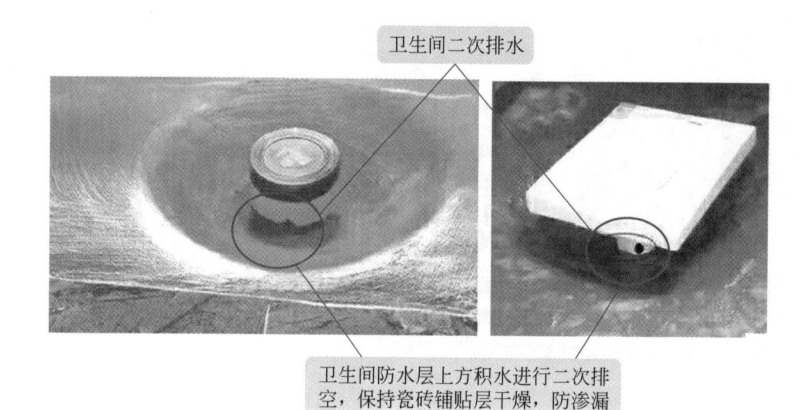

图 7-3 排水处理工艺

② 卫生间防水要求如图 7-4 所示。

③ 卫生间防水涂层应无透底、无开裂，涂抹均匀、饱满。

④ 左边为热水管，右边为冷水管，如图 7-5 所示。

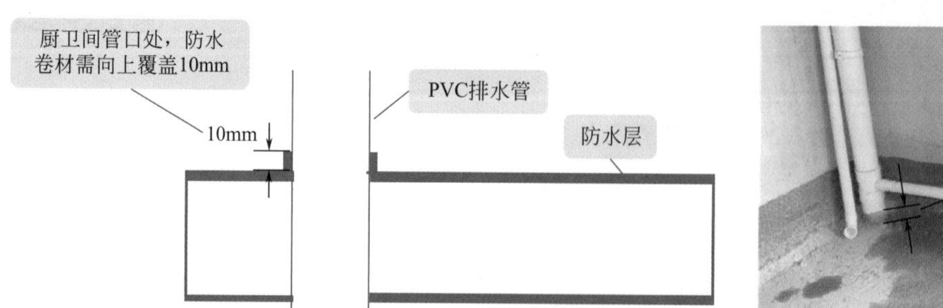

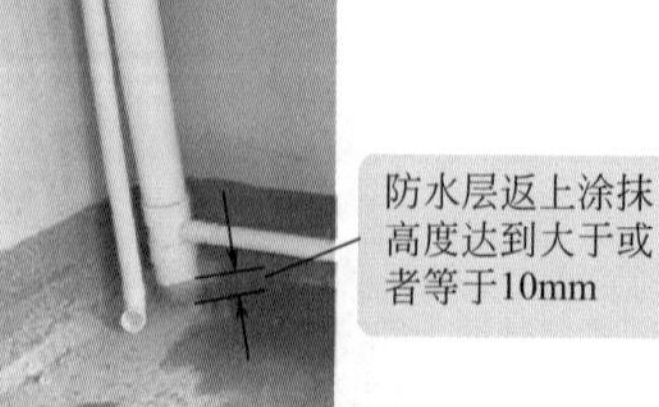

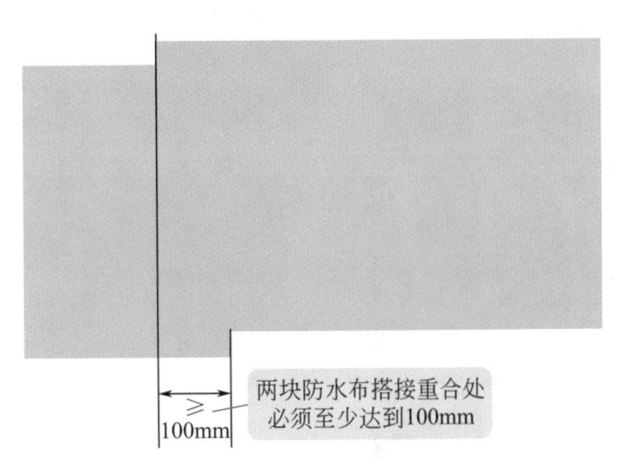

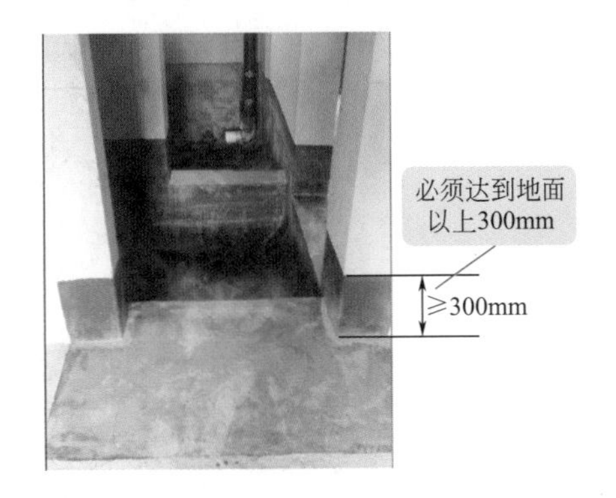

图 7-4　卫生间防水要求

给水冷热水管间距
必须大于100mm

左边为热水管

右边为冷水管

给水管道横平竖
直、铺设牢固

图 7-5　左边为热水管，右边为冷水管

⑤ 交叉处使用过桥弯如图 7-6 所示。

图 7-6　交叉处使用过桥弯

7.1.8　供水系统提供的水压

供水系统提供的水压如图 7-7 所示。

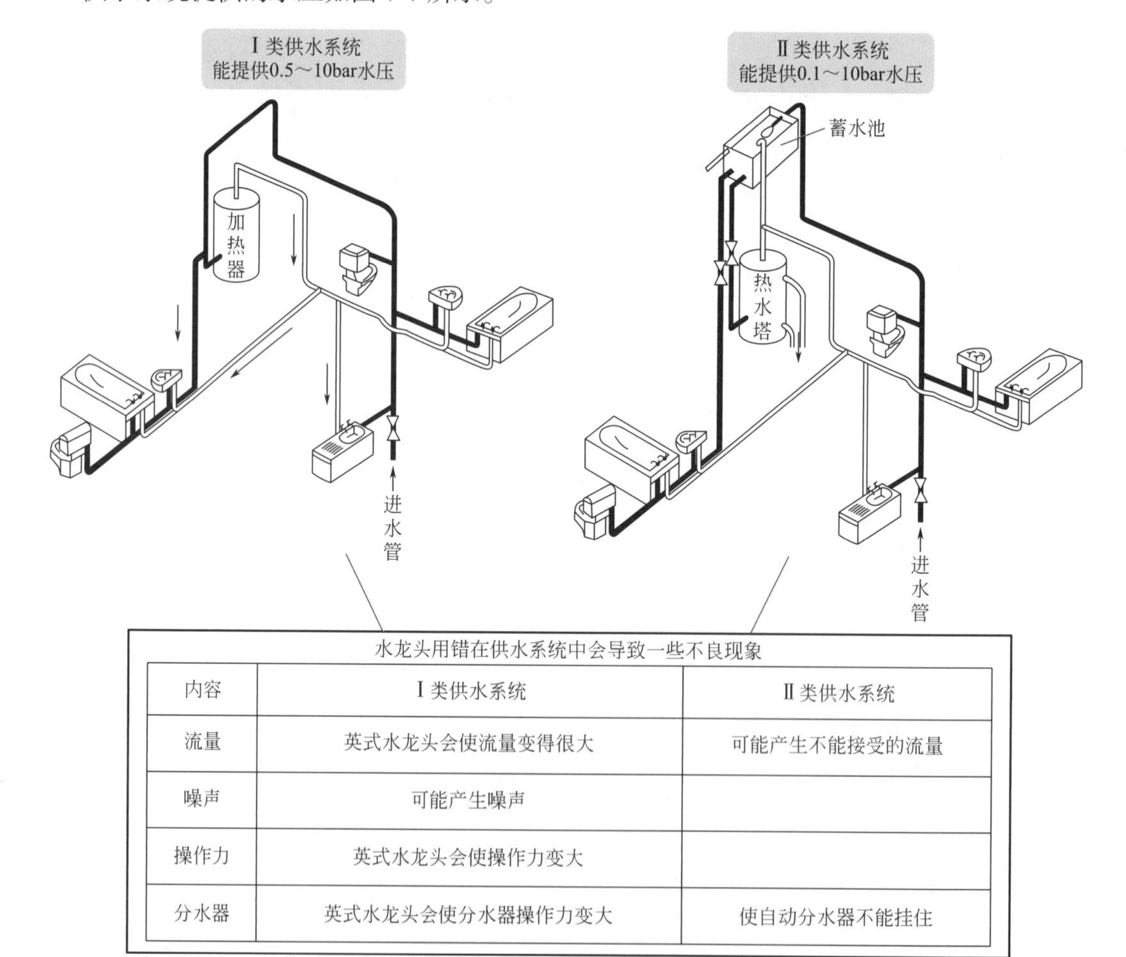

水龙头用错在供水系统中会导致一些不良现象

内容	Ⅰ类供水系统	Ⅱ类供水系统
流量	英式水龙头会使流量变得很大	可能产生不能接受的流量
噪声	可能产生噪声	
操作力	英式水龙头会使操作力变大	
分水器	英式水龙头会使分水器操作力变大	使自动分水器不能挂住

图 7-7　供水系统提供的水压

7.1.9　水管安装要求

水管安装要求如下。

① 热水器水管离地面高度最少要保持 1.8m，冷热水管之间的距离为 10cm。

② 洗手盆水管距离地面高度一般是 50cm，不通水管间距保持在 10cm。

③ 坐便器水管与自来水管的间距保持在 10cm。

④ 墩布池水管离地面高度一般为 75cm。

⑤ 不管是厨房还是卫生间，水管的出水口出墙距离都是 1mm，连接出水口向上的水管在 1m 内不能被固定。

⑥ 厨房水管离地面高度标准是 600mm。

⑦ 给水路尽量避免从卧室、书房开槽走管，如图 7-8 所示。

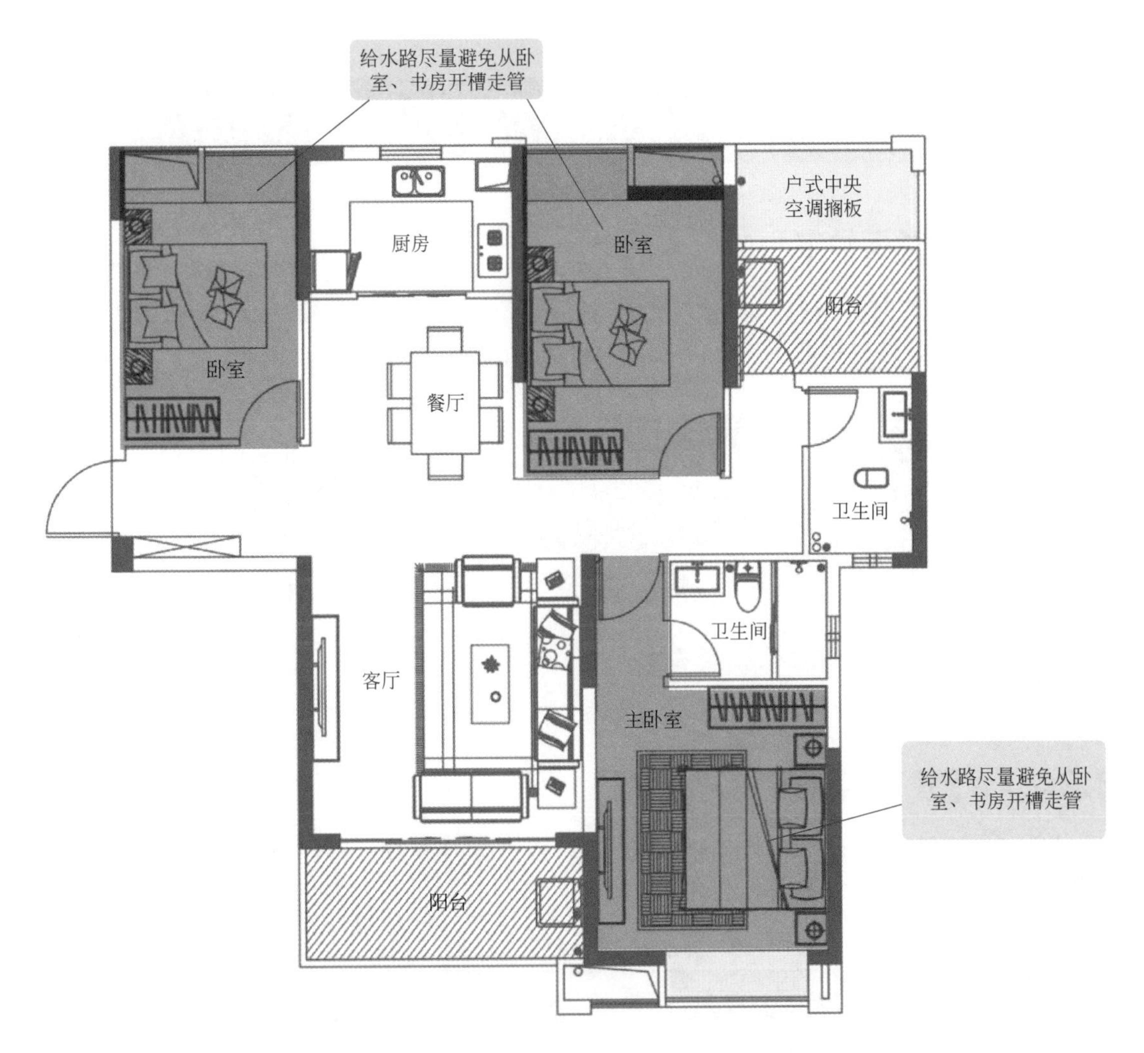

图 7-8　给水路尽量避免从卧室、书房开槽走管

⑧ 卫生间、阳台水管禁止从门底开槽布管，一般应离地面 200mm 以上打洞翻墙布管（见图 7-9），这样可以防止水从管壁渗入房间。

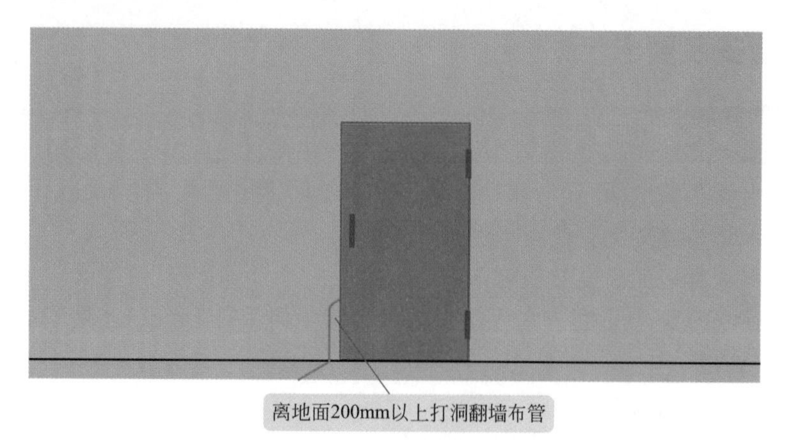

图 7-9　卫生间、阳台水管离地面 200mm 以上打洞翻墙布管

7.2 基本技能与实战技能

7.2.1　施工前保护下水口

施工前，需要对下水口、地漏、坐便器等做好封闭保护，以免施工时水泥、砂石等杂物掉进下水口里，产生堵塞等现象，如图 7-10 所示。

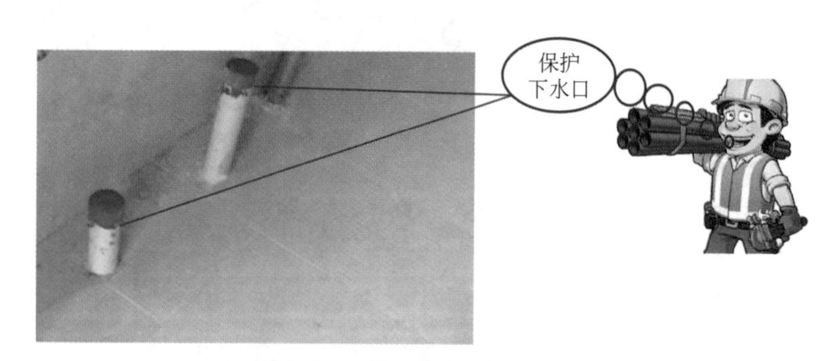

图 7-10　施工前保护下水口

7.2.2　PPR 热熔连接

PPR 熔接前，需要根据附件划好熔接深度：利用尺来确定。PPR 的熔接方法见表 7-4。PPR 水管熔接参考温度见表 7-5。

表 7-4　PPR 的熔接方法

项目	说明
步骤 1——安装前的准备	①需要准备熔接机、直尺、剪刀、记号笔、清洁毛巾等 ②检查管材、管件的规格尺寸是否符合要求 ③熔接机需要有可靠的安全措施 ④安装好熔接头，并且检查其规格是否正确、连接是否牢固可靠。检查合格后才可以通电 ⑤一般熔接机红色指示灯亮表示正在加温，绿色指示灯亮表示可以熔接 ⑥一般家装不推荐使用埋地暗敷方式，一般采用嵌墙或嵌埋天花板暗敷方式

续表

项目	说明
步骤 2——清洁管材、管件熔接表面	①熔接前需要清洁管材熔接表面、管件承口表面 ②管材端口在一般情况下需要切除 2 ～ 3cm，如果有细微裂纹需要剪除 4 ～ 5cm
步骤 3——管材熔接深度划线	熔接前，需要在管材表面划出一段沿管材纵向长度不小于最小承插深度的圆周标线
步骤 4——熔接加热	①首先将管材、管件均速地推进熔接模套与模芯，并且管材推进深度到标志线，管件推进深度到承口端面与模芯终止端面平齐即可 ②在管材、管件推进中，不能有旋转、倾斜等现象 ③加热时间需要根据规定执行，一般冬天需要延长加热时间 50%
步骤 5——对接插入、调整	①对接插入时，速度尽量快，以防止表面过早硬化 ②对接插入时，允许不大于 5° 的角度调整
步骤 6——定型、冷却	①在允许调整时间过后，管材与管间需要保持相对静止，不允许再有任何相对移位 ②熔接的冷却采用自然冷却方式进行，严禁使用水、冰等冷却物强行冷却
步骤 7——管道试压	①管道安装完毕后，需要在常温状态下、在规定的时间内试压 ②试压前，需要在管道的最高点安装排气口，只有当管道内的气体完全排放完毕后，才能够试压 ③一般冷水管验收压力为系统工作压力的 1.5 倍，压力下降不允许大于 6% ④有的需要先进行逐段试压，然后各区段合格后再进行总管网试压 ⑤试压用的管堵属于试压用。试压完毕后，需要更换金属管堵

表 7-5　PPR 水管熔接参考温度

公称外径 DN /mm	热熔深度 P /mm	加热时间 /s	加工时间 /s	冷却时间 /min
20	11.0	5	4	3
25	12.5	7	4	3
32	14.6	8	4	4
40	17.0	12	6	4
50	20.0	18	6	5
63	23.9	24	6	6
75	27.5	30	10	8
90	32.0	40	10	8
110	38.0	50	15	10

注：若在室外作业或环境温度小于 5℃，加热时间应延长 20%。

PPR 稳态覆铝水管的结构如图 7-11 所示。

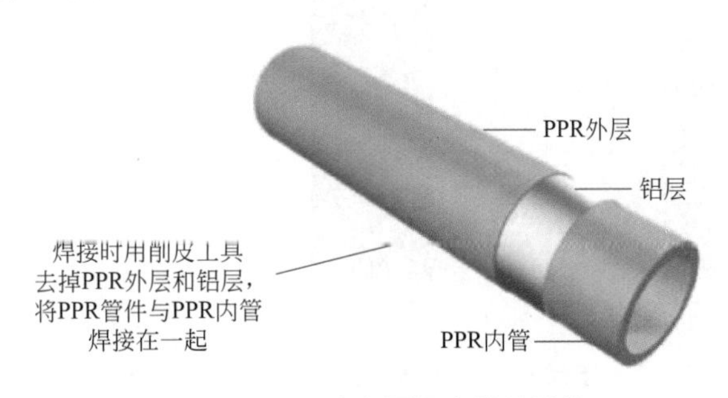

图 7-11　PPR 稳态覆铝水管的结构

提醒

PPR热熔连接注意点：熔接时以管标识线为基准，迅速无旋转直线均匀地插入到所熔深度，使接头处形成均匀的凸缘。

7.2.3 无需热熔的PPR连接附件安装方法

无需热熔的PPR连接附件安装方法图例如图7-12所示。

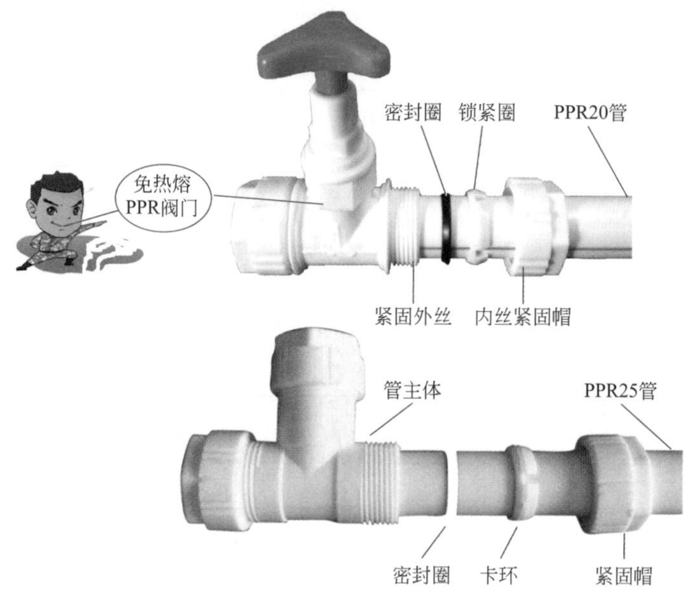

图7-12 无需热熔的PPR连接附件安装方法图例

7.2.4 热水管与冷水管的有关尺寸

一般情况下，热水管与冷水管距离墙面应为1.5cm，并且左热水管、右冷水管，间距15cm，如图7-13所示。

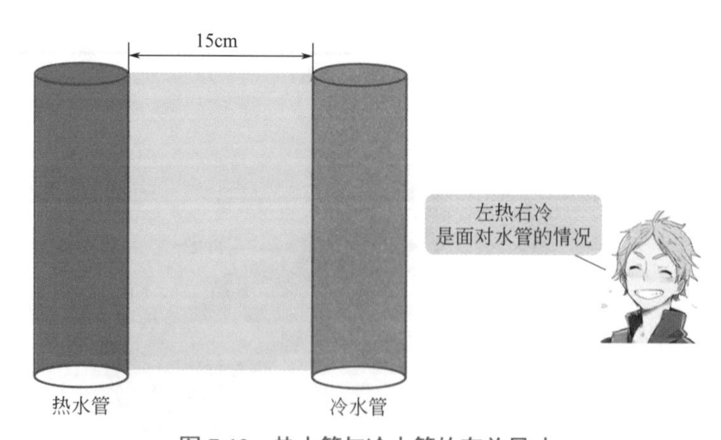

图7-13 热水管与冷水管的有关尺寸

7.2.5　循环水回水管安装要求

循环水回水管布设要规范：所有热水管出水孔要串联，冷热水管不允许有混用现象。热水管采用黄色管，冷水管采用紫色管，如图 7-14 所示。

图 7-14　循环水回水管安装要求

7.2.6　排水支管 45° 斜接主排污管

排水、排污布置要合理，所有支管要 45° 斜接主排污管（特殊情况除外），并且要加存水弯。排水管必须保证有足够的存水，保持排水通畅，不返水、不返臭，才视为合格。

排水支管 45°斜接主排污管如图 7-15 所示。

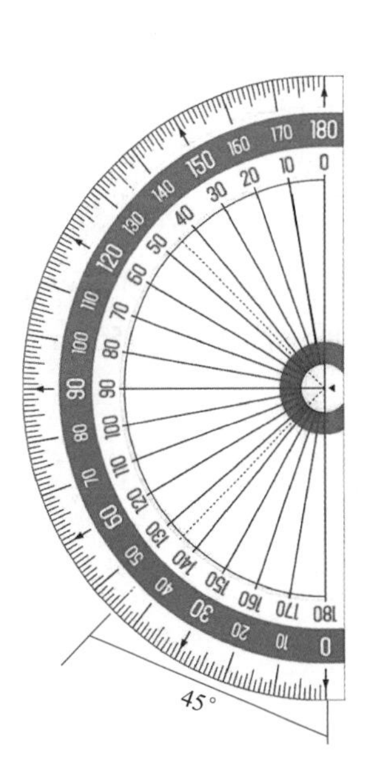

图 7-15　排水支管 45° 斜接主排污管

7.2.7　排水管的坡度

装修排水管的坡度如图 7-16 所示。

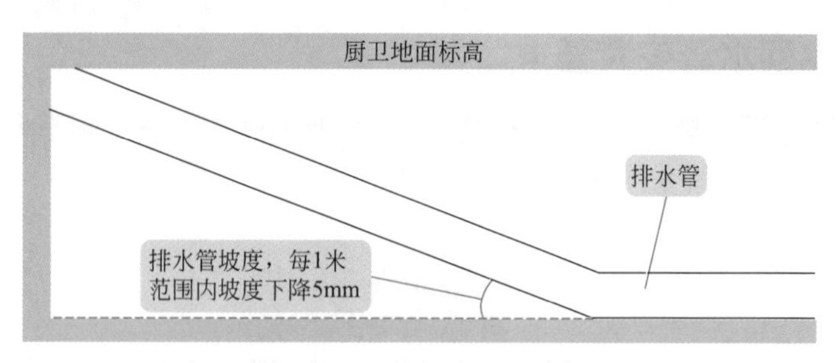

图 7-16　装修排水管的坡度

7.2.8　沐浴开关出水口常规尺寸

沐浴开关出水口常规尺寸为：沐浴开关离地完成面 1m 左右，如图 7-17 所示。

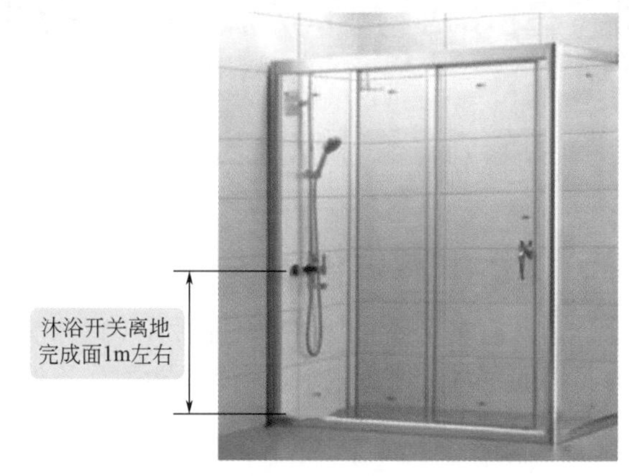

图 7-17　沐浴开关出水口常规尺寸

7.2.9　洗手盆、洗菜盆水龙头开关出水口常规尺寸

洗手盆、洗菜盆水龙头开关出水口常规尺寸为：洗手盆、洗菜盆水龙头开关离地完成面一般为 50 ～ 55cm，如图 7-18 所示。

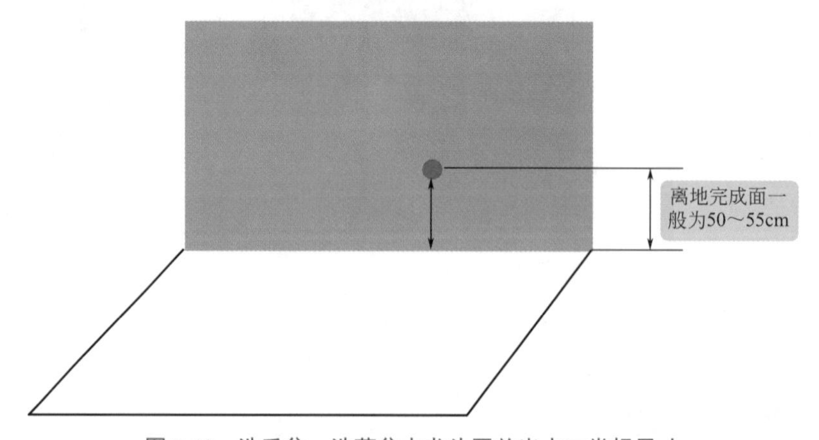

图 7-18　洗手盆、洗菜盆水龙头开关出水口常规尺寸

7.2.10　蹲便器与坐便器出水口常规尺寸

蹲便器与坐便器出水口常规尺寸为：蹲便器与坐便器出水口高度距离地面完成面一般为 15 ～ 25cm，如图 7-19 所示。

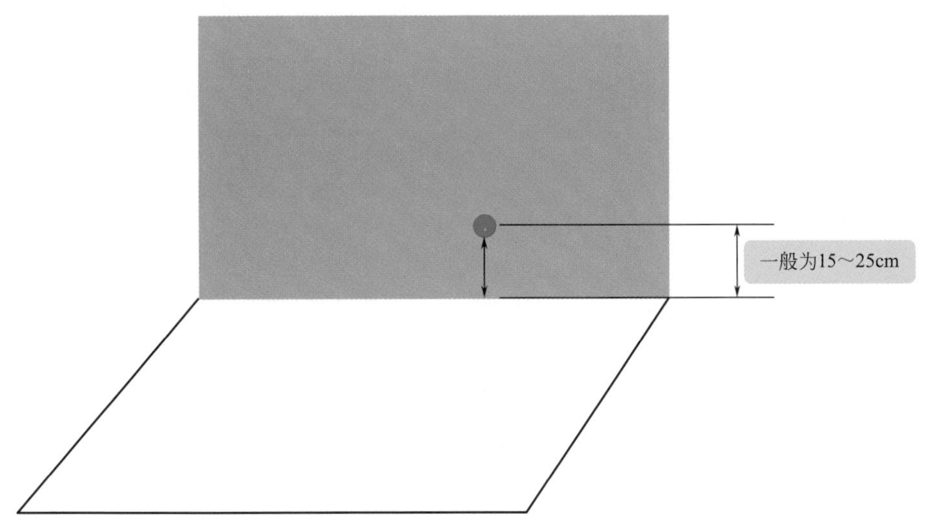

图 7-19　蹲便器与坐便器出水口常规尺寸

7.2.11　洁具出水口的预留

预留好的面盆、花洒、洗衣机等出水口，需要能够确保贴砖装修完后，可以根据出水口的位置，判断水管的走向。

另外，所有水管的出水口均要垂直向上，以免水管被破坏，如图 7-20 所示。

图 7-20　洁具出水口的预留

7.2.12　智能全自动电子坐便器的特点与安装

智能全自动电子坐便器外形结构如图 7-21 所示。

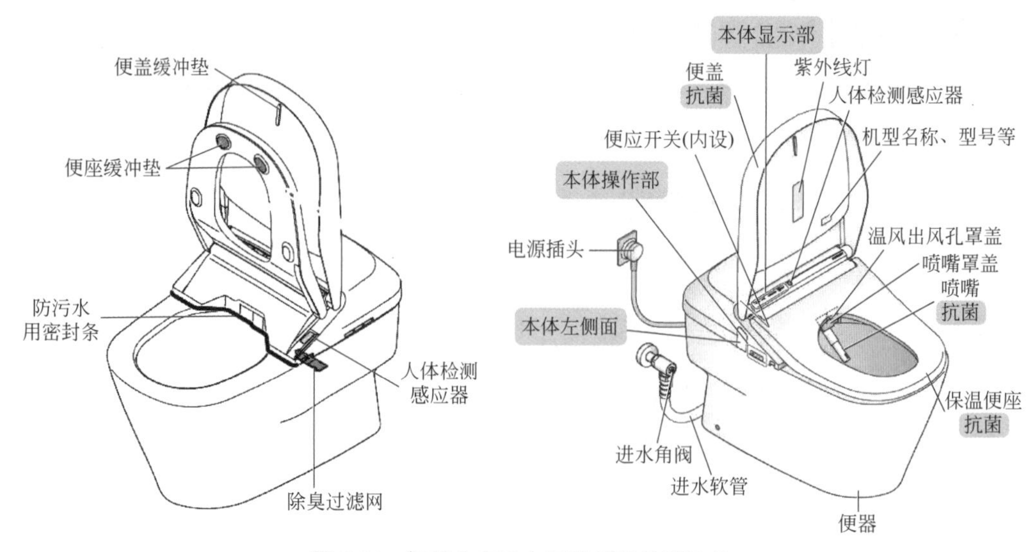

图 7-21　智能全自动电子坐便器外形结构

智能全自动电子坐便器安装图例如图 7-22 所示。

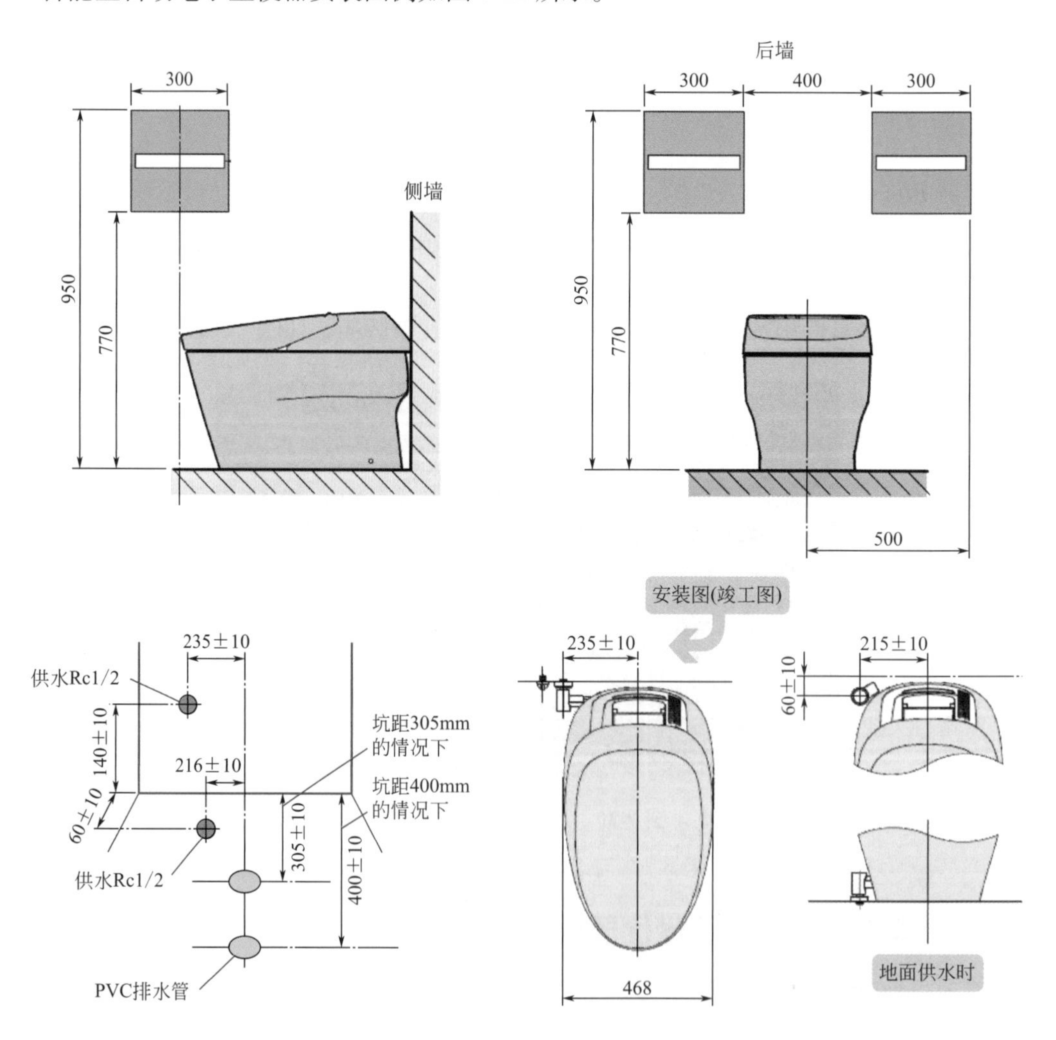

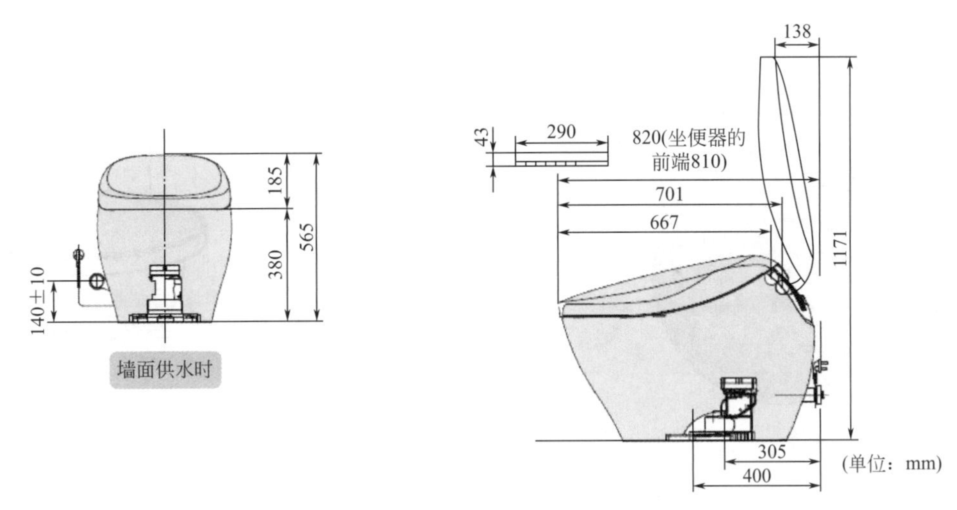

图 7-22　智能全自动电子坐便器安装图例

7.2.13　按摩浴缸的特点与安装

一款按摩浴缸结构图例如图 7-23 所示。

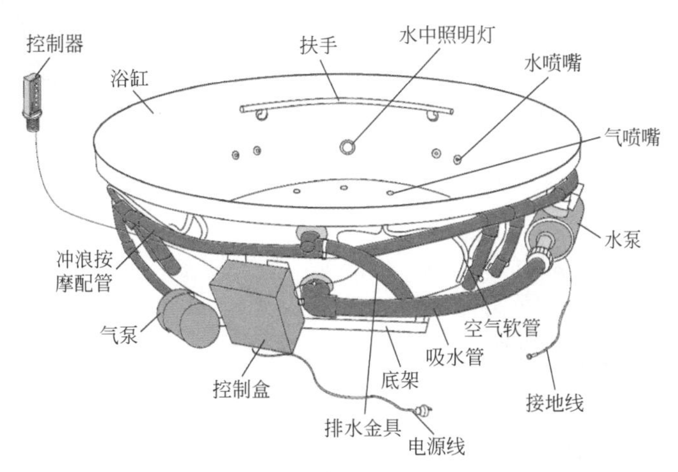

图 7-23　一款按摩浴缸结构图例

不同的按摩浴缸结构有差异，如图 7-24 所示。

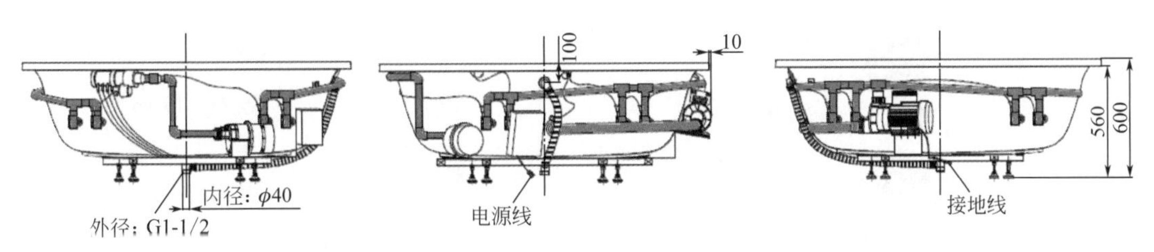

图 7-24　不同的按摩浴缸结构有差异（单位：mm）

按摩浴缸安装细节图例如图 7-25 所示。

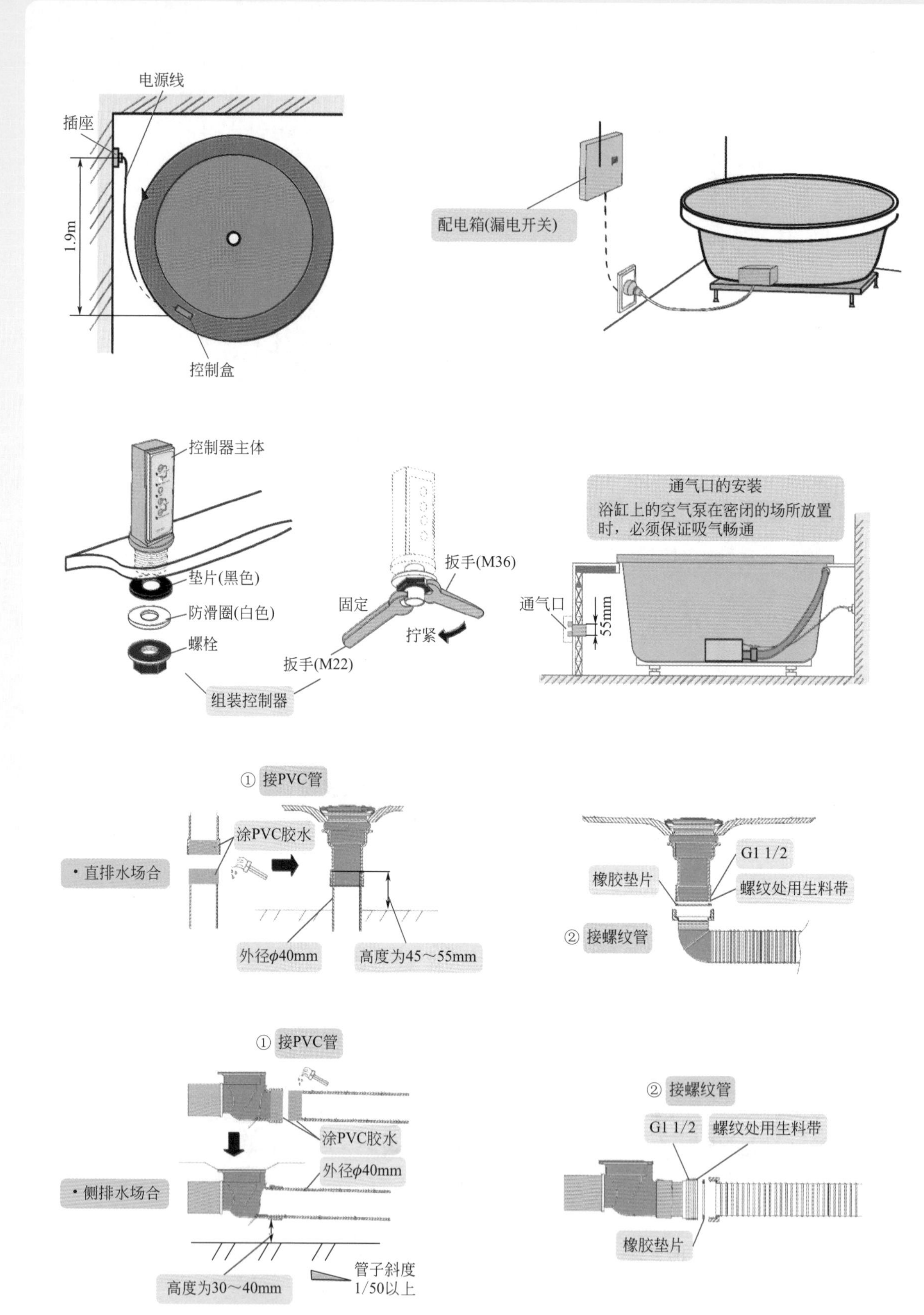
电源线
插座
1.9m
控制盒
配电箱(漏电开关)
控制器主体
垫片(黑色)
防滑圈(白色)
螺栓
组装控制器
扳手(M36)
固定
拧紧
扳手(M22)
通气口的安装
浴缸上的空气泵在密闭的场所放置时，必须保证吸气畅通
通气口
55mm
① 接PVC管
涂PVC胶水
• 直排水场合
外径ϕ40mm
高度为45～55mm
G1 1/2
橡胶垫片
螺纹处用生料带
② 接螺纹管
① 接PVC管
涂PVC胶水
外径ϕ40mm
• 侧排水场合
高度为30～40mm
管子斜度
1/50以上
② 接螺纹管
G1 1/2
螺纹处用生料带
橡胶垫片

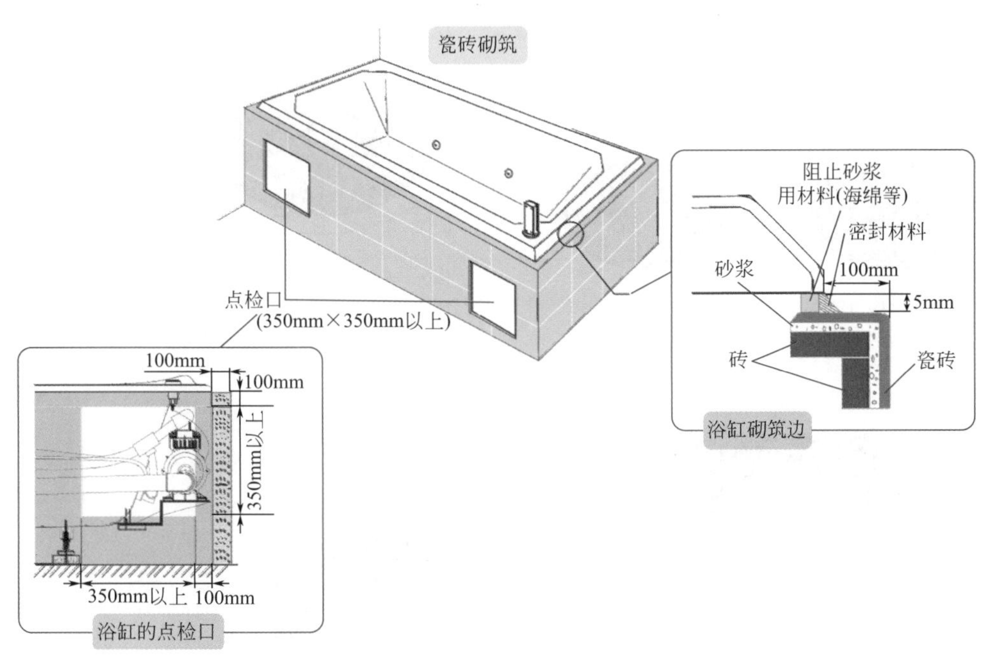

图 7-25　按摩浴缸安装细节图例

7.2.14　壁挂式洗面器的特点与安装

壁挂式洗面器安装前，水源需要关闭，并且预留给排水管路。壁挂式洗面器的安装如图 7-26 所示。

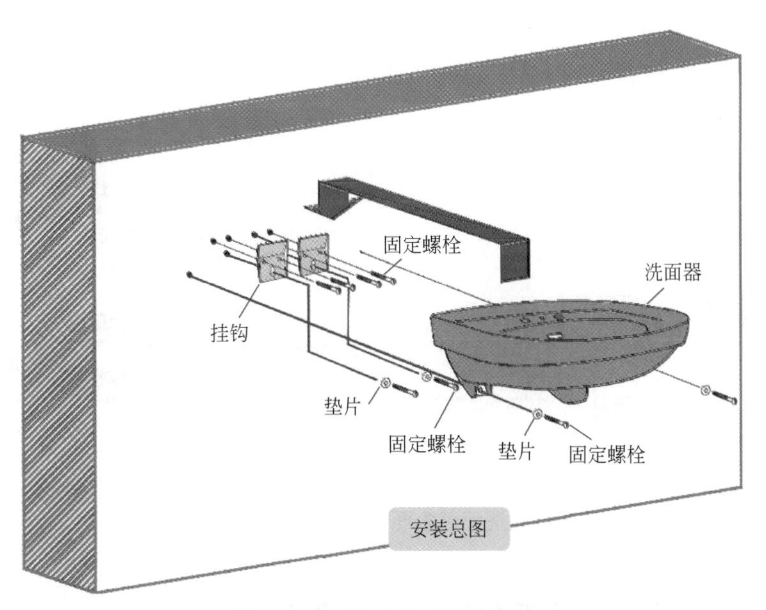

图 7-26　壁挂式洗面器的安装

壁挂式洗面器安装孔因洗面器不同有差异，如图 7-27 所示。

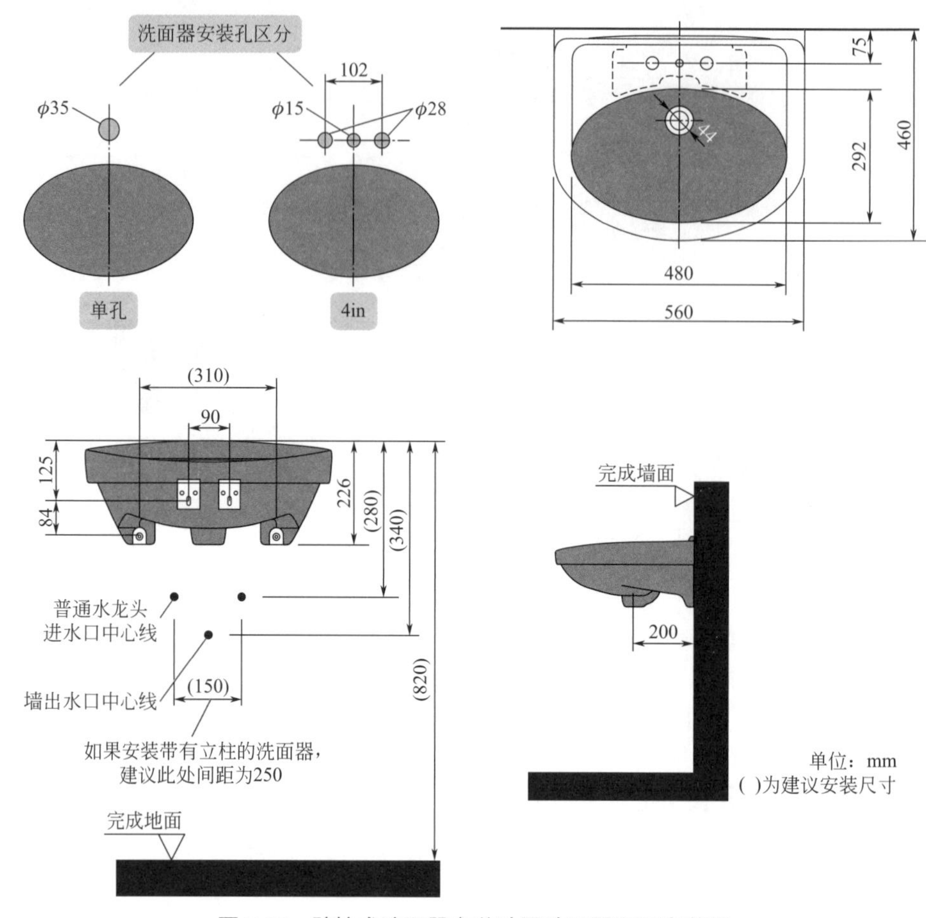

图 7-27　壁挂式洗面器安装孔因洗面器不同有差异

壁挂式洗面器主要安装步骤图例如图 7-28 所示。

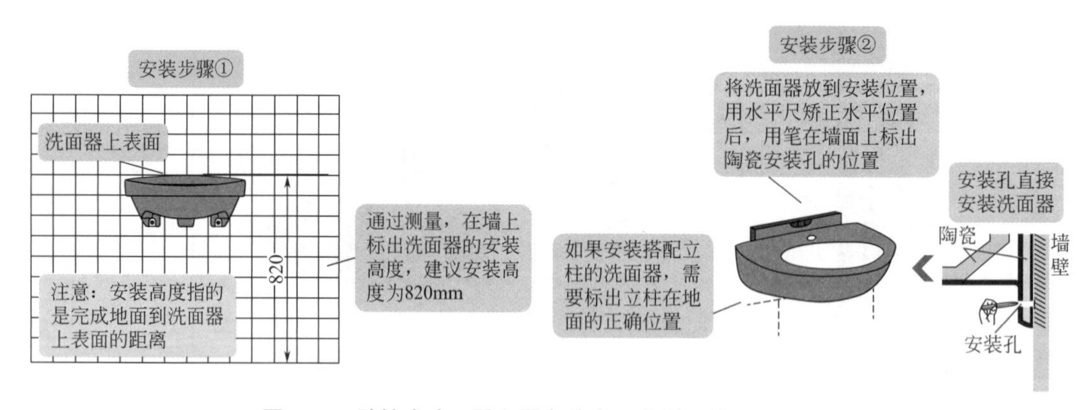

图 7-28　壁挂式洗面器主要安装步骤图例（单位：mm）

7.2.15　半埋入壁挂式洗面器的特点与安装

半埋入壁挂式洗面器的安装图例如图 7-29 所示。

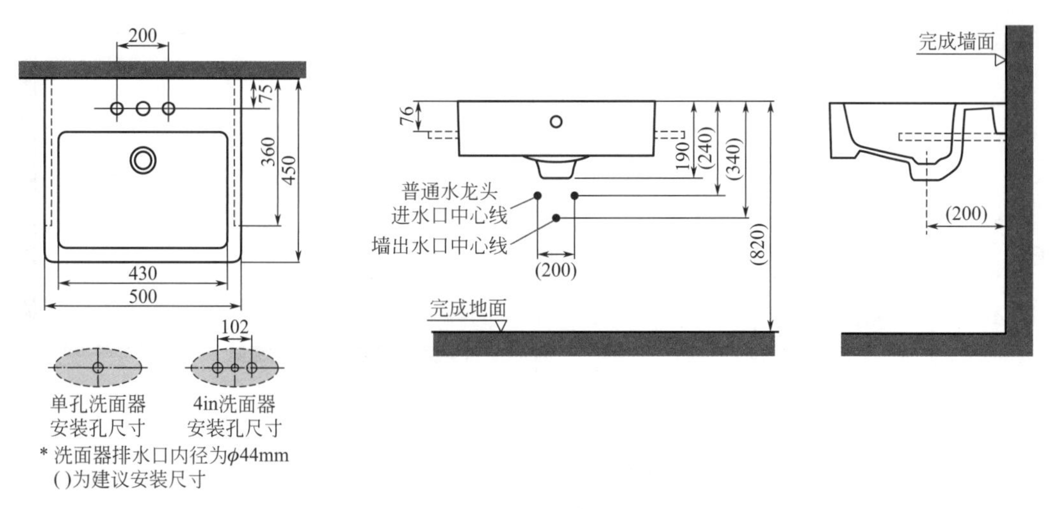

图 7-29　半埋入壁挂式洗面器的安装图例（单位：mm）

7.2.16　台下式洗面器的特点与安装

台下式洗面器的安装图例如图 7-30 所示。

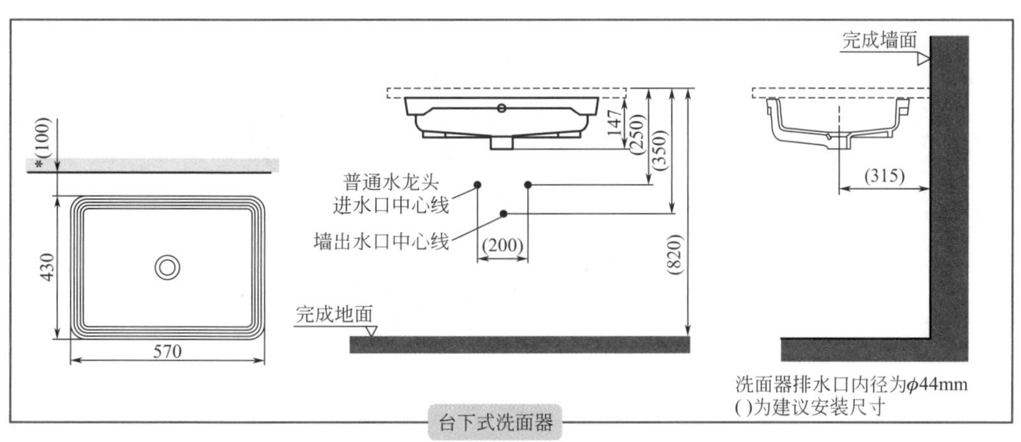

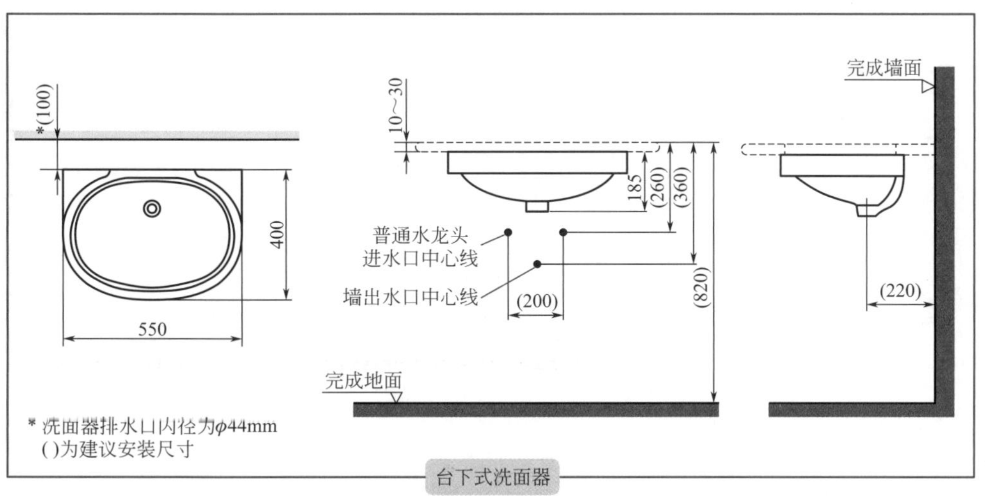

图 7-30

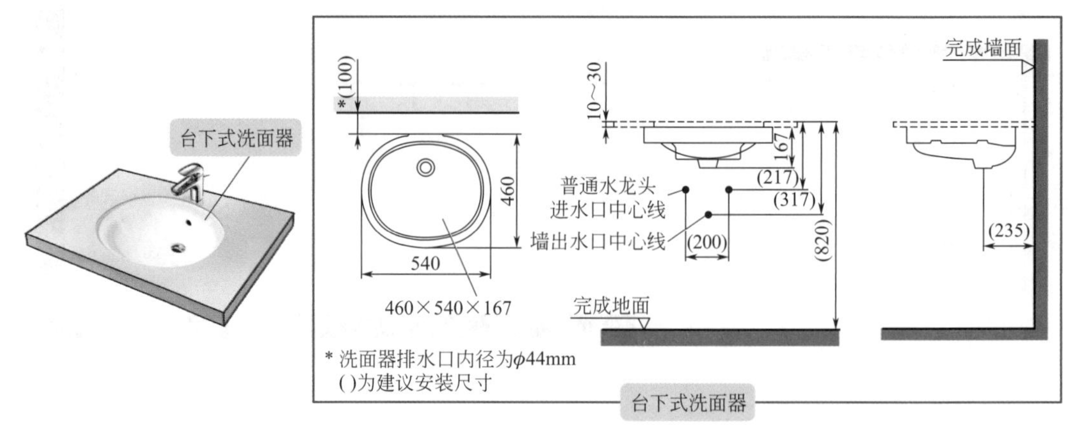

图 7-30　台下式洗面器的安装图例（单位：mm）

7.2.17　台上式洗面器的特点与安装

台上式洗面器的安装图例如图 7-31 所示。

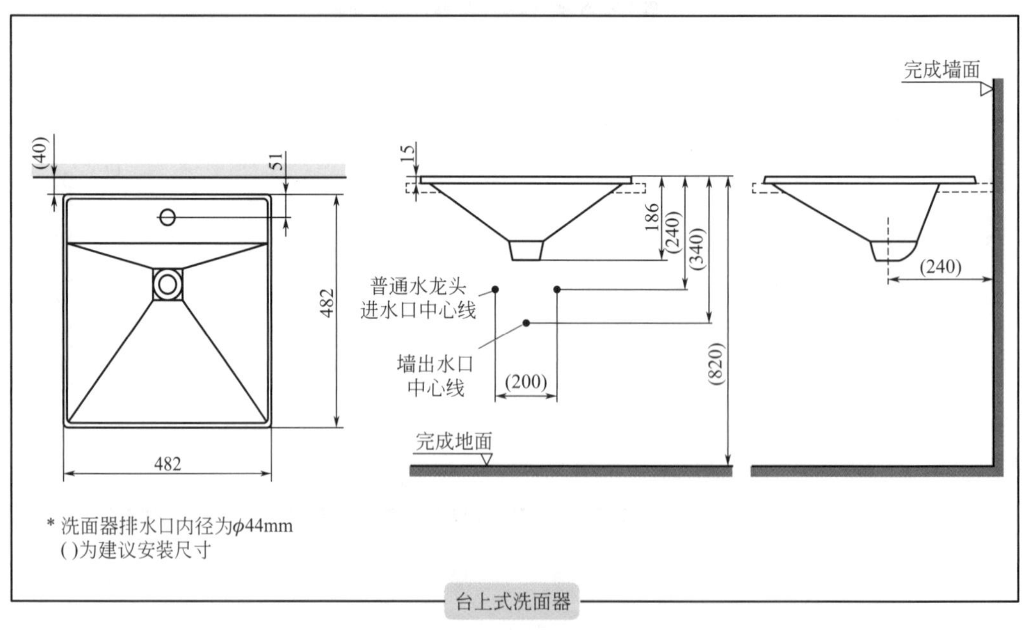

图 7-31　台上式洗面器的安装图例（单位：mm）

7.2.18　桌上式洗面器的特点与安装

桌上式洗面器的安装图例如图 7-32 所示。

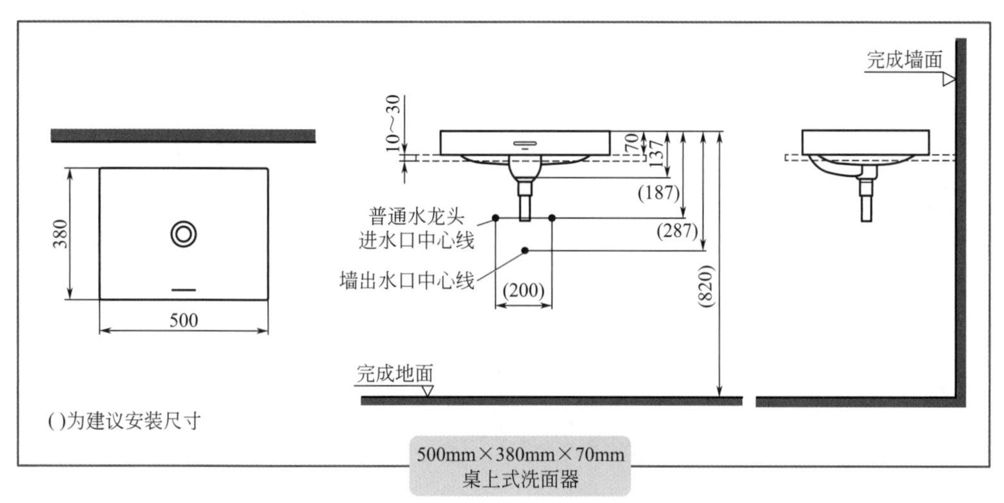

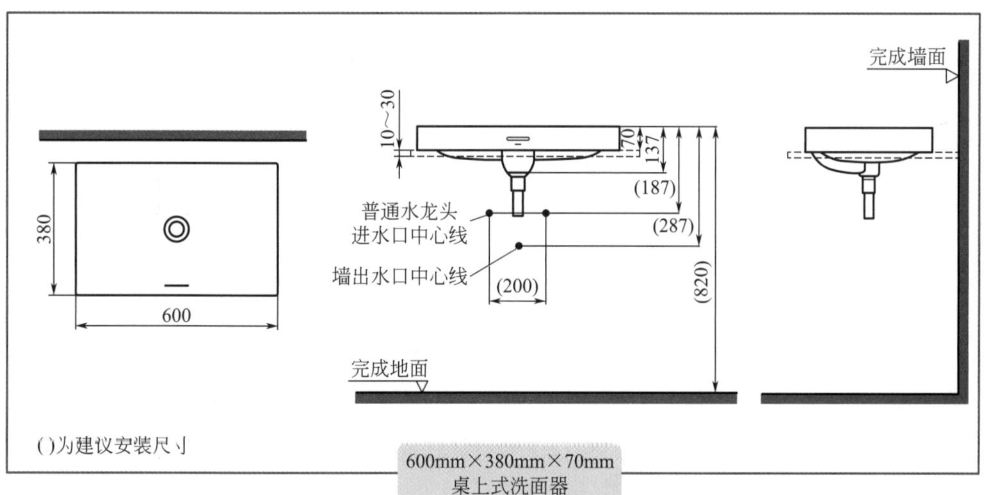

图 7-32　桌上式洗面器的安装图例（单位：mm）

桌上式洗面器图例如图 7-33 所示。

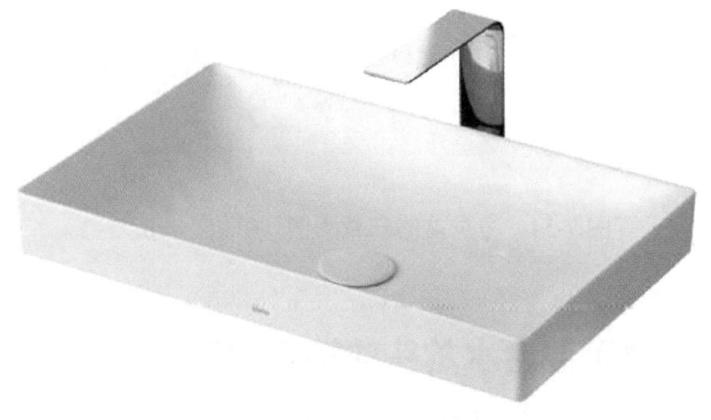

图 7-33　桌上式洗面器图例

7.2.19 净身盆的特点与安装

净身盆的安装图例如图 7-34 所示。

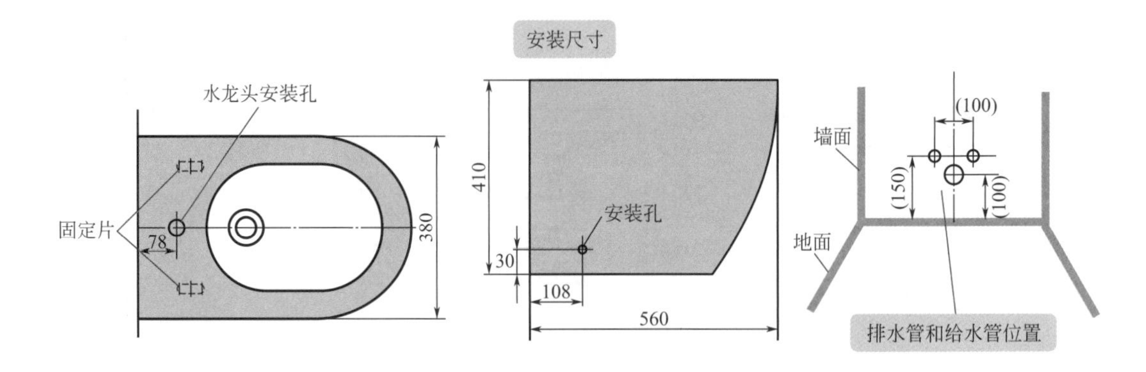

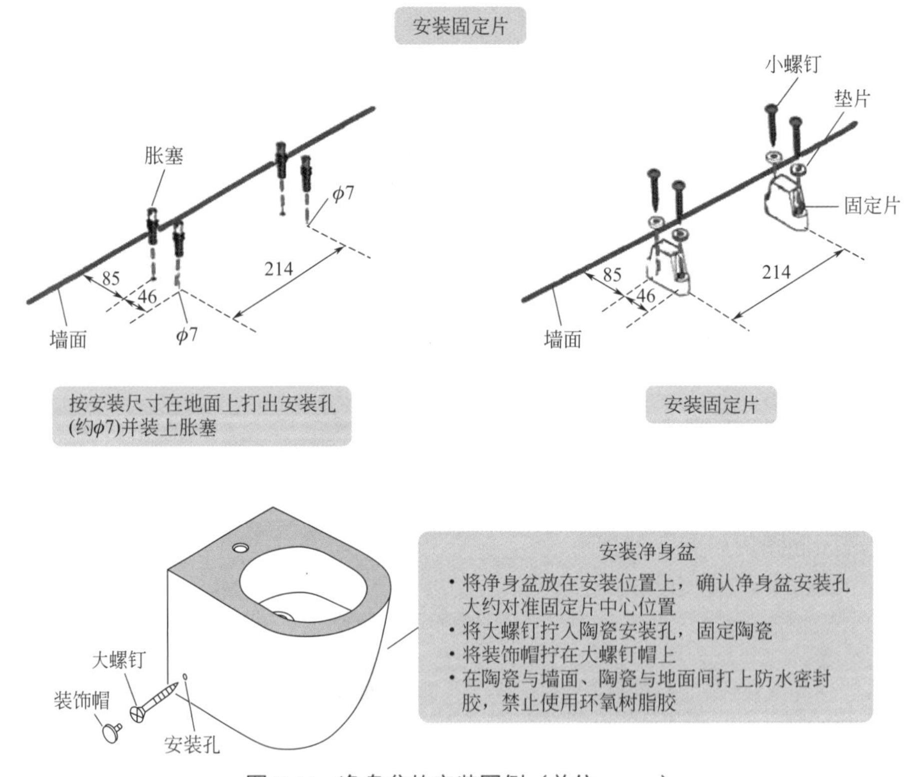

图 7-34 净身盆的安装图例（单位：mm）

7.2.20 单孔洗脸盆用混合水龙头的特点与安装

单孔洗脸盆用混合水龙头相关零件如图 7-35 所示。

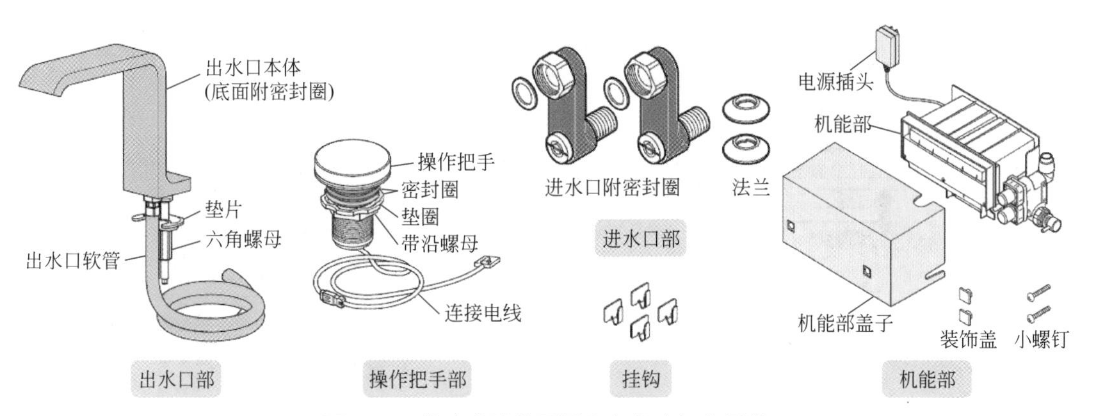

图 7-35　单孔洗脸盆用混合水龙头相关零件

单孔洗脸盆用混合水龙头的应用如图 7-36 所示。

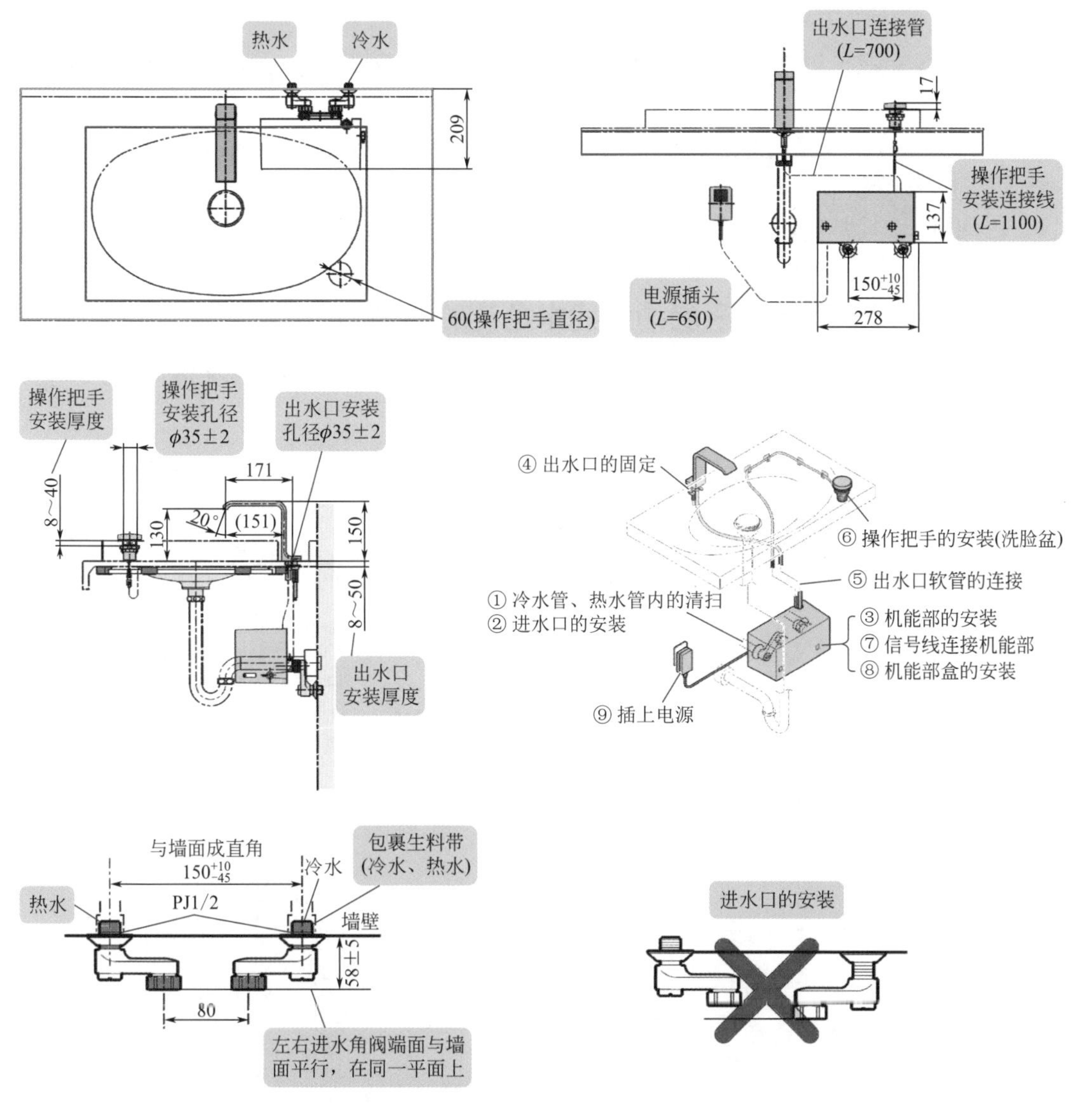

图 7-36

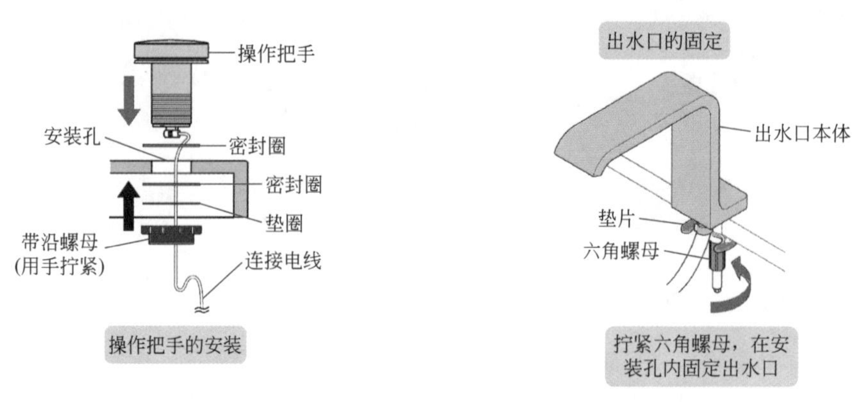

图 7-36 单孔洗脸盆用混合水龙头的应用（单位：mm）

提醒

水龙头的安装高度如下。

① 一般而言，淋浴器固定在浴盆、沐浴屏上方中间，高度从浴缸底部算起大约2m。

② 一般而言，浴缸的上沿离地面不宜超过500mm。浴缸的水龙头嘴与浴缸下水口中心相对，高度从浴缸上沿算为120～180mm。

③ 洗脸盆、洗手盆离地面的高度（从盆沿算起）为780～820mm。

7.2.21 台式单柄双控厨房抽取式水龙头的特点与安装

台式单柄双控厨房抽取式水龙头进水要求为0.05（动压）～1.0MPa（静压）。一系列水龙头的有关数据尺寸与结构如图7-37所示。

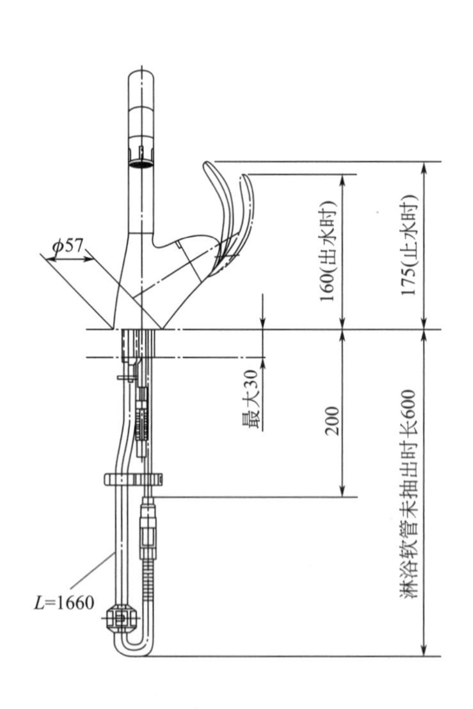

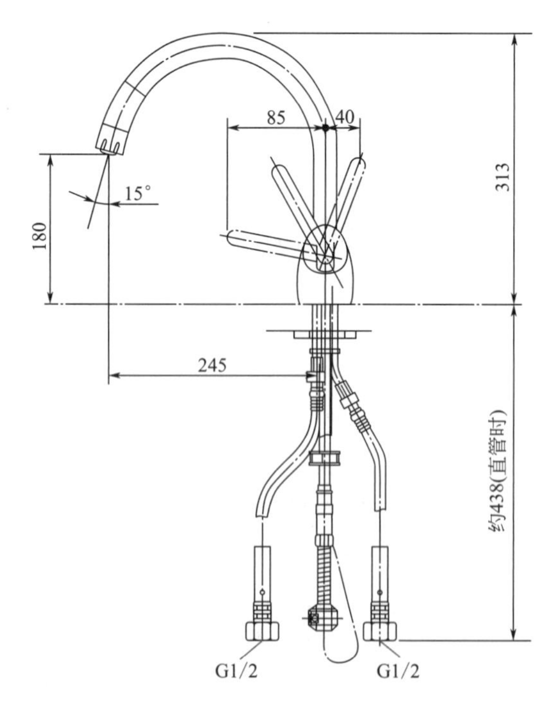

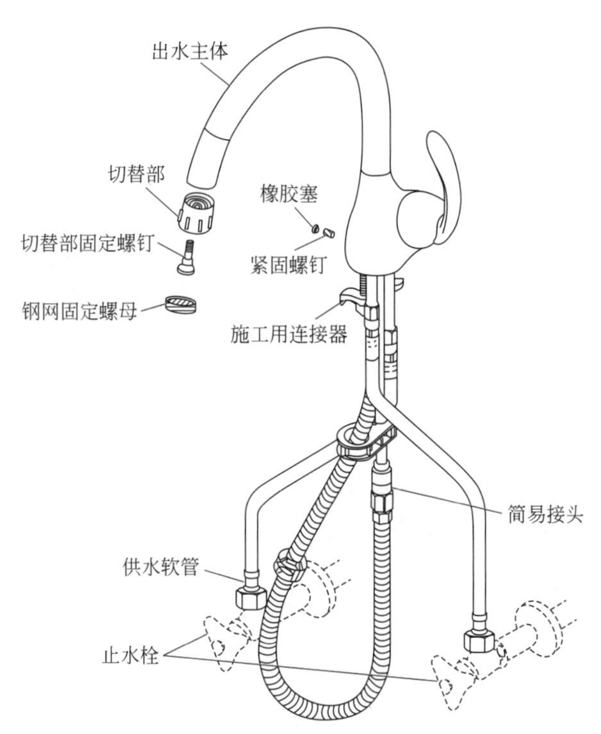

图 7-37　一系列水龙头的有关数据尺寸与结构（单位：mm）

一系列水龙头安装方法与要点图例如图 7-38 所示。

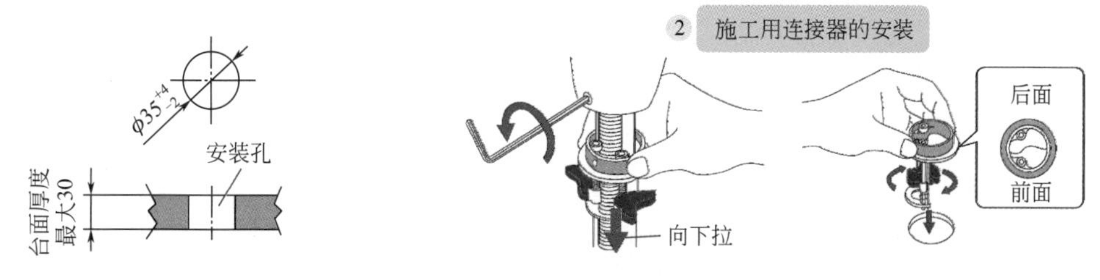

1 • 安装前，一定要冲净供水管内的灰尘、砂砾等异物。安装孔径$\phi33\sim\phi39$
• 使用已有安装孔的水槽时，注意安装孔是否合适

用六角扳手将紧固螺钉松动。螺钉松动后向下拉，取下施工用连接器

• 将施工用连接器下部两个页片合到一起
• 将施工用连接器插入安装孔内，注意施工用连接器的方向

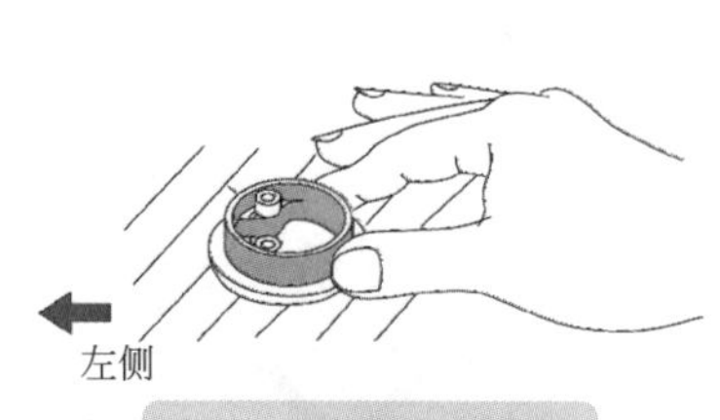

将施工连接器向左侧移动，直到不能动为止

将六角扳手竖起，紧固螺钉(确认页片是否打开)

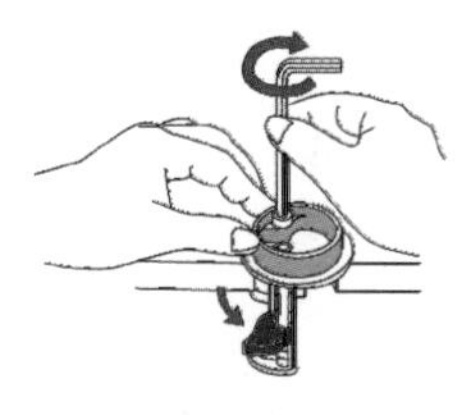

确认页片不可回转

将六角扳手横过来后用力紧固

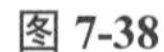

图 7-38

3 水龙头本体的安装

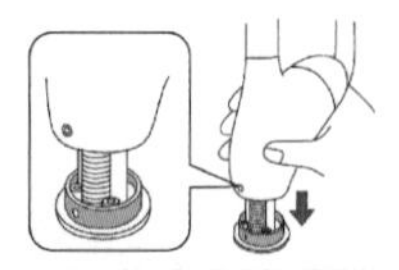

·先将淋浴软管从施工用连接器上部插入，再将冷热水供水管插入
·将本体的紧固螺钉与施工用连接器的定位孔对准
·水龙头放不进时，将紧固螺钉松一下

·将水龙头本体固定，螺钉用力旋紧
·将橡胶塞压入本体的紧固螺钉孔内

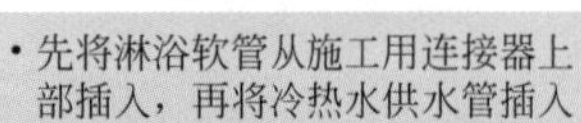

4 供冷、热水软管施工注意点

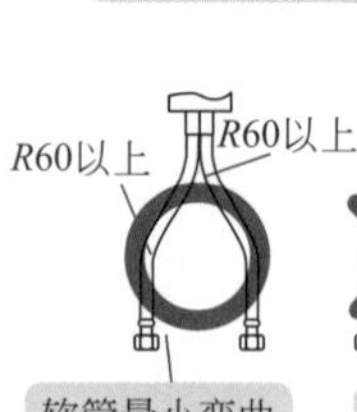
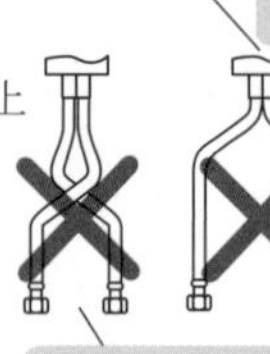
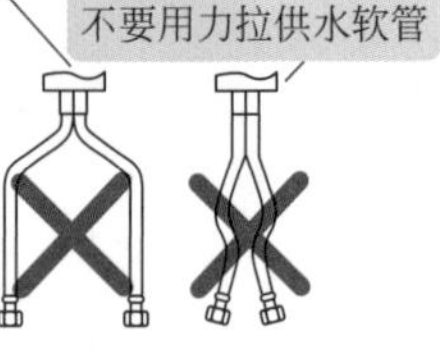
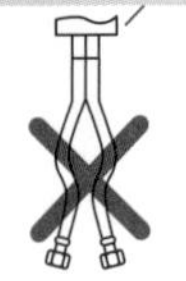

图 7-38　一系列水龙头安装方法与要点图例（单位：mm）

提醒

不同水龙头的有关数据尺寸不同，但是基本安装方法可以参考。

7.2.22　感应式大便器冲洗阀的特点与安装

选择感应式大便器冲洗阀需要注意的参数有冲水量、水效等级、电源、感知距离、感应时间、进水管径、进水要求等。例如某感应式大便器冲洗阀的参数见表 7-6。

表 7-6　某感应式大便器冲洗阀的参数

参数名称	参数
冲水量	6L
水效等级	3 级
电源	碱性干电池型
感知距离	距感知窗前 800mm 以内
感应时间	≥ 6s
进水管径	1in（内径 25mm）
环境温度	0 ～ 40℃
进水要求	0.07（动压）～ 0.75MPa（静压）

感应式大便器冲洗阀的特点与安装图例如图 7-39 所示。

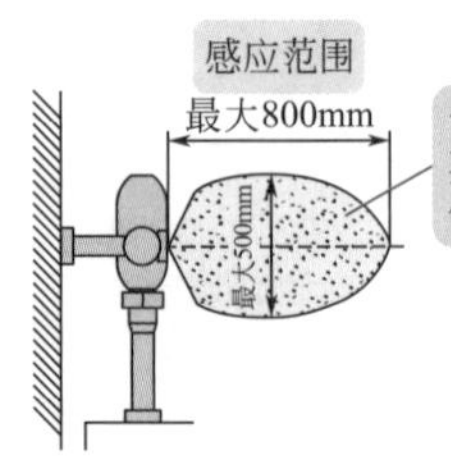

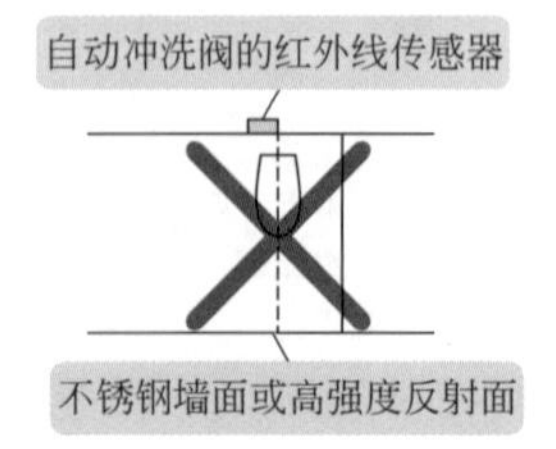

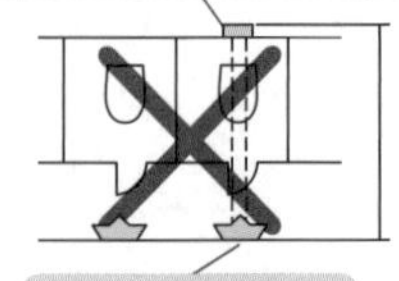

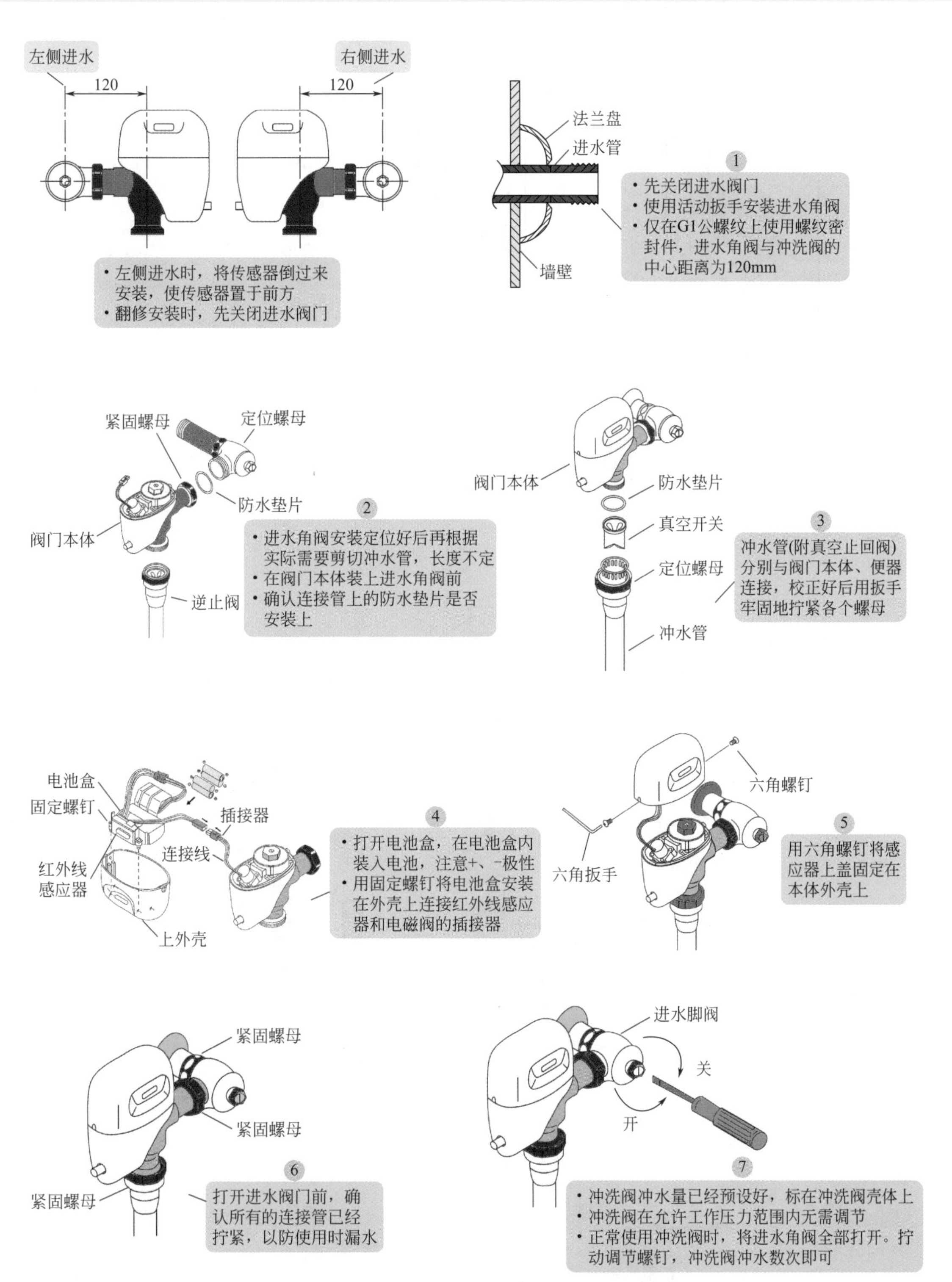

图 7-39　感应式大便器冲洗阀的特点与安装图例（单位：mm）

另外一款感应式大便器冲洗阀的主要安装要点如图 7-40 所示。

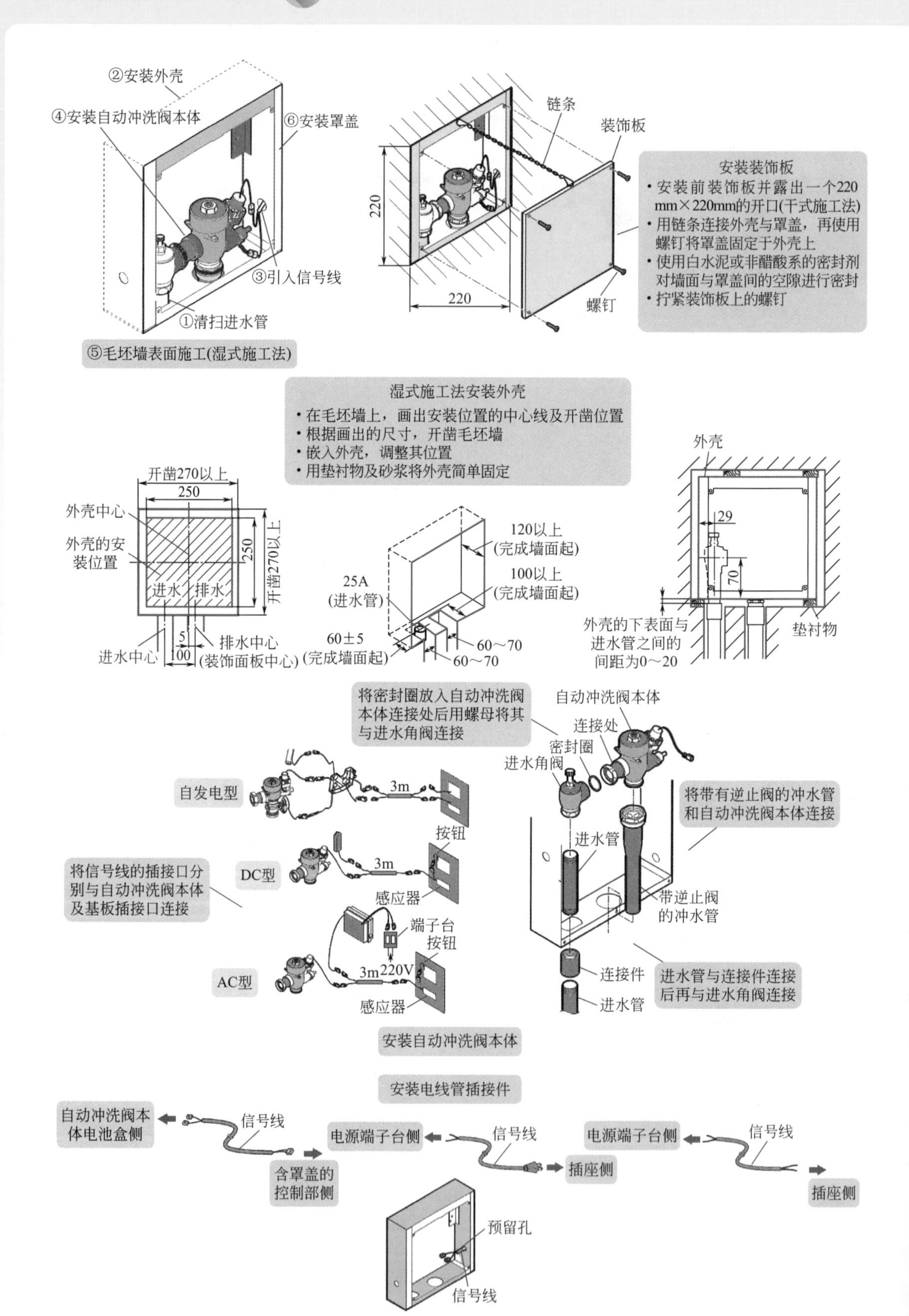

②安装外壳
④安装自动冲洗阀本体
⑥安装罩盖
③引入信号线
①清扫进水管
⑤毛坯墙表面施工(湿式施工法)
链条
装饰板
220
220
螺钉
安装装饰板
·安装前装饰板并露出一个220mm×220mm的开口(干式施工法)
·用链条连接外壳与罩盖，再使用螺钉将罩盖固定于外壳上
·使用白水泥或非醋酸系的密封剂对墙面与罩盖间的空隙进行密封
·拧紧装饰板上的螺钉
湿式施工法安装外壳
·在毛坯墙上，画出安装位置的中心线及开凿位置
·根据画出的尺寸，开凿毛坯墙
·嵌入外壳，调整其位置
·用垫衬物及砂浆将外壳简单固定
开凿270以上
250
外壳中心
外壳的安装位置
250
开凿270以上
进水
排水
5
100
进水中心
排水中心(装饰面板中心)
120以上(完成墙面起)
100以上(完成墙面起)
25A(进水管)
60±5(完成墙面起)
60～70
60～70
外壳
29
70
外壳的下表面与进水管之间的间距为0～20
垫衬物
将密封圈放入自动冲洗阀本体连接处后用螺母将其与进水角阀连接
自动冲洗阀本体
连接处
密封圈
进水角阀
自发电型
3m
按钮
DC型
3m
感应器
将信号线的插接口分别与自动冲洗阀本体及基板插接口连接
端子台
按钮
AC型
3m
220V
感应器
将带有逆止阀的冲水管和自动冲洗阀本体连接
进水管
带逆止阀的冲水管
连接件
进水管
进水管与连接件连接后再与进水角阀连接
安装自动冲洗阀本体
安装电线管插接件
自动冲洗阀本体电池盒侧
信号线
含罩盖的控制部侧
电源端子台侧
信号线
插座侧
电源端子台侧
信号线
插座侧
预留孔
信号线

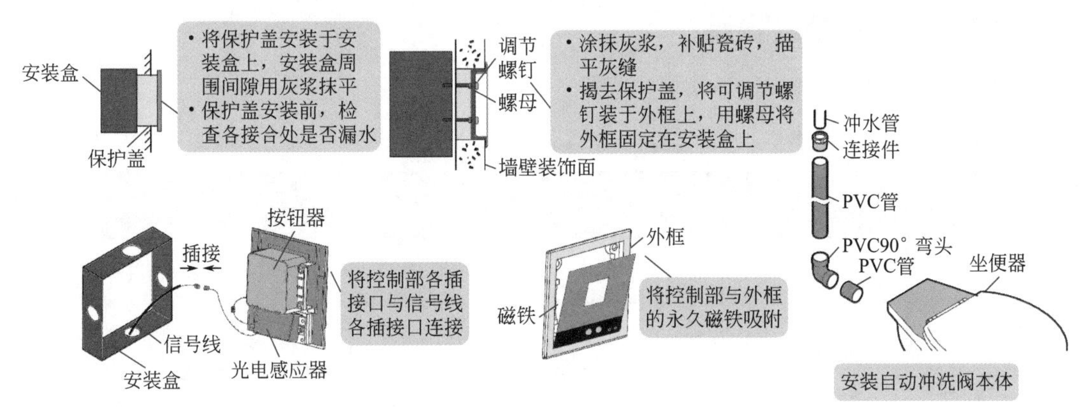

图 7-40　另外一款感应式大便器冲洗阀的主要安装要点（单位：mm）

其他一些感应式大便器冲洗阀的安装图例见表 7-7。

表 7-7　其他一些感应式大便器冲洗阀的安装图例

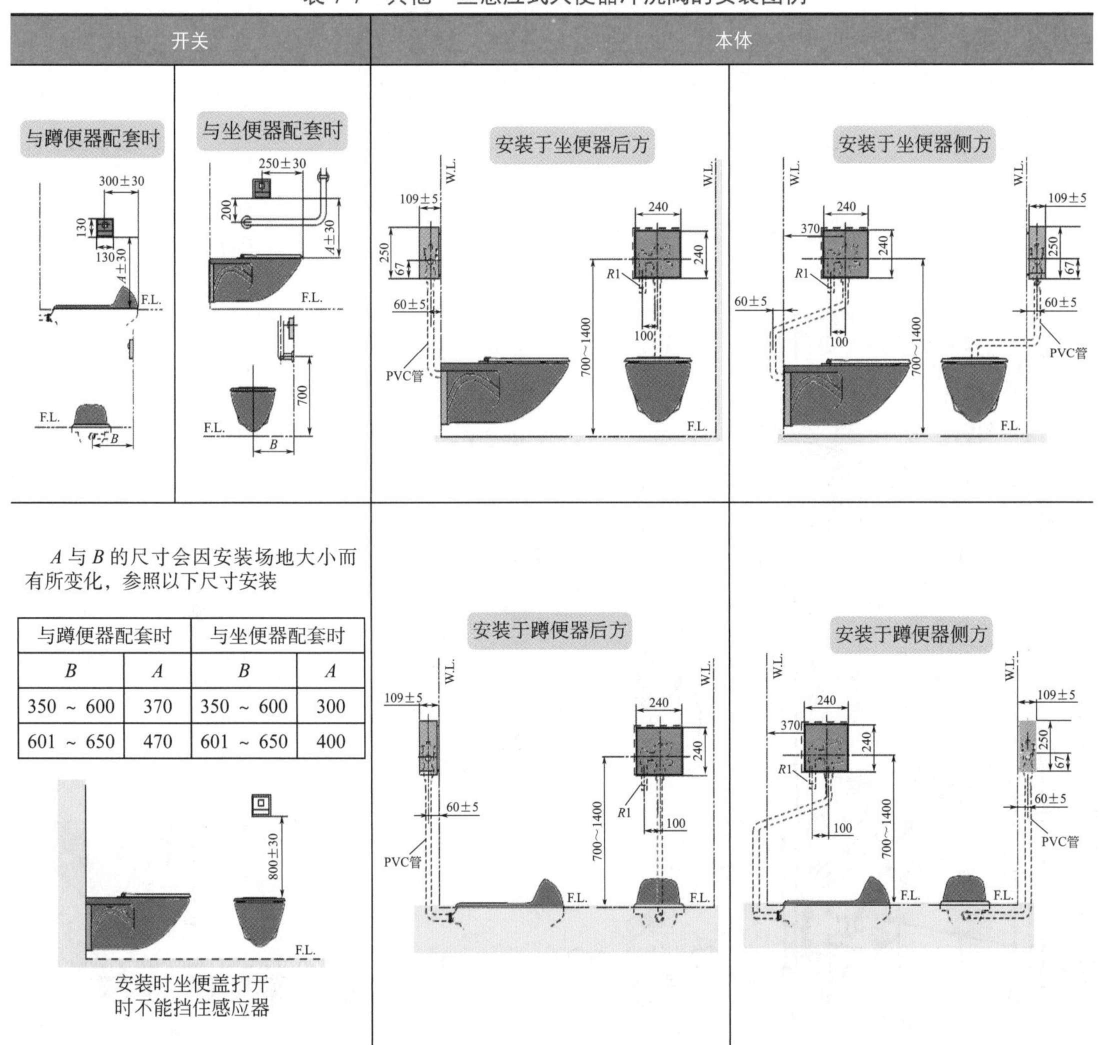

与蹲便器配套时		与坐便器配套时	
B	A	B	A
350 ~ 600	370	350 ~ 600	300
601 ~ 650	470	601 ~ 650	400

注：除标注的单位外，其他单位一般为 mm。

7.2.23 入墙水箱的安装

入墙水箱的结构功能见表 7-8。

表 7-8 入墙水箱的结构功能

名称	用途	名称	用途
膨胀螺栓组	机架固定用	长螺杆	固定便器用
保护框	砌墙时为按钮面板预留空间用	透明杆套	保护长螺杆用
保护盖	防止装修时杂物进入水箱	固定便器零件组	固定便器用
管夹	固定排污弯管用	堵头	砌墙时为冲刷直管和排水直管预留空间用
排污弯管	便器排污管道	角阀	进水阀开关
排污直管件	用于便器的连接及与墙面距离的补偿	冲刷弯管	便器供水管道
冲刷直管件			

入墙水箱的安装如图 7-41 所示。

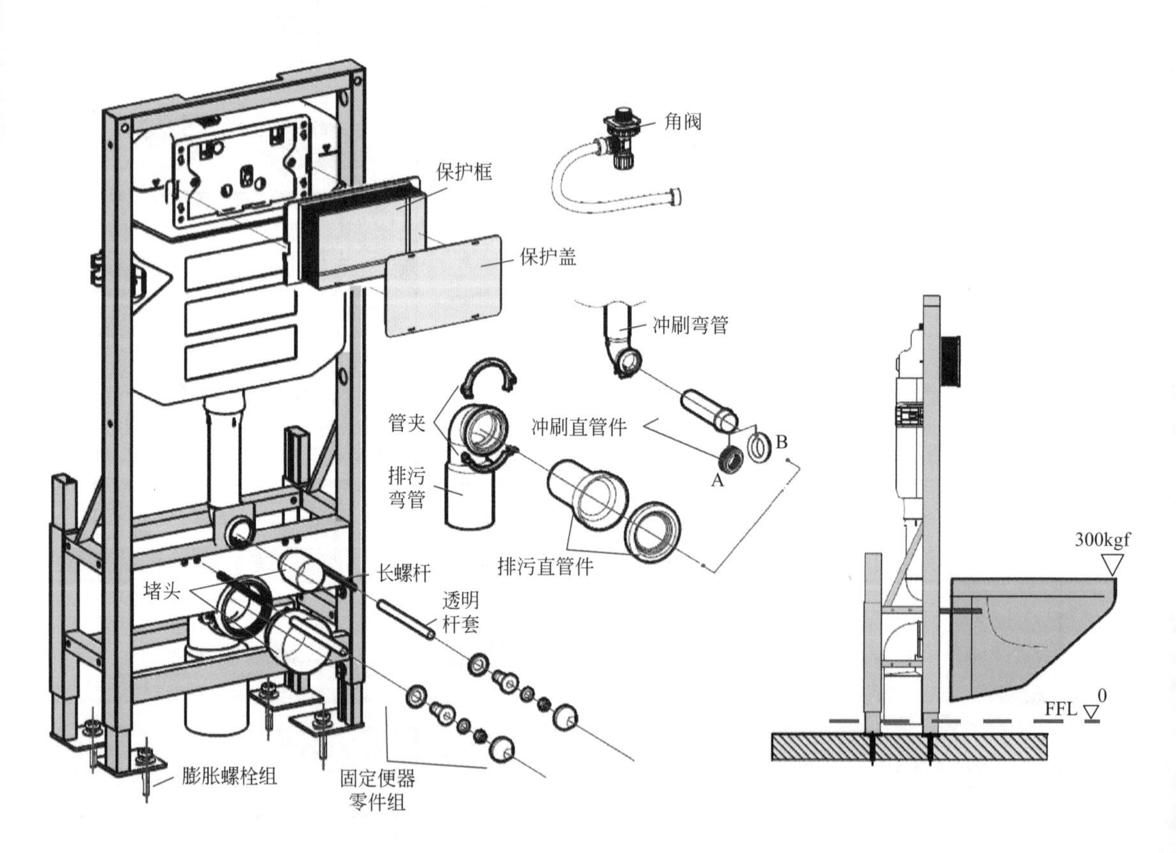

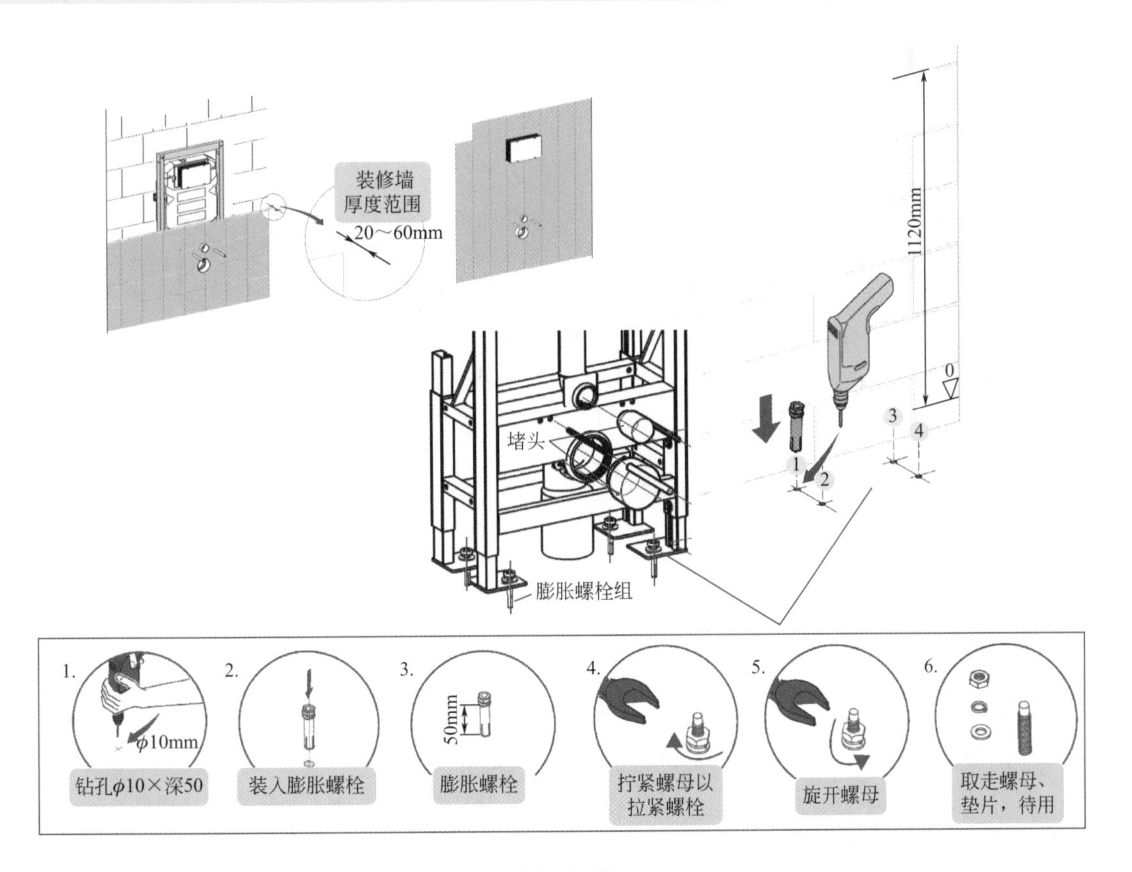
装修墙
厚度范围
20～60mm
1120mm
0
堵头
3
4
1
2
膨胀螺栓组
1.
φ10mm
钻孔φ10×深50
2.
装入膨胀螺栓
3.
50mm
膨胀螺栓
4.
拧紧螺母以
拉紧螺栓
5.
旋开螺母
6.
取走螺母、
垫片，待用

安装坐便器

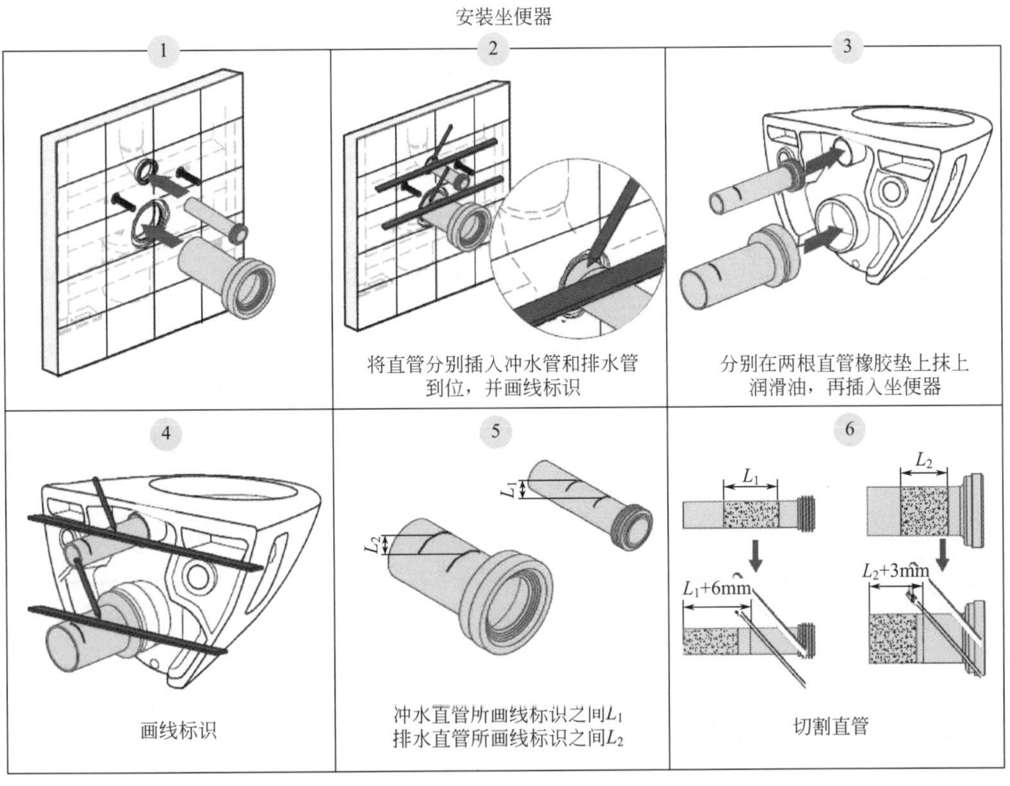
1
2
将直管分别插入冲水管和排水管
到位，并画线标识
3
分别在两根直管橡胶垫上抹上
润滑油，再插入坐便器
4
画线标识
5
L1
L2
冲水直管所画线标识之间L1
排水直管所画线标识之间L2
6
L1
L2
L1+6mm
L2+3mm
切割直管

图 7-41

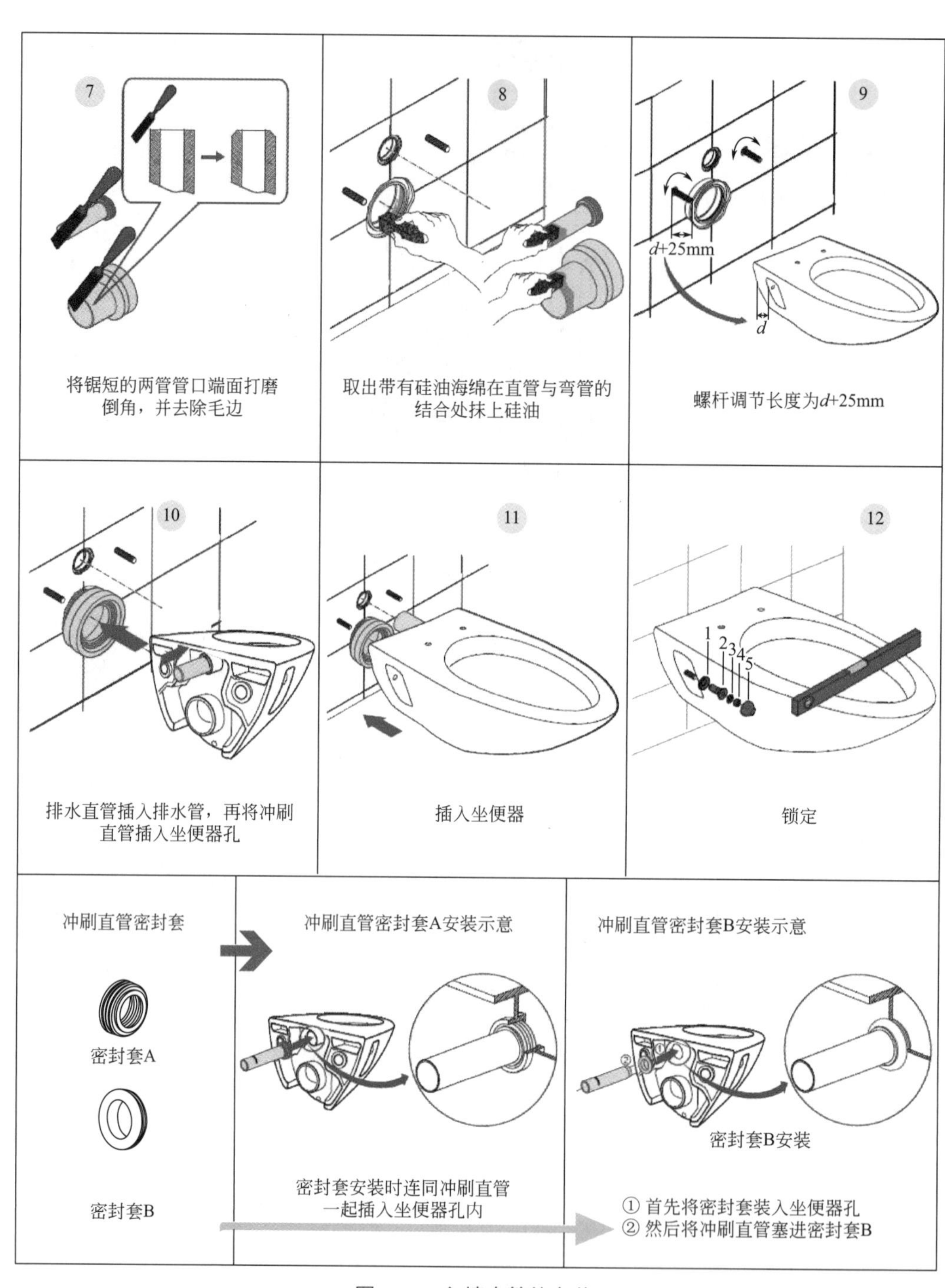

图 7-41　入墙水箱的安装

7.2.24　梳洗柜的特点与安装

梳洗柜的特点与安装如图 7-42 所示。

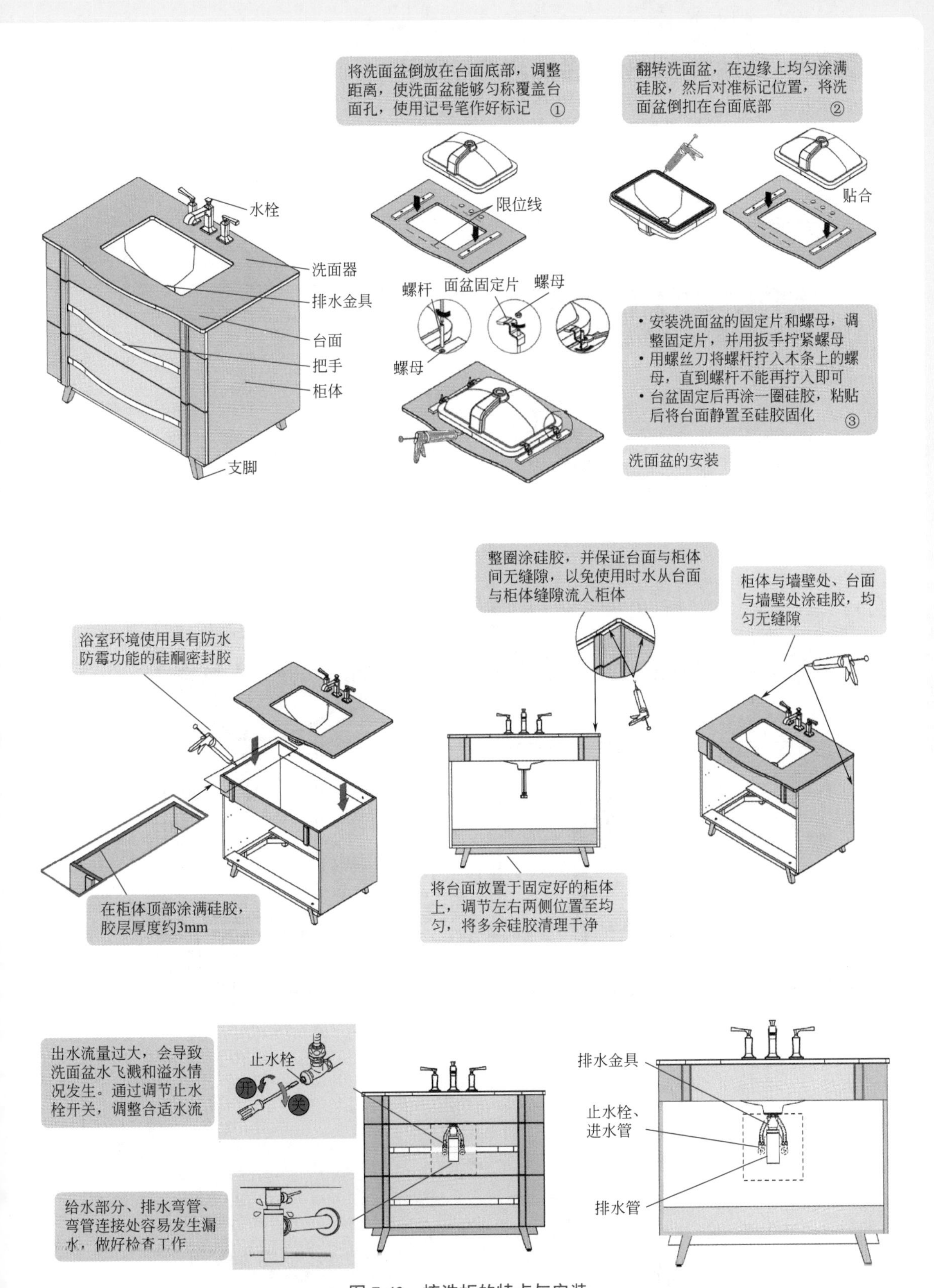

图 7-42　梳洗柜的特点与安装

7.2.25 落地式洗脸化妆台的特点与安装

落地式洗脸化妆台的特点与安装如图 7-43 所示。

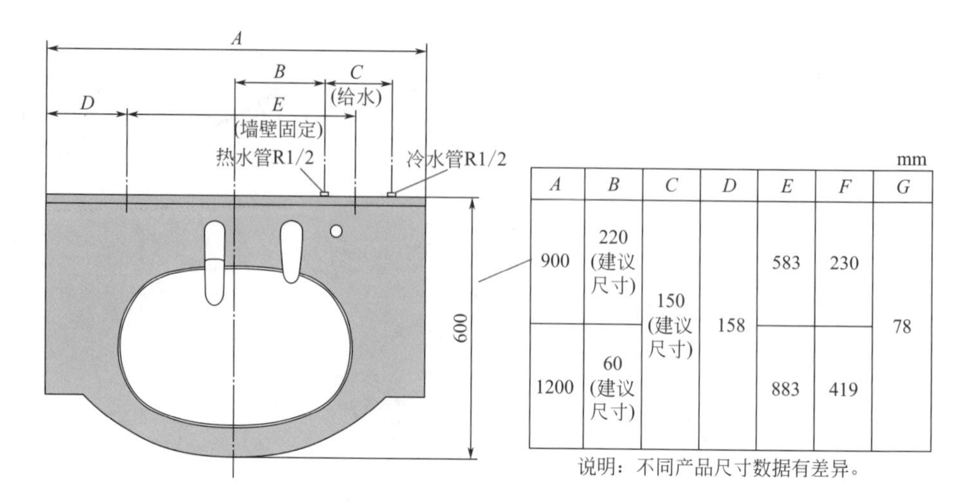

A	B	C	D	E	F	G
900	220(建议尺寸)	150(建议尺寸)	158	583	230	78
1200	60(建议尺寸)			883	419	

说明：不同产品尺寸数据有差异。

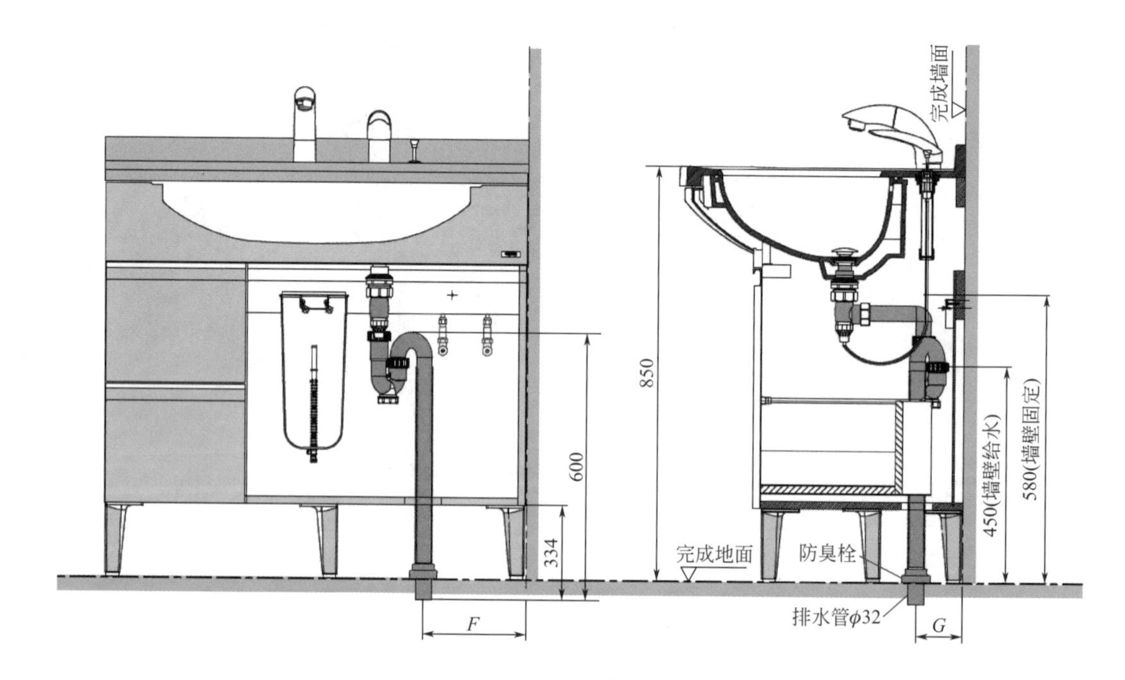

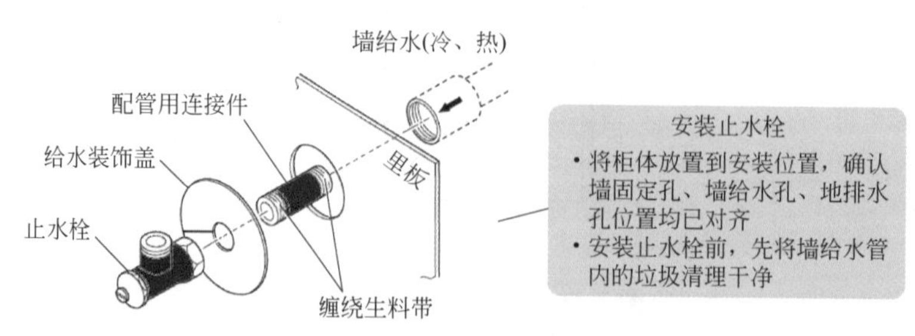

图 7-43　落地式洗脸化妆台的特点与安装（单位：mm）

落地式洗脸化妆台安装步骤的要点如下。

① 墙体作业。墙体作业时，需要参照施工尺寸图，在墙壁上钻孔以及将配件内的膨胀管埋入墙壁内，如图 7-44 所示。

在墙壁上钻孔，并将配件内的膨胀管埋入墙壁内

墙壁固定孔
ϕ8，深45mm
膨胀管
完成墙面
墙给水(热)
墙给水(冷)
地排水管
距地面约80mm
根据给水位置，在地板上自行开孔
完成地面

图 7-44　墙体作业

② 排水弯管的安装。安装排水弯管主要安装步骤如下。

a. 首先把排水管连接，如图 7-45 所示。

b. 把排水管放入排污管内，并且用防臭栓将排污管盖上，防止异味通过排污管进入房间内，如图 7-46 所示。

c. 撕去排水装饰盖背面的胶纸，然后将其粘贴在底板上。

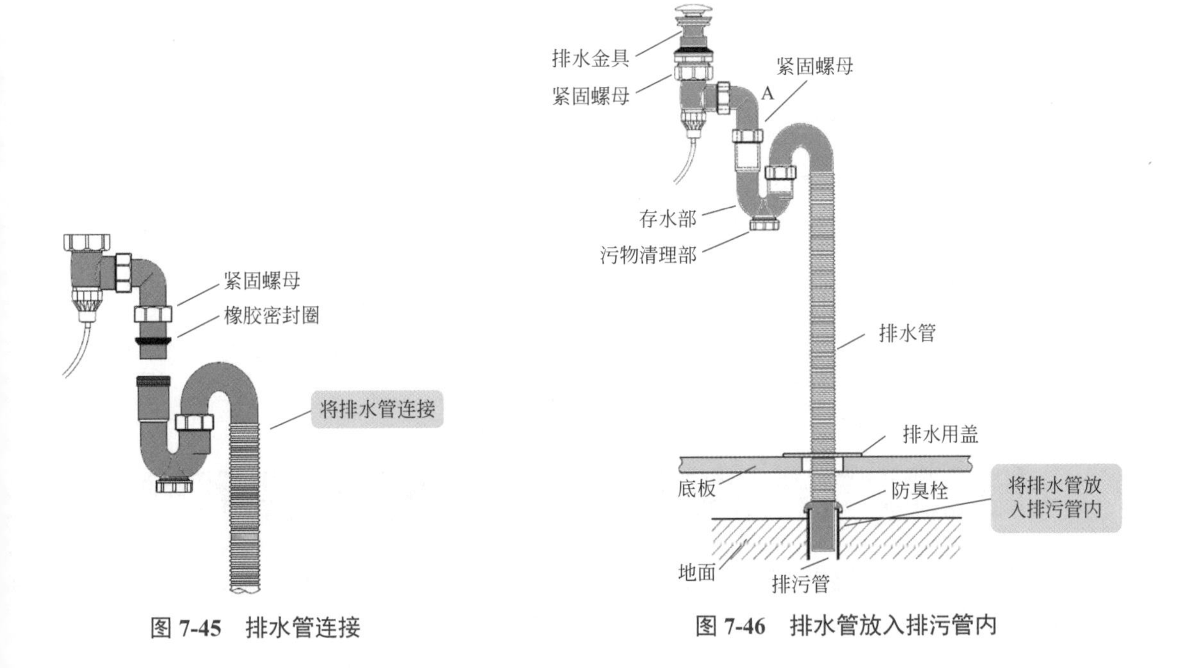

图 7-45　排水管连接

图 7-46　排水管放入排污管内

提醒

落地式洗脸化妆台的安装注意点如下。

① 落地式洗脸化妆台必须安装墙壁固定螺钉，并且在安装完成后确认柜体被牢牢固定在墙壁上。

② 热水管、冷水管不要装反，以免导致烫伤。

③ 发生冻结现象的区域必须进行防冻工作，以免冻结后漏水导致受损。

④ 安装完成后必须确认给水管、排水管没有漏水现象发生。

7.2.26 洗脸盆水管安装尺寸

洗脸盆水管安装尺寸如图 7-47 所示。

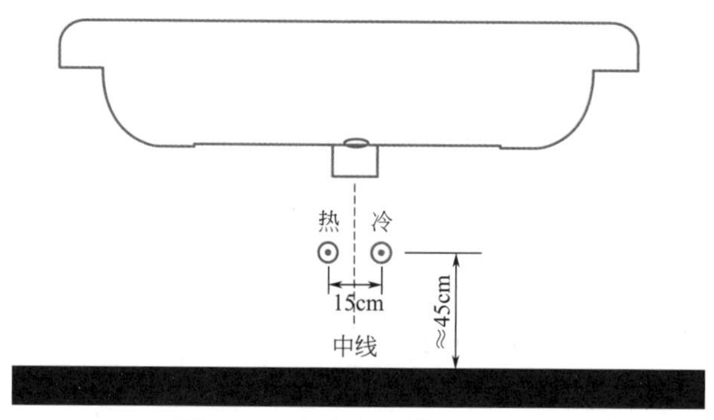

图 7-47 洗脸盆水管安装尺寸

7.2.27 淋浴房方向的判断

淋浴房方向的判断方法图例如图 7-48 所示。

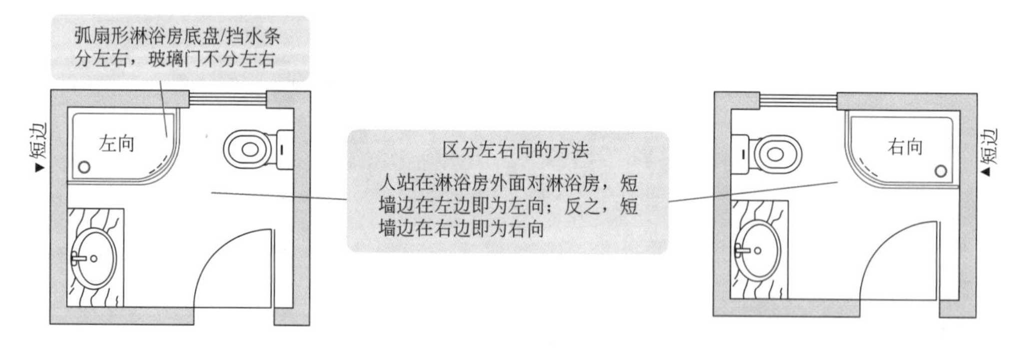

图 7-48 淋浴房方向的判断方法图例

提醒

淋浴房的冷热水管的出水口至少设置在离地面 1.1m 高处，距离墙面最少 45cm，连接出水口的向上水管要在 1m 外才能够固定，如图 7-49 所示。

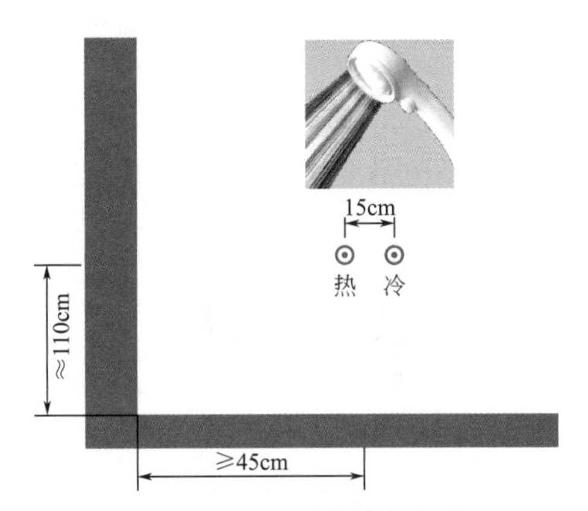

图 7-49　冷热水管位置要求

7.2.28　花洒头（喷头）的安装

花洒头（喷头）的安装方法如图 7-50 所示。

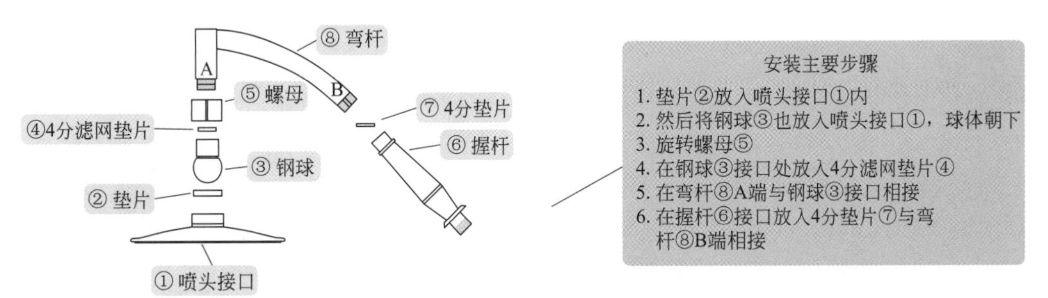

图 7-50　花洒头（喷头）的安装方法

7.2.29　曲脚的特点与安装

曲脚外形如图 7-51 所示。

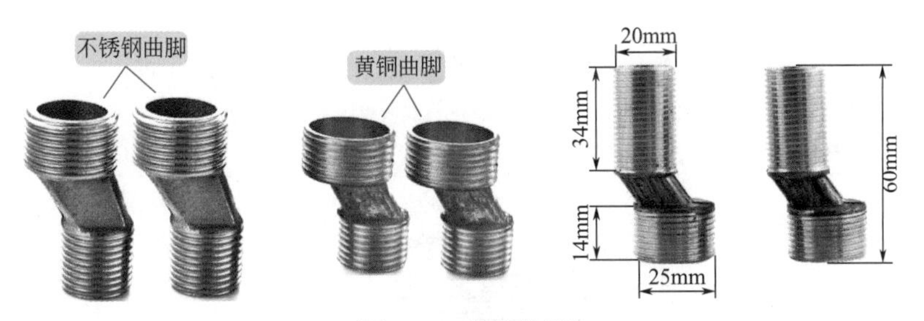

图 7-51　曲脚外形

曲脚的安装如图 7-52 所示。

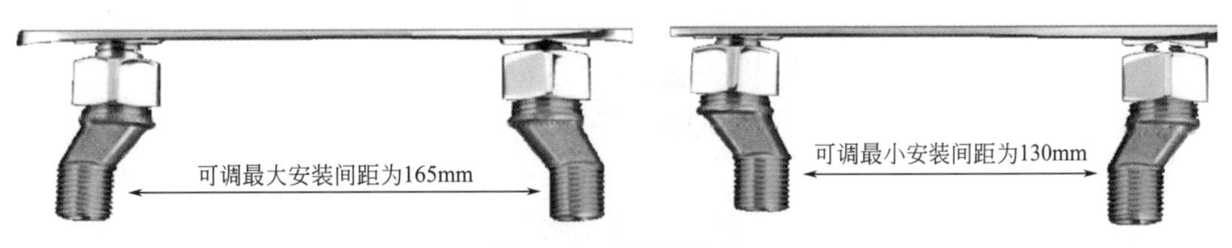

图 7-52　曲脚的安装

7.2.30 花洒座子的安装

一款花洒座子的安装如图 7-53 所示。

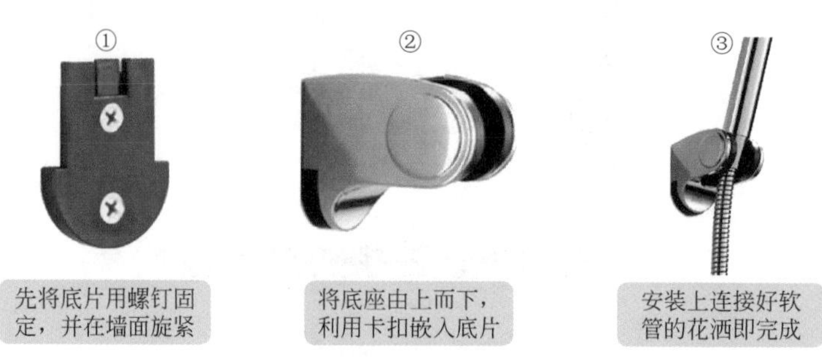

图 7-53 花洒座子的安装

7.2.31 厕纸盒的安装

厕纸盒的安装如图 7-54 所示。

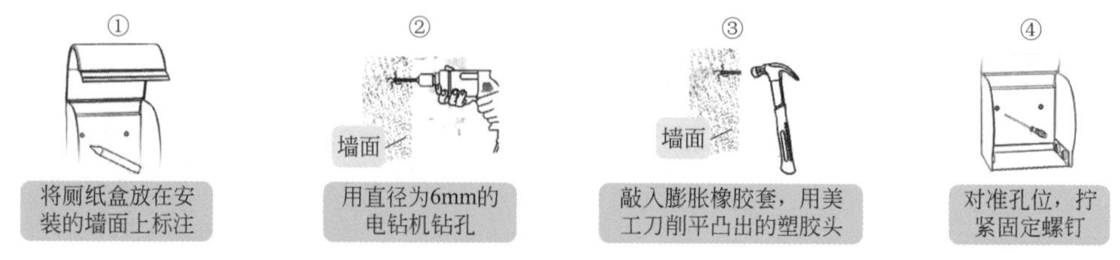

图 7-54 厕纸盒的安装

7.2.32 角篮的安装

角篮的安装如图 7-55 所示。

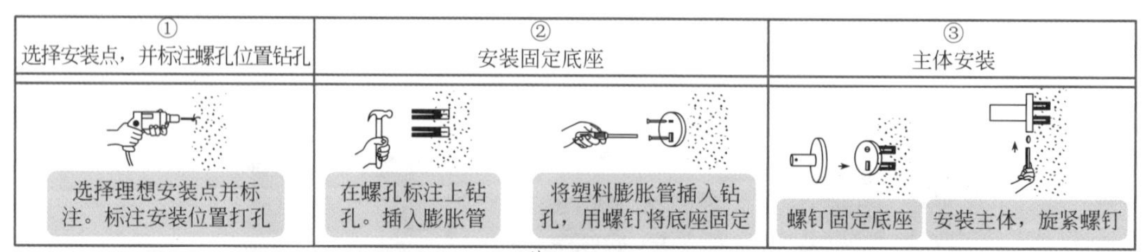

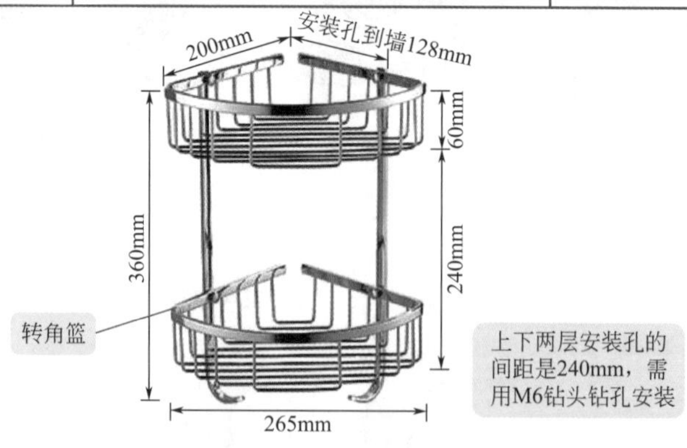

图 7-55 角篮的安装

第 8 章

电工技能轻松掌握

8.1 配电箱与空开

8.1.1 配电箱回路与要求

配电箱回路与要求如下。

① 每户应设置分户配电箱。分户配电箱安装位置应放在易于操作、便于维修的地方。配电箱的大小根据回路数来选择，回路需要确保负荷正常使用与安全分控。配电箱回路控制的漏电断路器漏电动作电流应不大于 30mA，并且需要有过负荷、过电压保护功能。

② 配电箱底面离地面高度一般为 1.8m。家装原配电箱位置一般不可移位，如果需要移位，则需要加过渡盒。可以将强配电箱与弱配电箱安装在同一面墙壁上，但是需要强配电箱在上、弱配电箱在下，如图 8-1 所示。

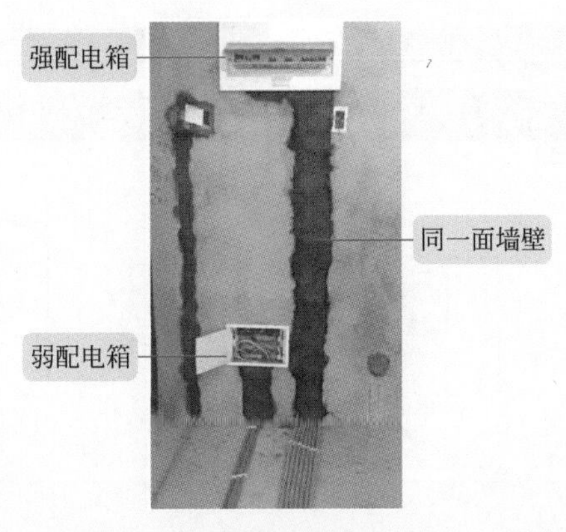

图 8-1 强配电箱与弱配电箱安装在同一面墙壁上

③ 配电箱回路，一般照明分一个回路，功率大或者有操作分控要求的再分几个回路。一般厨房插座分一个回路，功率大或者有操作分控要求的再分几个回路。卫生间分一个回路，功率大或者有操作分控要求的再分几个回路。卫生间内安装浴霸时应单独分路，卫生间内安装电水器时应单独分路。

④ 普通插座超过 25 只的需要增加分路进行分控。

⑤ 灯具超过 25 只的需要增加分路进行分控。

⑥ 配电箱入户总开（断路器）最少为 60A 以上，客厅与空调断路器最好为 40A。

⑦ 不同回路的零线、地线在配电箱内部实现电气连接，配电箱引出外箱两路线的零线、地线不能共用。两路线也不能穿同一管。电线与暖气管、热水管、煤气管间的平行距离不应小于 300mm，交叉距离不应小于 100mm。

⑧ 配电箱与各回路配线均需要规范，并且电线要分色。强配电箱内部线路如图 8-2 所示。

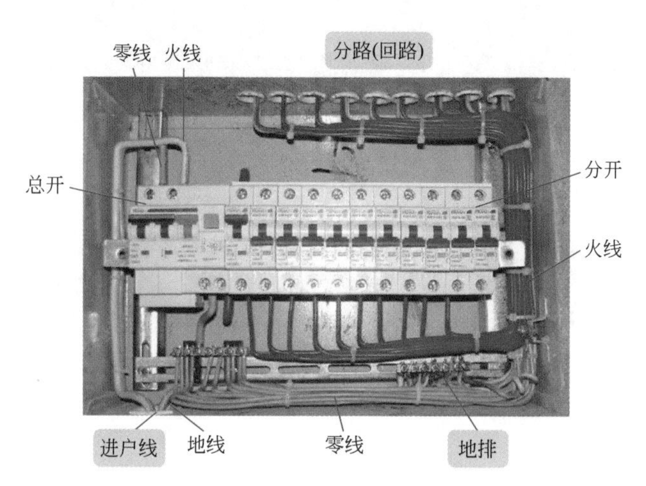

图 8-2 强配电箱内部线路

8.1.2 总控与分控空开的连接关系

总控空开，就是全线路均控制的总断路器。分控空开，就是某一支线路控制的分断路器。总控空开与分控空开的连接关系如图 8-3 所示。

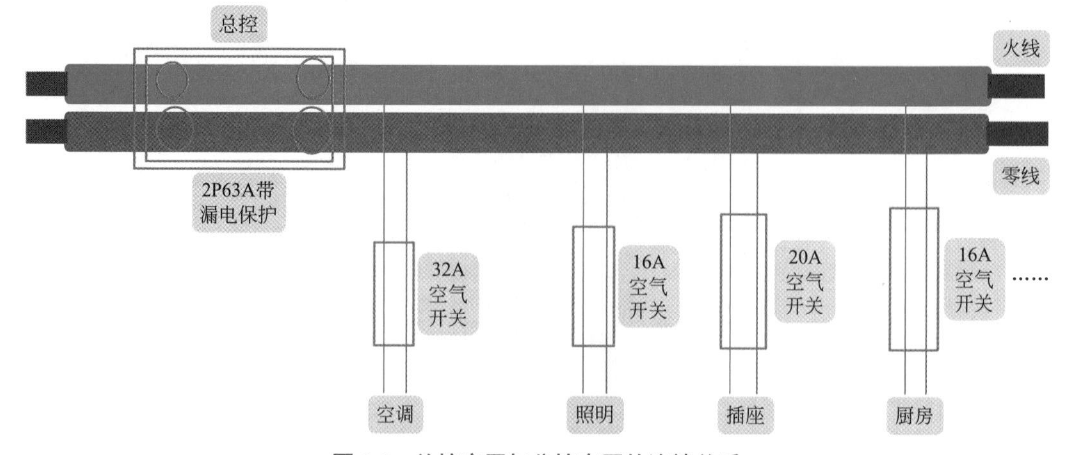

图 8-3 总控空开与分控空开的连接关系

分控空开的火线引入是影响配电箱线路整齐的一个关键，如图 8-4 所示。

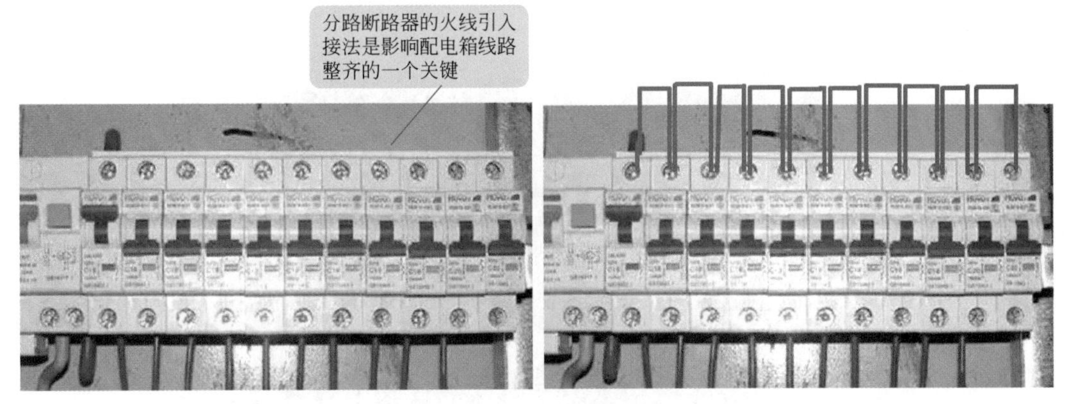

图 8-4 分控空开的火线引入

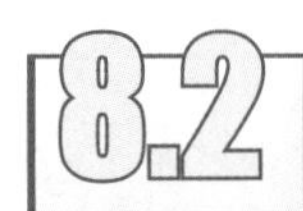

8.2 底盒与线管、线路

8.2.1 底盒安装要求

① 强弱电不能共用底盒，以避免磁场干扰。线盒（底盒）安装时，同种线盒间的距离保持在 5cm 以上，不同电路线盒间的距离保持在 150 ～ 200mm。

② 预埋固定底盒时，需要用水平尺来校正，确保底盒水平端正。

③ 底盒在安装面板前，需要使用保护盖板进行保护。

一款贯通联扣式底盒的安装如图 8-5 所示。

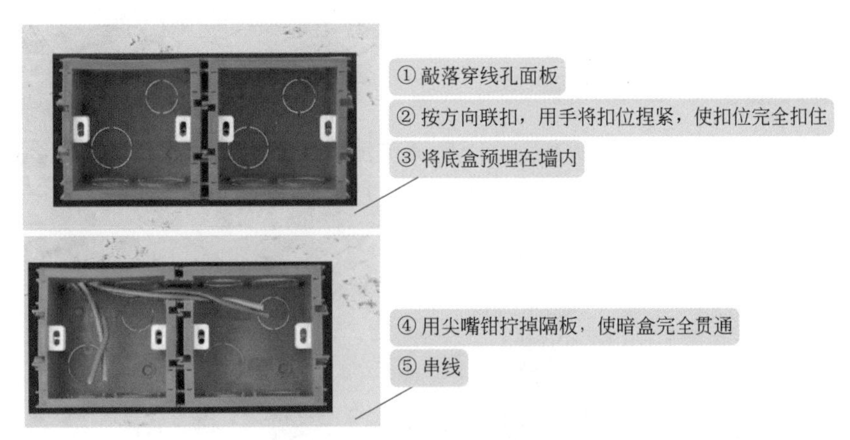

图 8-5 一款贯通联扣式底盒的安装

8.2.2 线管分色与种类

全房布线要合理，不能绕线，所有电线要满足用电器最大功率要求。走线横平竖直是布

电线管最基本的要求。

为了方便施工验收、维修、安装，线管要分色，不能混用。一般绿色管为弱电专用，蓝色管为照明专用，红色管为强电专用，如图 8-6 所示。

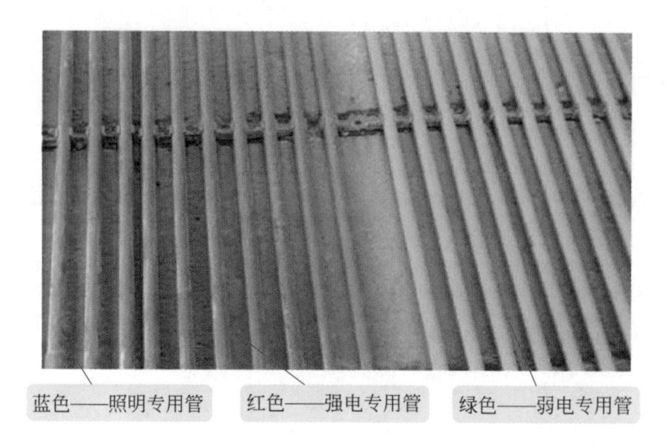

图 8-6 线管要分色

有的只采用红、蓝两色 PVC 管，红色为强电管，蓝色为弱电管，并且一般家装除了过梁使用直径为 8mmPVC 线管外，其他一般统一使用直径为 20mmPVC 线管，即俗称的 4 分 PVC 管。

如果强电线管原来采用的是 PVC 管，则装修施工时需要使用 PVC 管，不能使用镀锌钢导管，否则很难做到整体接地线的连接，以免留下安全隐患。如果强弱电线管原来采用的是镀锌钢导管，则装修施工时采用 PVC 管或者镀锌钢导管都可以。

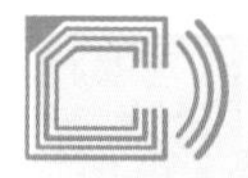

提醒

不同用途的线缆线管分色，有利于安装、检修时的辨认、区别。

8.2.3 布管需确保地面水平

布管时，地面有找平层的弹线开槽，不能随意抬高整体地面标高与局部标高。如果因线管交叉导致标高抬高，则可以在交叉处开小槽，并且把底下的线管压在槽内，以确保上面的线管与地面水平的要求，如图 8-7 所示。

图 8-7 确保地面水平

提醒

为了确保布管时的高度达到要求，则可以在墙面上划出地面最后的装饰高度，必要时还可以在墙面上划出布管的极限高度，这样的布管就不会影响后续的装修工序与效果。

8.2.4　强电与弱电间布线

强电与弱电布线时严禁同槽、同管、同底盒出线，也就是强电与弱电三不同。另外，强弱电不能够相互经过底盒。强弱电保持一定距离，这样达到抗干扰的目的，如图 8-8 所示。

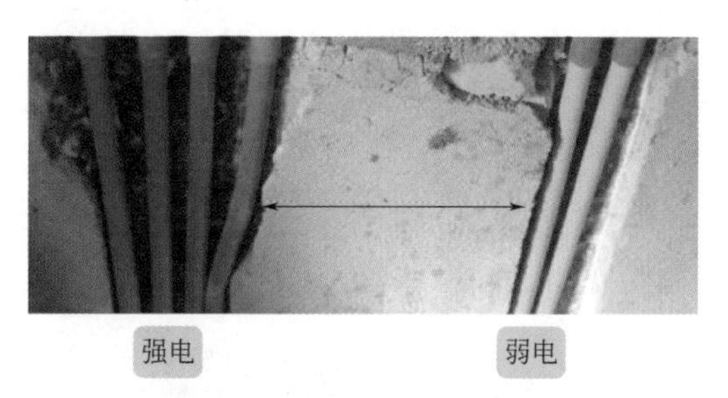

图 8-8　强电与弱电间布线

8.2.5　强弱电交叉处的处理

强弱电之间要分开排线，交叉处要用锡纸进行强弱电防干扰处理，并且锡纸需要至少超出交叉点 200mm，如图 8-9 所示。

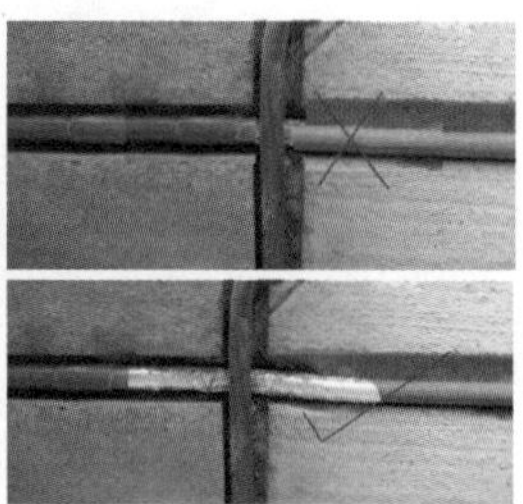

图 8-9　强弱电交叉处的处理

提醒

如果把握不准锡纸的长度要求，则尽量把锡纸敷设长一些。如果是多根交叉，需要根根单独敷设锡纸。

8.2.6 明露线头绝缘处理

开关、插座的明露线头，需要用绝缘胶布处理包好，以免发生触电危险，如图 8-10 所示。

图 8-10 明露线头绝缘处理

8.2.7 潮湿地面禁止走强电管

布管基本原则是横平竖直、美观实用。但是，阳台、卫生间较潮湿的地面禁止走强电管，如图 8-11 所示。

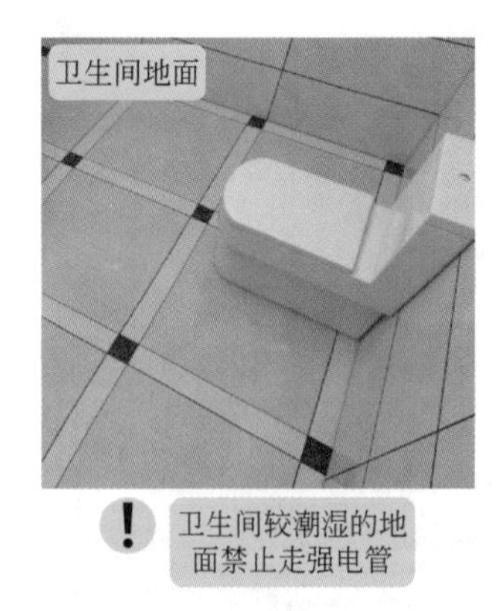

图 8-11 潮湿地面禁止走强电管

8.2.8 金属线管与金属盒箱的连接

当金属线管、金属盒箱连接时，需要与 PE 线连接，如图 8-12 所示。

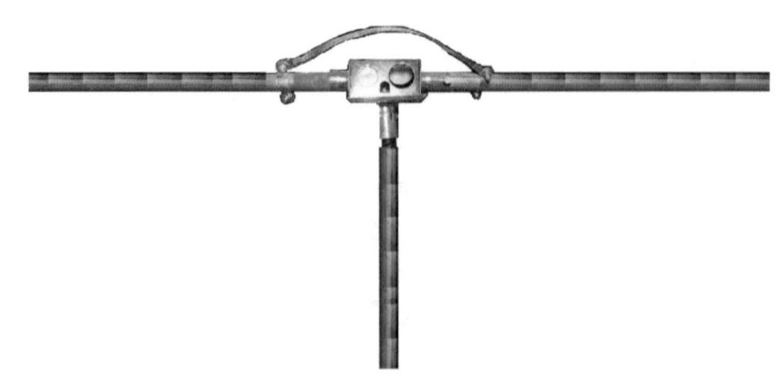

图 8-12 金属线管与金属盒箱的连接

8.2.9　导线接头的连接

导线的接头可以采用专用的接线端子搭接，并且把线头圈好平放在底盒内。线管的连接位置要装好锁母，以及用胶水粘牢，如图 8-13 所示。吊顶导线接头的连接如图 8-14 所示。

图 8-13　导线接头的连接

图 8-14　吊顶导线接头的连接

提醒

电线接头的连接可以采用缠绕后搪锡，并且搪锡要饱满，如图 8-15 所示。导线接头设在接线盒内，电源线接头使用缠绕法不得少于 5 圈。电线接头绝缘带需要采用双层包扎。

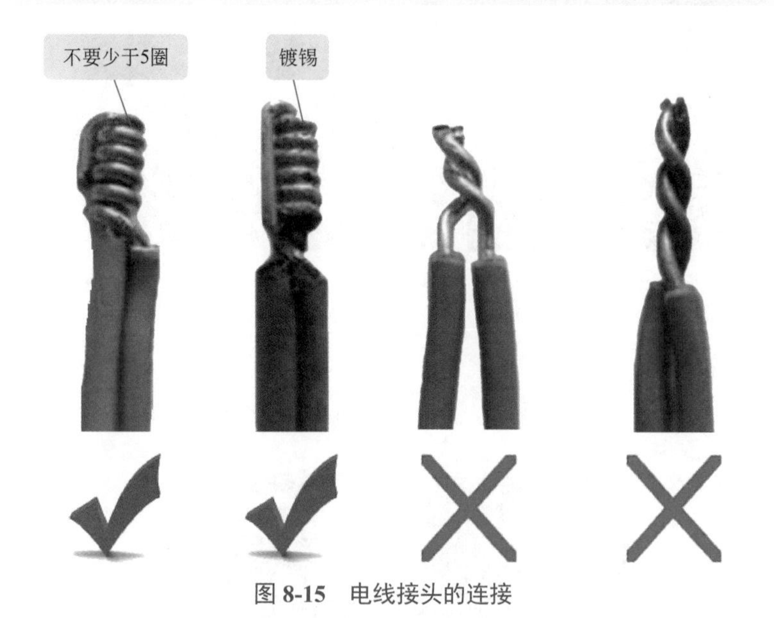

图 8-15　电线接头的连接

8.2.10　线管的固定

线管必须用线卡固定如图 8-16 所示。

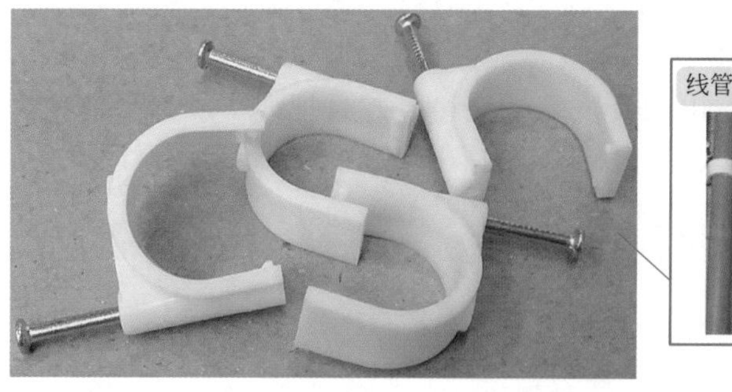

图 8-16　线管必须用线卡固定

8.2.11　线管转角位置的处理

线管在墙体转角部位需转弯时打弯线管，线管必须用管卡固定好，一般两管卡间长度要控制在大约 200mm，如图 8-17 所示。

图 8-17　线管转角位置的处理

8.2.12　墙边线与墙的距离

墙边线与墙的距离，一般需要统一约为 300mm，如图 8-18 所示。

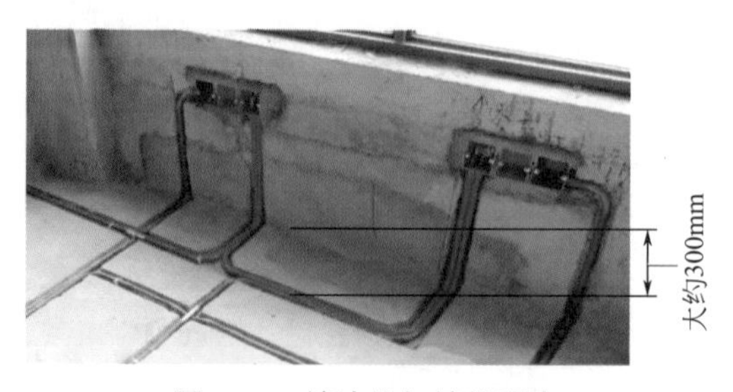

图 8-18　墙边线与墙的距离

8.2.13　电路走线不得绕线

电路走线遵循横平竖直，体现两端间最短距离走线的原则，不得绕线，如图 8-19 所示。

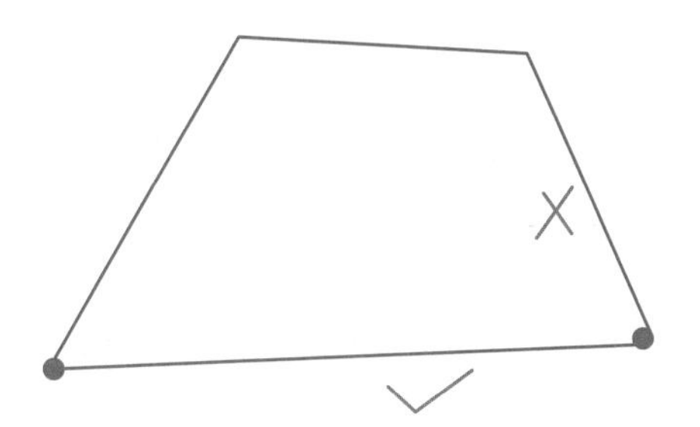

图 8-19　电路走线不得绕线

8.2.14　插座管路穿线的方法

插座管路穿线时，一般情况下都是穿红线、蓝线、双色线这三根线，然后并线时根据颜色并好即可，如图 8-20 所示。插座管路穿线涉及从配电箱出来，然后就是各插座管路间穿三根线即可。不同回路，回路之间无联系。如果涉及多插座并列，只敷设一根管与三根线，则多插座间的接线根据颜色并好即可，如图 8-21 所示。

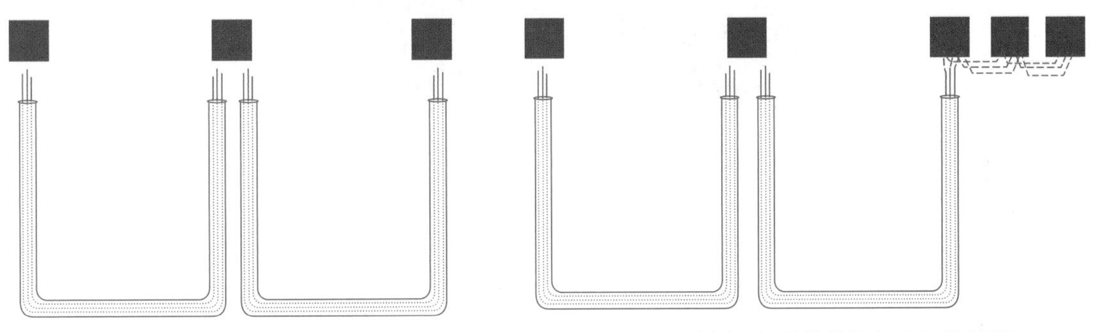

图 8-20　插座管路穿线　　图 8-21　多插座间的接线根据颜色并好即可

插座的电线需要分色。如图 8-22 所示为插座的电线没有分色，属于不规范操作。

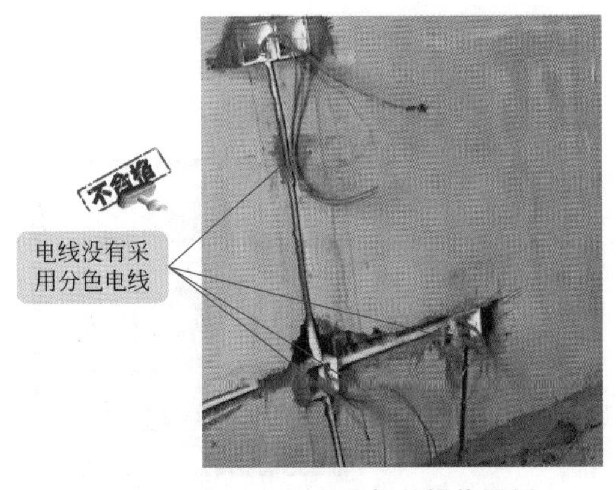

图 8-22　电线无分色不规范操作图例

8.2.15 照明穿线

照明管路穿线与插座管路穿线有差异。照明管路穿线涉及灯具的火线控制线。

照明穿线首先需要分清楚开关的类型(也就是几位开关),以及接线盒与灯具盒的差异。然后需要分别穿火线、零线、地线。如果不需要穿地线,则只穿火线、穿零线即可。

灯具盒就是灯具直接连接的接线盒,为此灯具盒也称为灯具接线盒。

照明穿线,也是从配电箱相应回路引出来的。

照明穿火线涉及的节点为配电箱、线路接线盒、开关接线盒、灯具接线盒,也就是涉及配电箱、开关、灯具。灯具接线盒如图 8-23 所示。开关接线盒(即底盒)如图 8-24 所示。线路接线盒如图 8-25 所示。

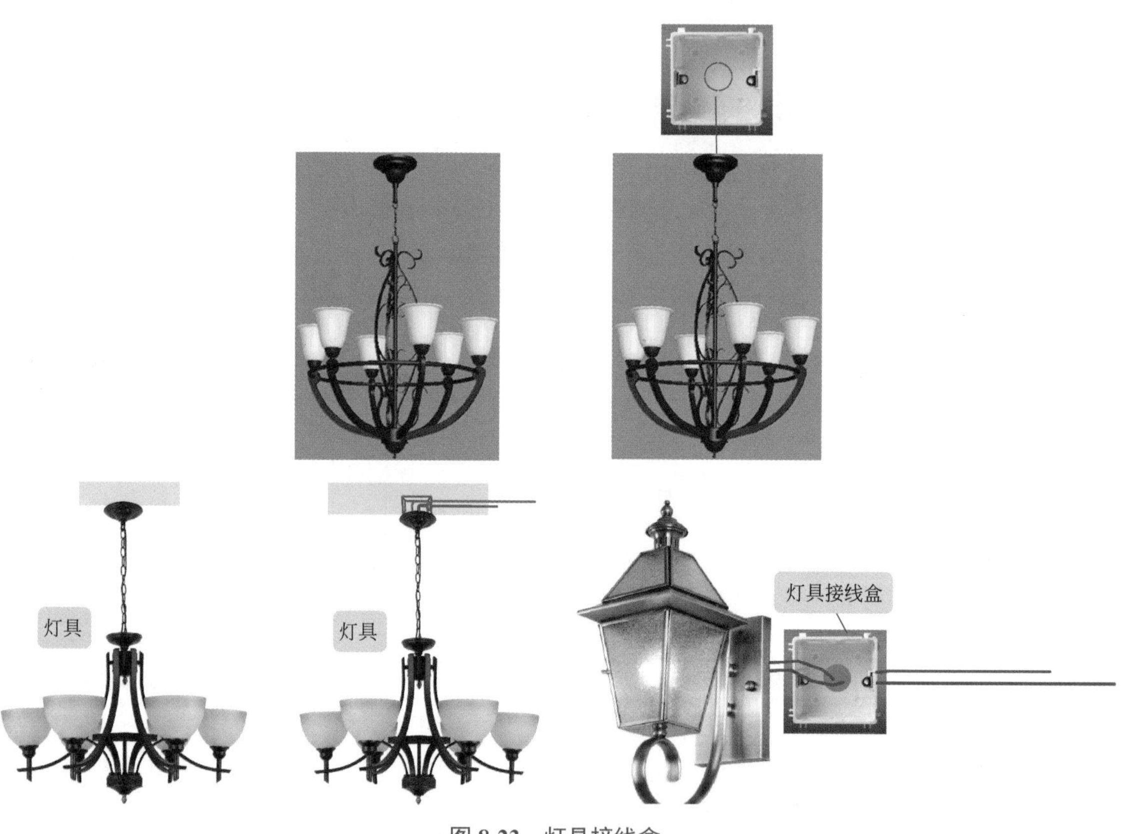

图 8-23 灯具接线盒

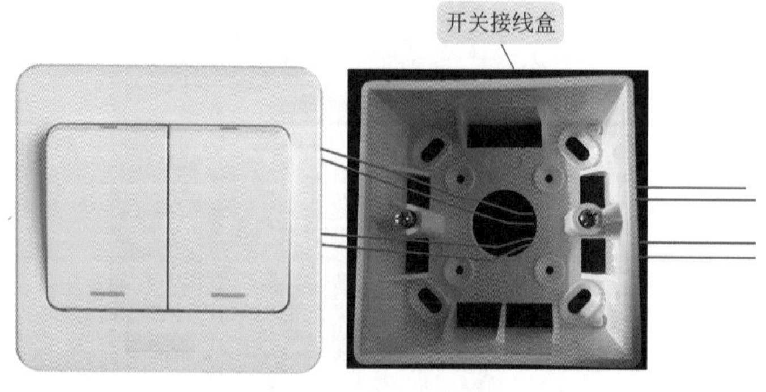

图 8-24 开关接线盒

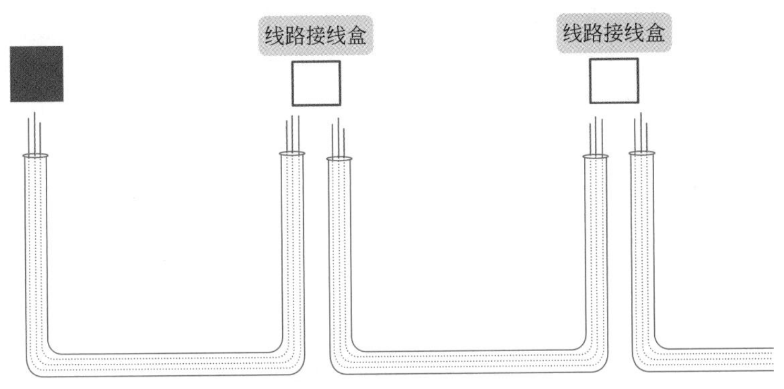

图 8-25　线路接线盒

不同开关接线盒线数量特点如图 8-26 所示。

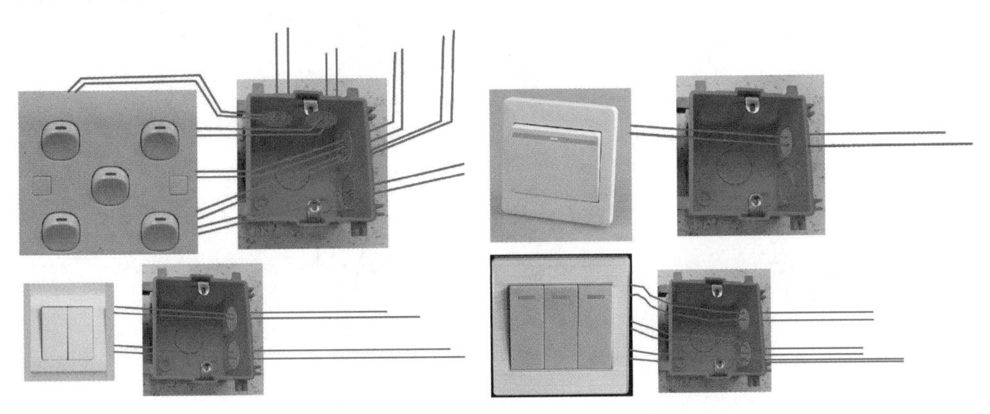

图 8-26　不同开关接线盒线数量特点

如果二位开关、多位开关进线采用开关上并接，则可以减少相应数量的电线根数。二位开关则需要布线 3 根电线（1 进 2 出），三位开关则需要布线 4 根电线（1 进 3 出），五位开关则需要布线 6 根电线（1 进 5 出），如图 8-27 所示。

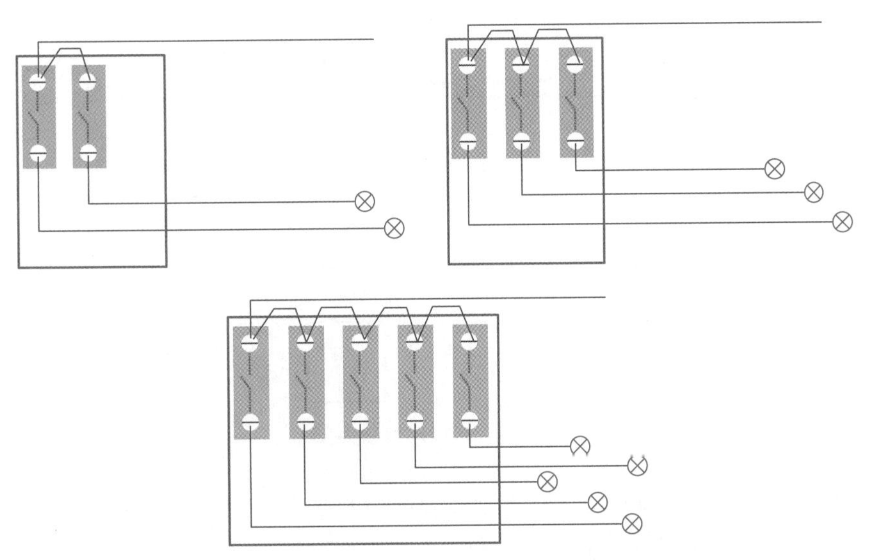

图 8-27　二位开关、多位开关进线采用开关上并接

以图 8-28 穿线走法为例介绍照明穿线。其中，火线的穿线走法就是以配电箱 + 线路接线盒 + 灯具接线盒组成该照明线路的主干线路。开关接线盒作为外挂支路线，如图 8-29 所示。

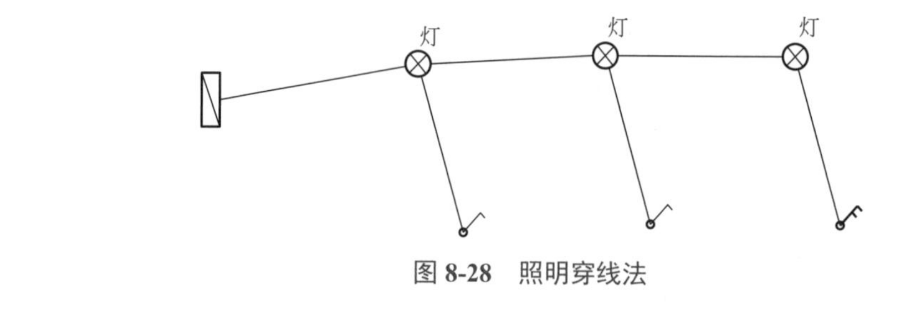

图 8-28　照明穿线法

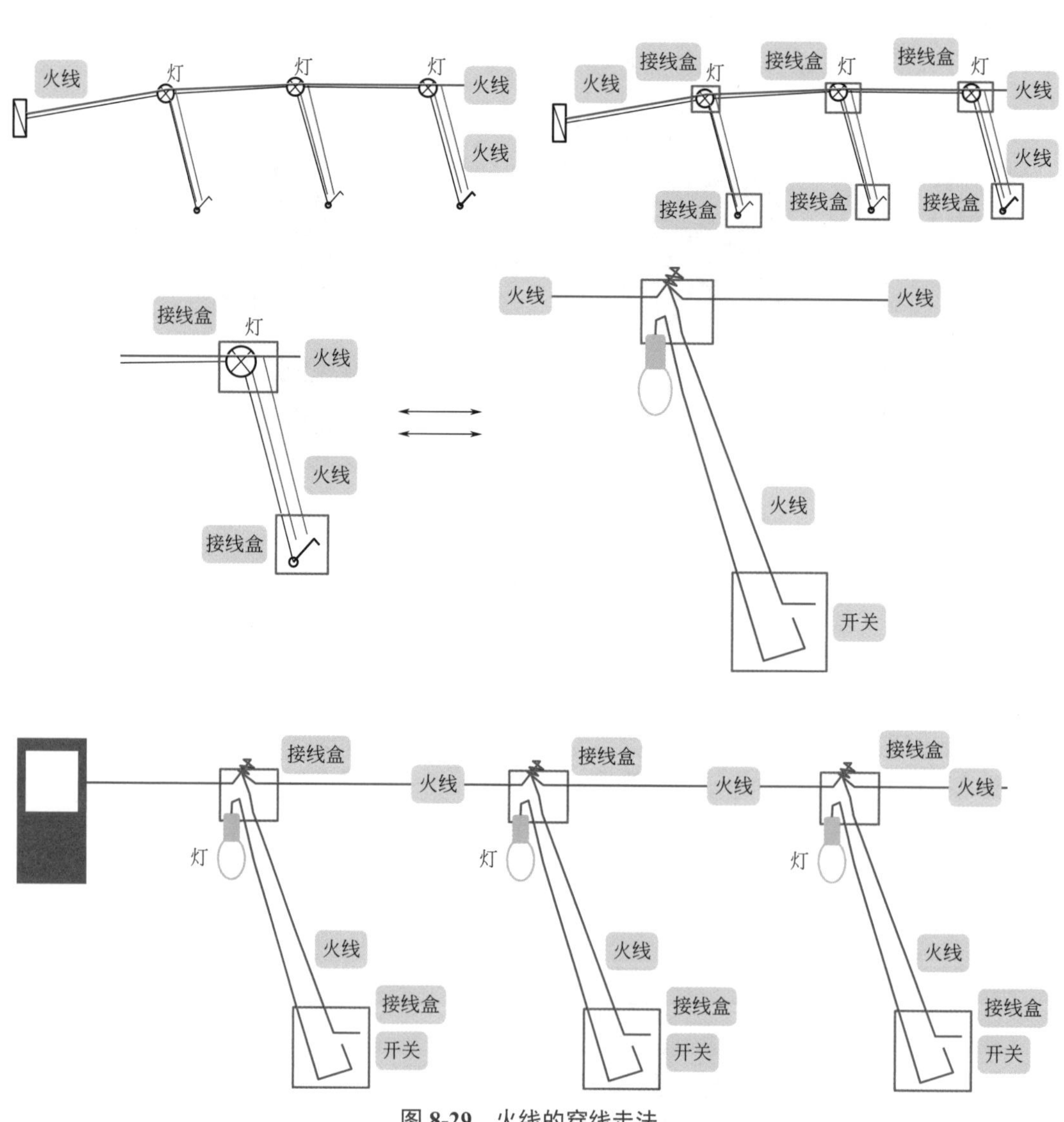

图 8-29　火线的穿线走法

零线的穿线走法就是以配电箱 + 线路接线盒 + 灯具接线盒组成该照明线路的主干线路。灯具接线盒再外挂支路线到灯具上即可，如图 8-30 所示。

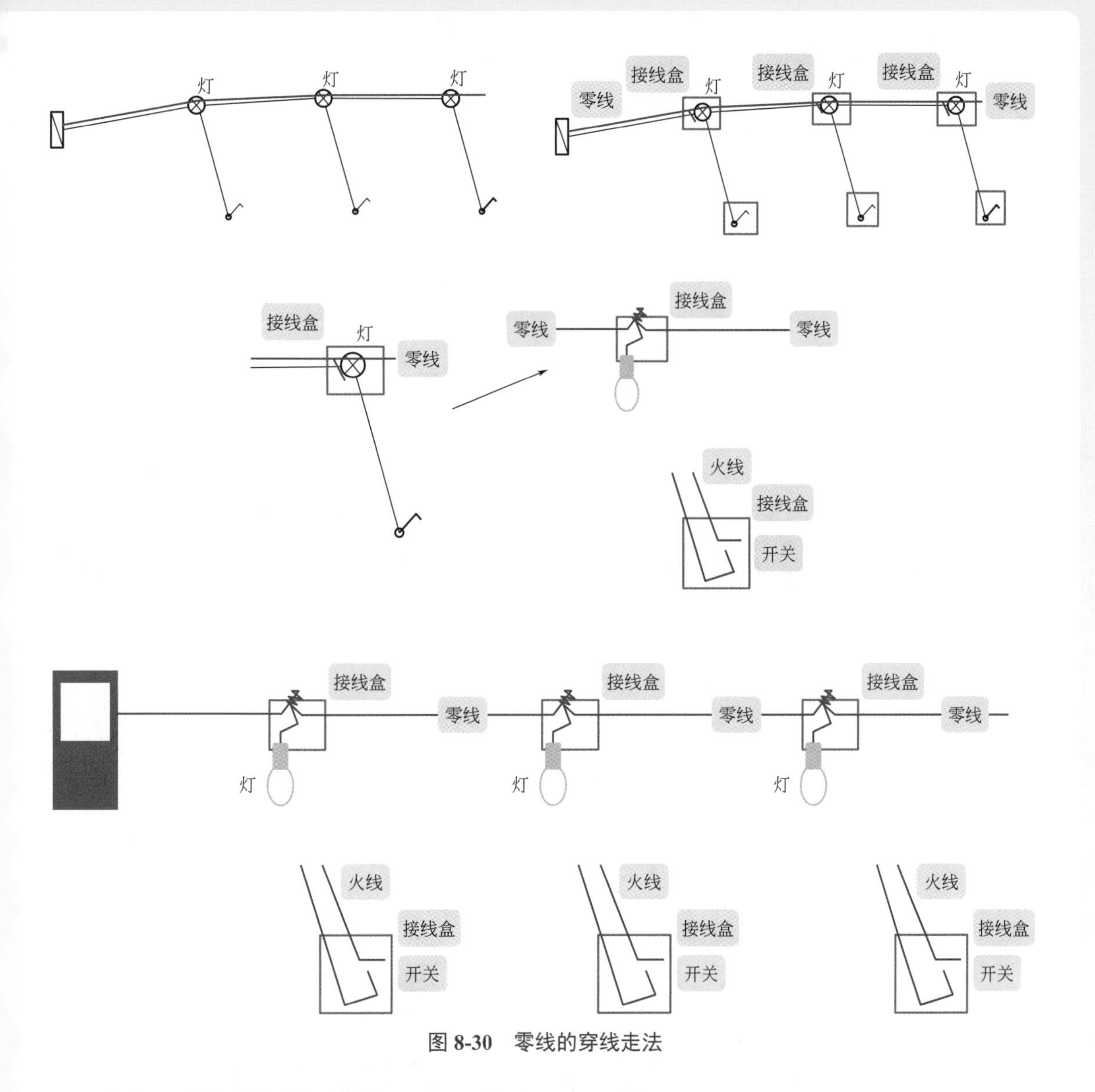

图 8-30　零线的穿线走法

火线、零线穿完线的图例如图 8-31 所示。

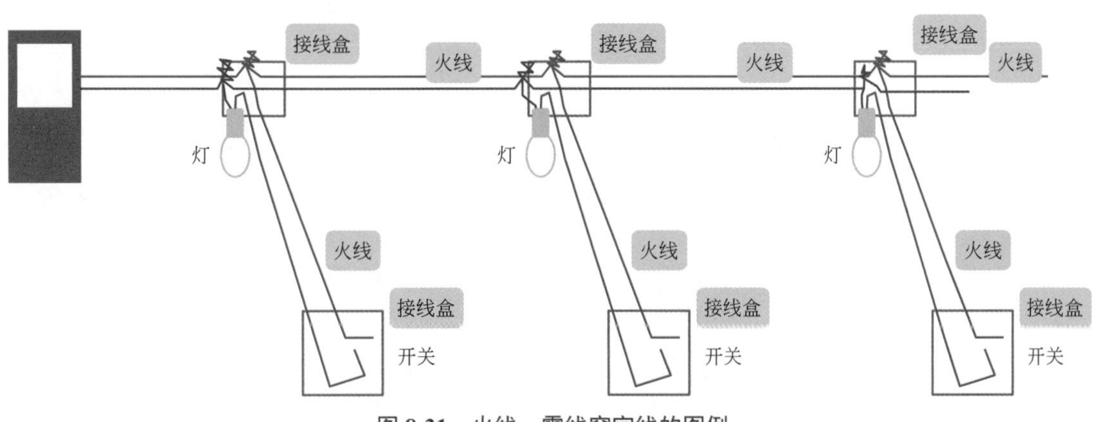

图 8-31　火线、零线穿完线的图例

灯具如果需要接地线，则地线接法与零线的穿线走法基本一样，如图 8-32 所示。

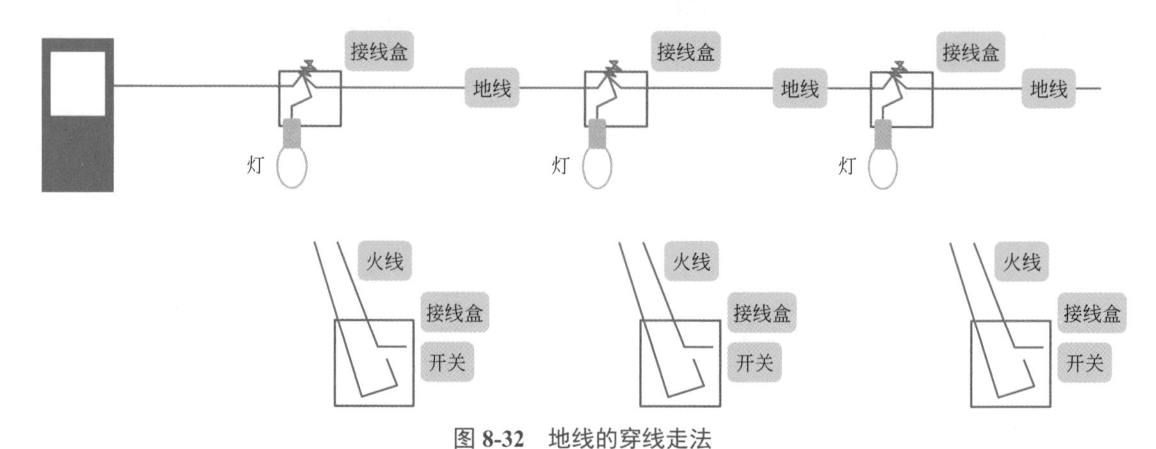

图 8-32　地线的穿线走法

提醒

电线整捆放线不散的技巧—— 一整捆电线在放线、穿线时，往往发生线乱、打结等现象。如果采用胶布在一整捆电线上呈十字交叉捆绑，然后从一整捆电线中间抽线，则该整捆电线在穿线时，因十字胶布的限制不会出现线乱、打结等现象。

8.2.16　顶部线管的分线盒

顶部线管必须用圆三通作为分线盒，如图 8-33 所示。

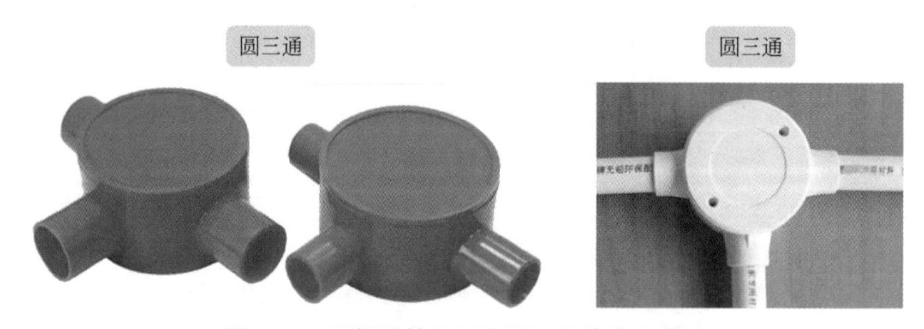

图 8-33　顶部线管必须用圆三通作为分线盒

8.2.17　吊顶的线管敷设

吊顶的线管敷设时，需要掌握天花板图纸，了解吊顶的位置与吊顶内部的结构特点，以免电线管影响吊顶的安装与效果。

吊顶的线管敷设要求：位置正确、排列整齐、管码固定、固定距离符合要求、出线口打管卡等。

吊顶的线管敷设管码间距一般为 500mm。在天花板出线口大约 120mm 处打一个管卡固定牢固，以免后期木工施工引起线管脱落。

吊顶天花板灯位留线需要以天花板实际标高留长 200mm，并且卷成螺旋状。圆顶天花板灯位留线需要为 300mm，底盒留线需要为 200mm。

吊顶内的暗线必须有阻燃管保护。

8.2.18　导线进入线盒留长要求

导线进入线盒必须保证留有一定的长度，一般需要留有 10 ～ 15cm。音响导线进入线盒必须留出 100cm，如图 8-34 所示。

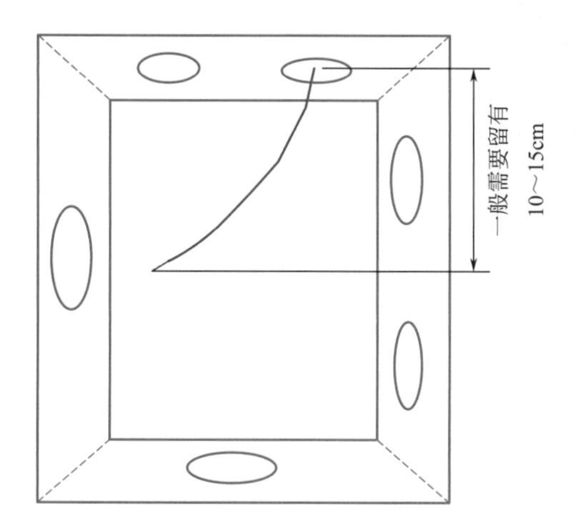

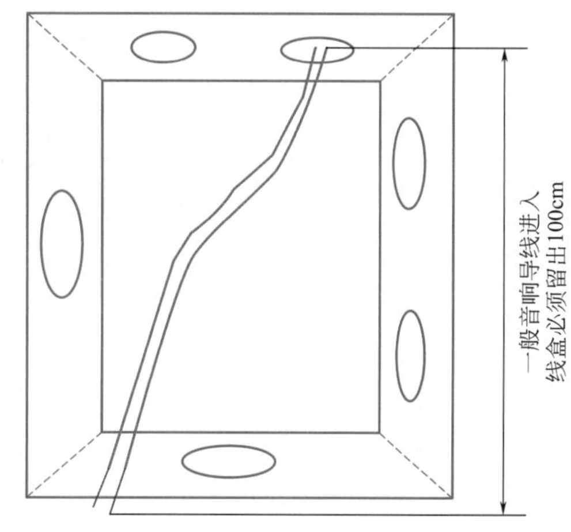

图 8-34　导线进入线盒留长

8.2.19　电线接点接头要求

电线接点与接点间不能有接头，有接头应设接线盒，如图 8-35 所示。

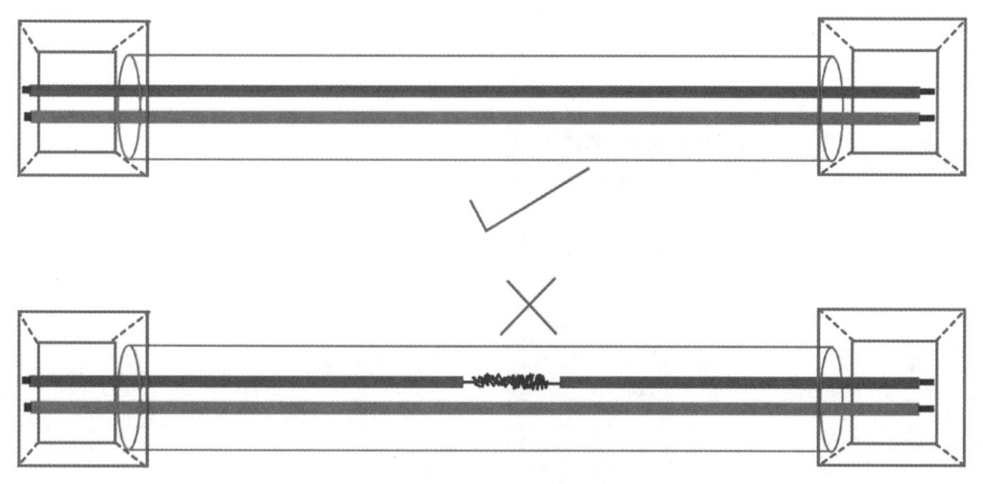

图 8-35　电线接点接头要求

8.2.20　厨卫地面、阳台及推拉门下方走管要求

水路布管要合理，厨卫地面、阳台及推拉门下方原则上不能走管，尽量从墙身和天花

板走管，特殊情况做好防水再布管。

遇到厨卫地面、阳台及推拉门下方走管的情况，可以改为走顶，如图 8-36 所示。

图 8-36　走顶

提醒

厨房电线盒的离地面高度大约为 1.35m。

8.3 开关插座与设备设施

8.3.1 同一空间开关插座高度要求

在同一空间，开关和插座高度要求：高度一致，如图 8-37 所示。

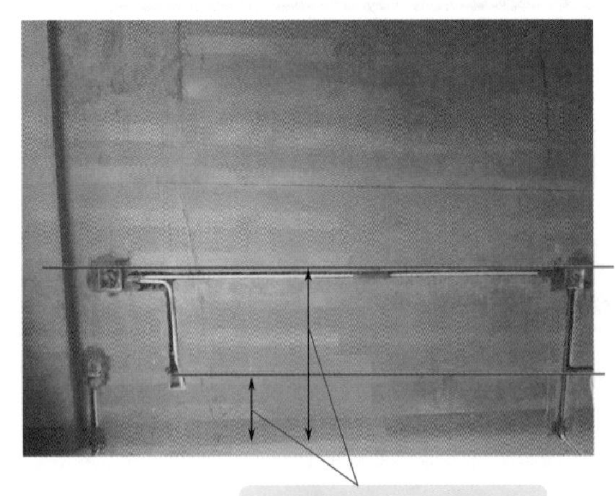

图 8-37　同一空间开关和插座高度一致

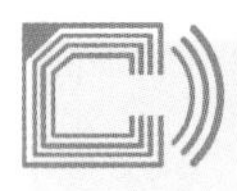

提醒

卧室的灯具开关与插座，基本处在距离墙边 150 ～ 200mm 的位置。

8.3.2　墙插座开槽方向

如果插座在墙的上部，则在墙面垂直向上开槽，并且到墙的顶部安装装饰角线的安装线内。如果插座在墙的下部，则在墙面垂直向下开槽，并且到安装踢脚板的底部，如图 8-38 所示。

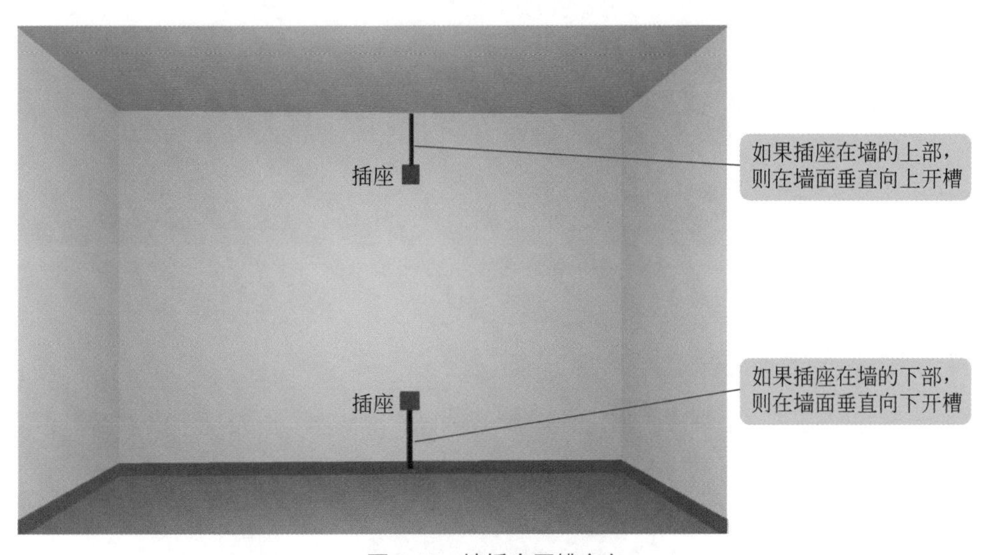

图 8-38　墙插座开槽方向

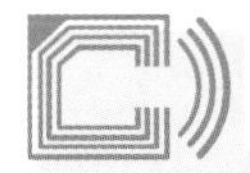

提醒

无论上开槽还是下开槽，开槽的深度应一致，并且应先在墙面弹出相关控制线，再切割开槽。

8.3.3　普通客厅沙发侧插座的安装方法与要求

普通客厅沙发两边的插座距离沙发外沿一般大约 100mm，距地面高度大约 300mm，或者距地面高度大约 700mm 放在柜子上方。

普通客厅沙发侧墙面设计、安装壁扇，则墙面壁扇插座距地面高度大约 1800mm，距离侧面墙宽度大约 1000mm。

普通客厅沙发两边的预留空调插座，距离墙角的尺寸大约为 150mm 以内。

普通客厅沙发侧的插座如图 8-39 所示。

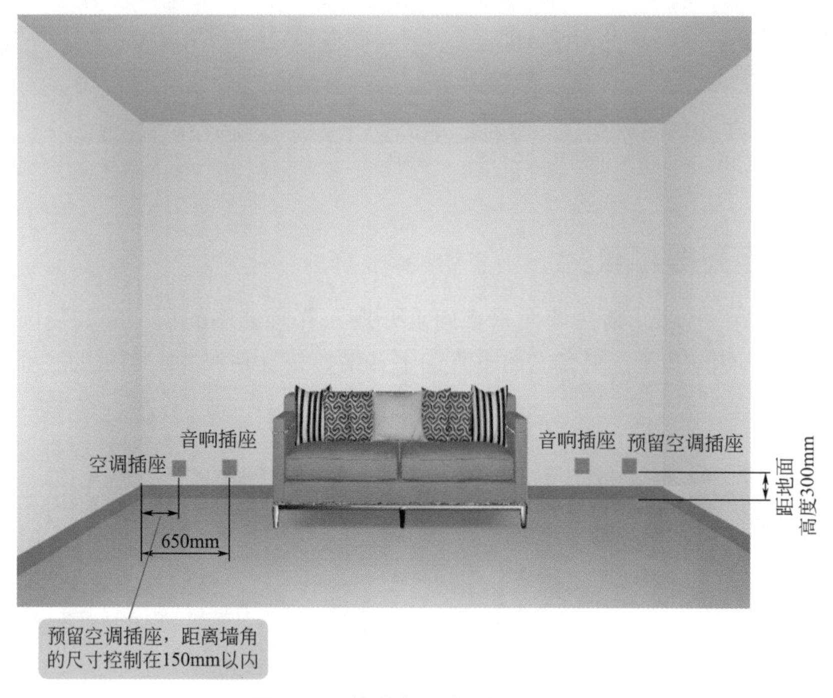

图 8-39　普通客厅沙发侧的插座

8.3.4　坐便器旁安装插座

坐便器旁建议安装一个插座，以方便以后更换智能坐便器，以及玩手机不用担心没电等情况，如图 8-40 所示。

图 8-40　坐便器旁安装插座

8.3.5　厨房插座系统安装方法

厨房强电插座中的烤箱、洗碗机、洗衣机的插座最好安装在其侧面，并且厨房地柜台面上方应有开关控制下面的插座。

厨房抽油烟机插座一般距离地面 1250mm 以上。洗菜池下方需要预留 3 个插座，以供净化水机、食物粉碎机、小厨宝等电器接电源。洗菜池下方也可以安装 10 孔插座。

厨房为集成灶具，则洗菜池下方电源插座预留在距地面高度 300mm 处。另外，厨房一般不建议安装弱电插座。

厨房插座系统安装方法如图 8-41 所示。

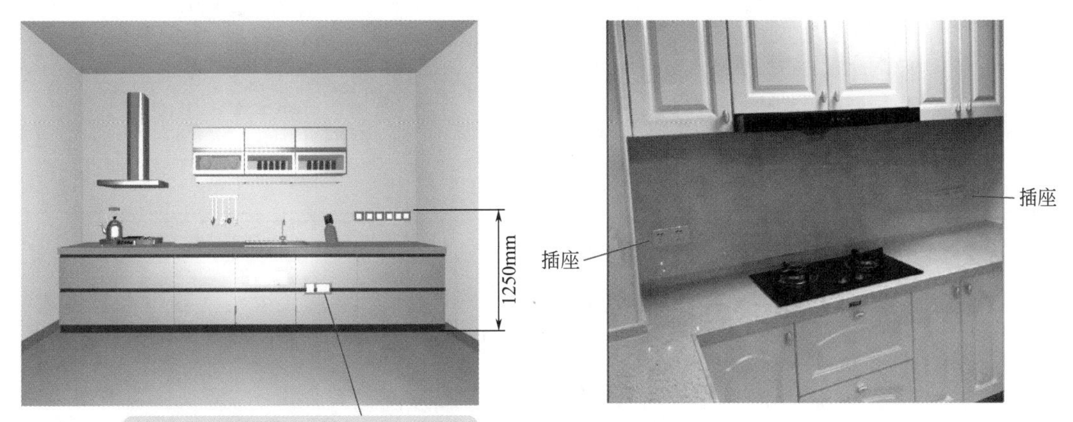

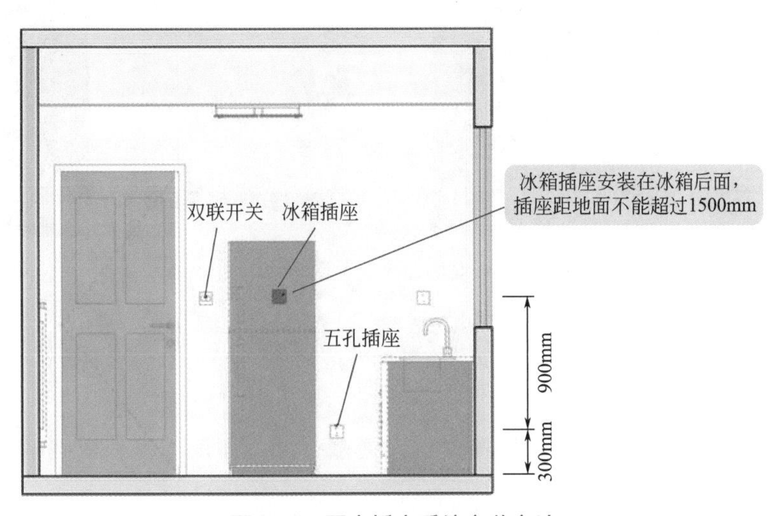

图 8-41　厨房插座系统安装方法

8.3.6　LED 电视插座

LED 电视插座往往需要好几个，并且有强电电源插座，也有电视插座、网络插座等。这些插座有的位于电视柜里面，有的位于电视柜上面一点，如图 8-42 所示。

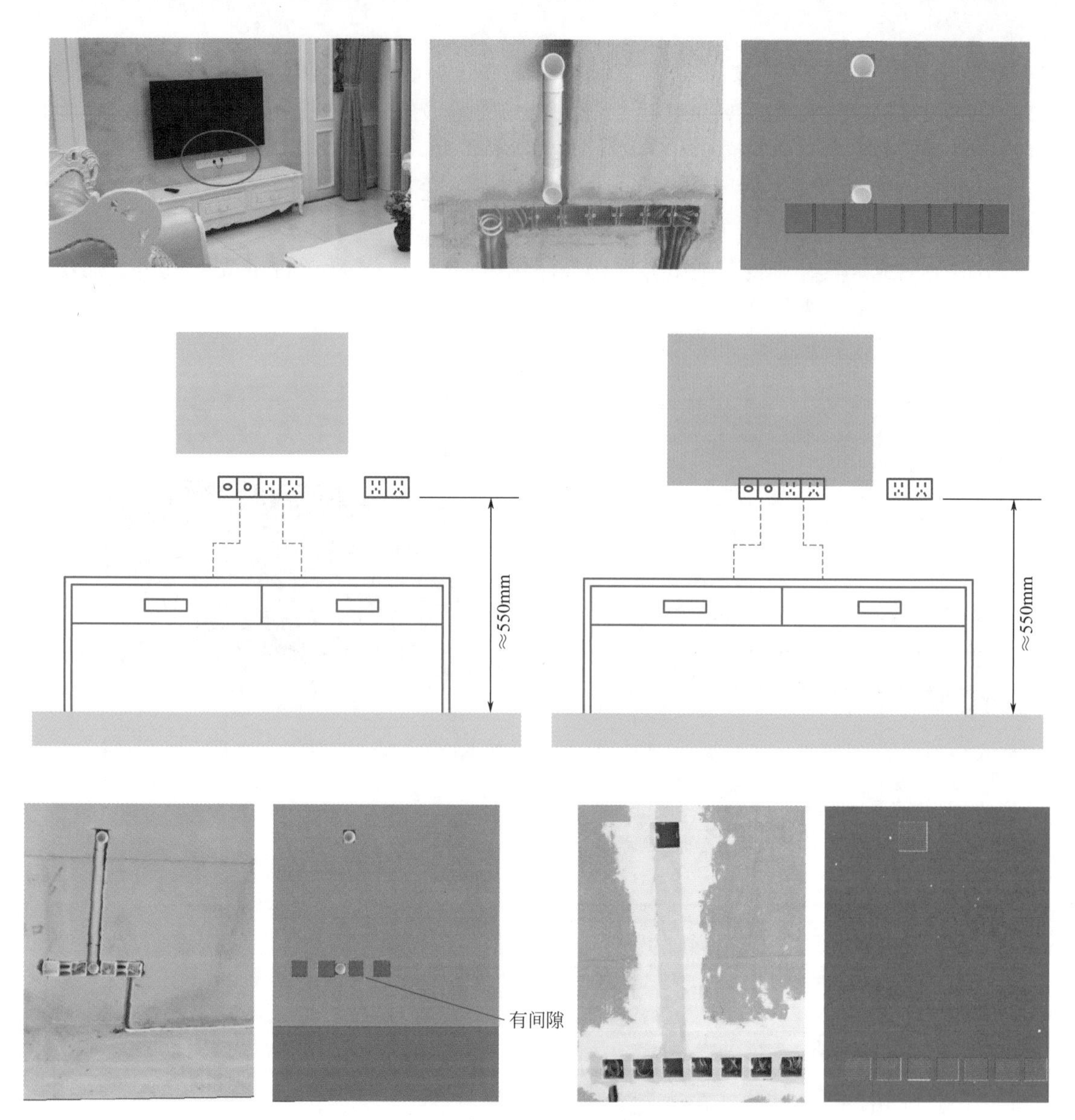

图 8-42 LED 电视插座位于电视柜上面一点

8.3.7 床头两边插座

床头柜一边至少需要安装 2 个插座，以便连接台灯。如果考虑平板电脑、手机充电、无线路由器等，则最好有 8 个插座。

床头两边插座一般位于两边床头柜中间上方位置，也就是高于床头柜、低于床头。一般而言，床头柜插座高度为 70 ～ 80cm。床头柜高度一般为 55 ～ 58cm。因此，插座位置定为比床头柜高 10 ～ 20cm 为好。

床头两插座最佳间距大约为床的宽度加 40cm，也就是在床两边大约 20cm 位置。

床头两边插座图例如图 8-43 所示。

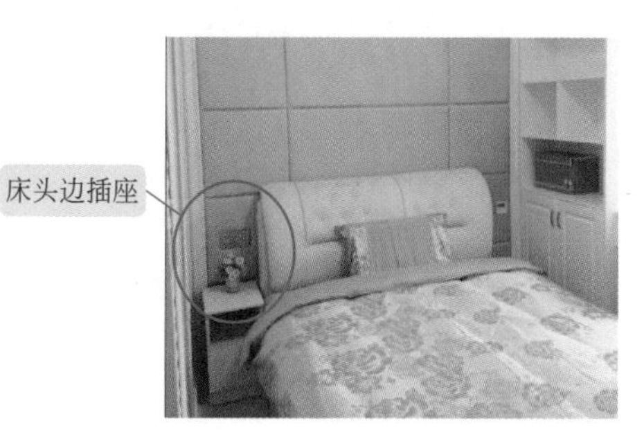

图 8-43　床头两边插座图例

提醒

卧室电源插座应安装在不少于两个对称墙面上，每个墙面两个电源插座之间水平距离不宜超过 2.5 ~ 3m，距端墙的距离不宜超过 0.6m。

8.3.8　带开关插座的接线方法

带开关插座的接线方法有两种方法，具体如图 8-44 所示。

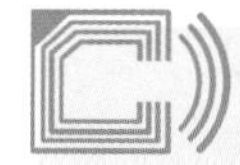

提醒

开关插座的安装高度：开关距离地面一般为 1.3 ~ 1.4m。插座距离地面一般约为 0.3mm。空调等电器的插座高度需要根据实际位置等情况进行安装。

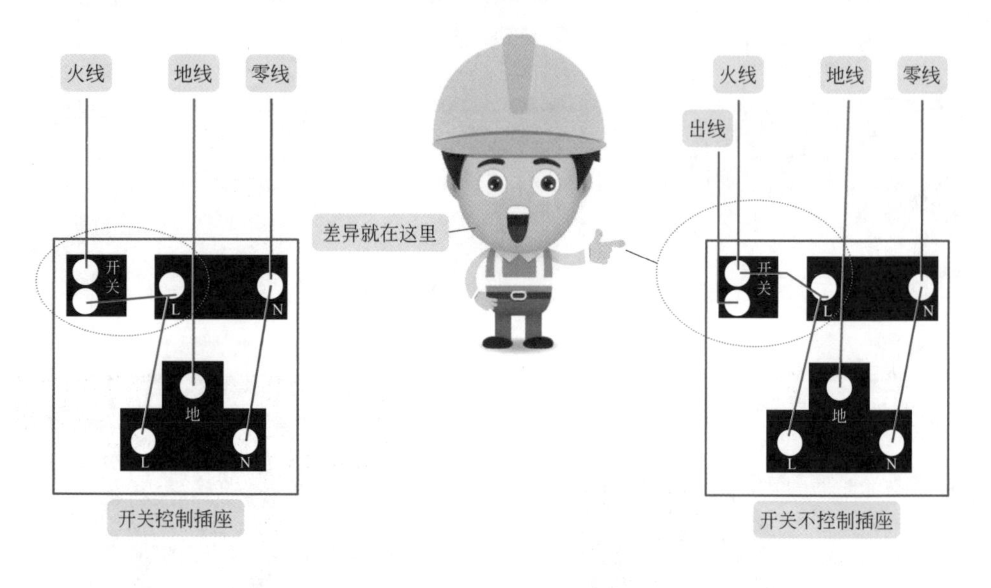

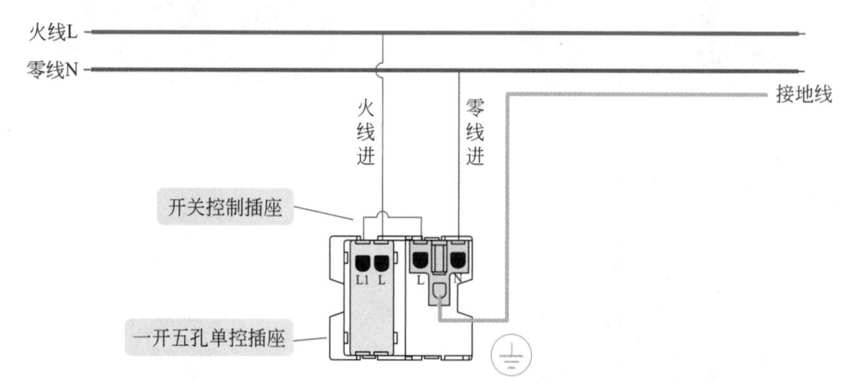

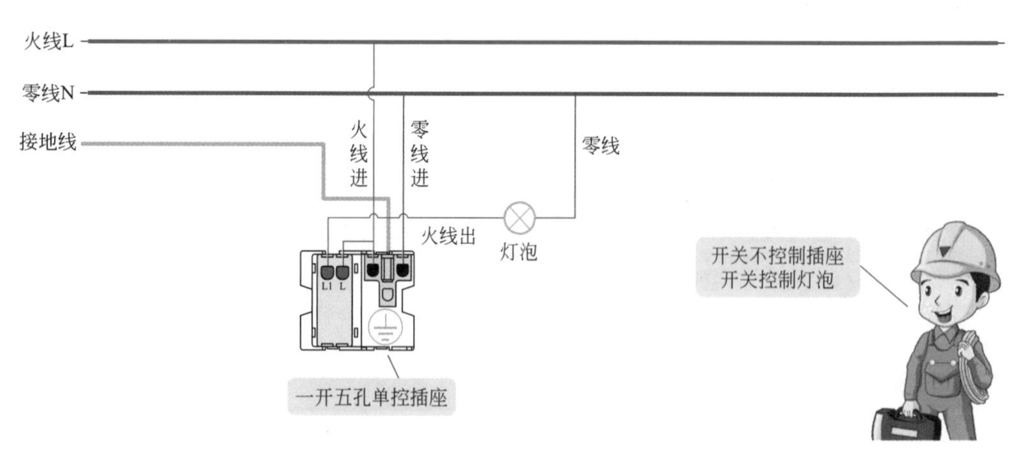

图 8-44　带开关插座的接线方法

8.3.9　二开五孔单控插座接线

二开五孔单控插座接线方法如图 8-45 所示。

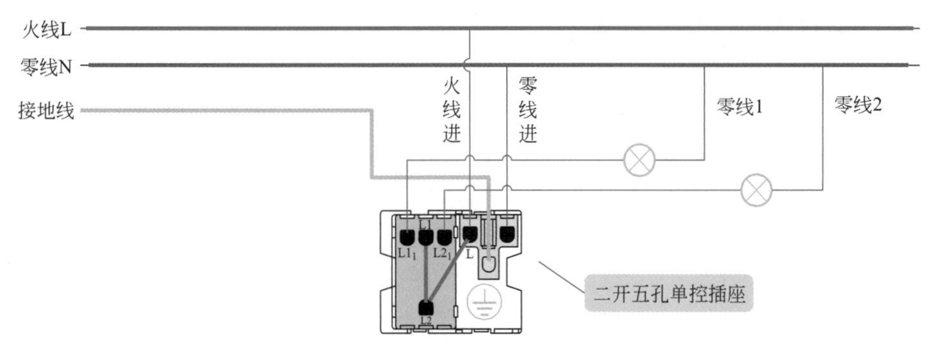

图 8-45　二开五孔单控插座接线方法

8.3.10　电脑插座的安装位置

电脑插座可以考虑安排在电脑桌的上方、下方、侧方，如图 8-46 所示。

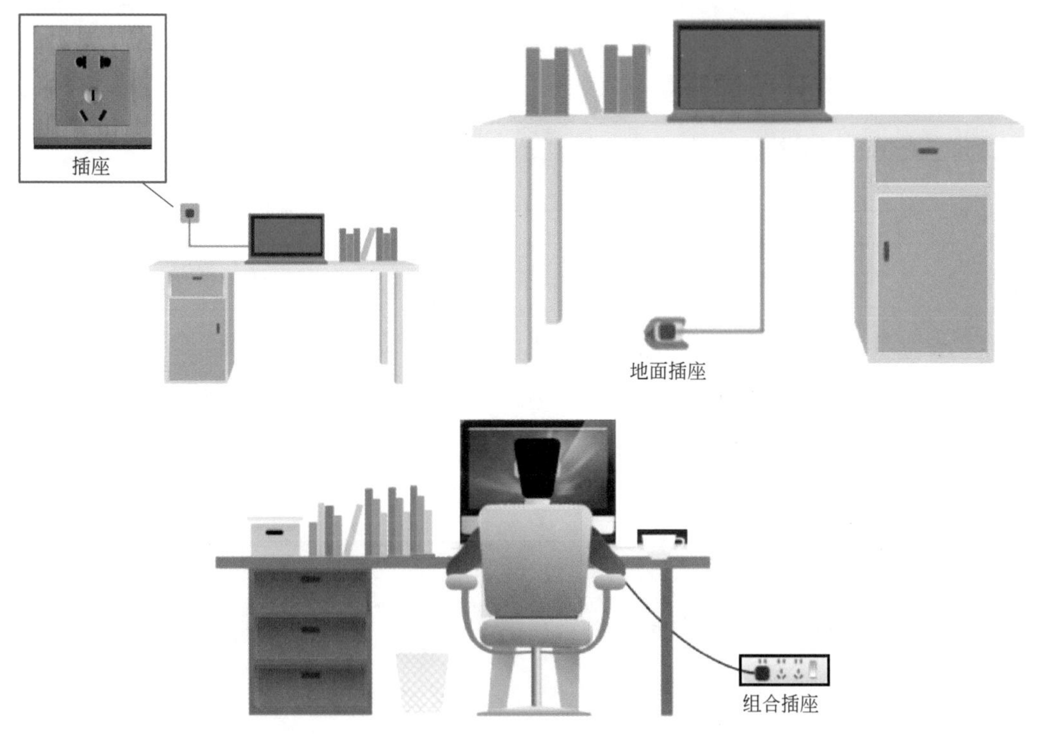

图 8-46　电脑插座的安装位置

提醒

开关插座的接线方法：首先确定电源的火线、零线、地线（电源插座一般要接火线、零线、地线）。然后将火线接入 L 端，将零线接入 N 端，将地线接入 PE 端（有的标为“T”型符号）。对于开关接线，目前国内跷跷板开关多为只接火线，具体需要根据开关位数和控制情况进行接线。

8.3.11 一开双控开关接线

一开双控开关接线方法如图 8-47 所示。

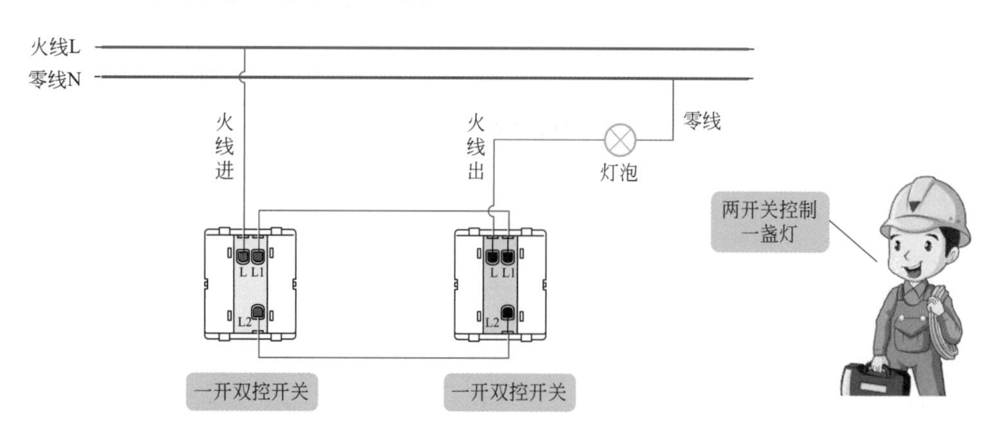

图 8-47 一开双控开关接线方法

8.3.12 二 / 三开单控开关接线

二 / 三开单控开关接线方法如图 8-48 所示。

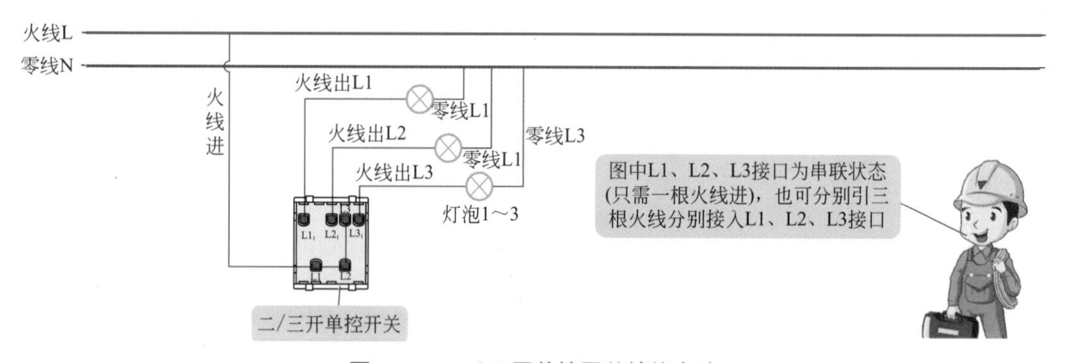

图 8-48 二 / 三开单控开关接线方法

8.3.13 四开单控开关接线

四开单控开关接线方法如图 8-49 所示。

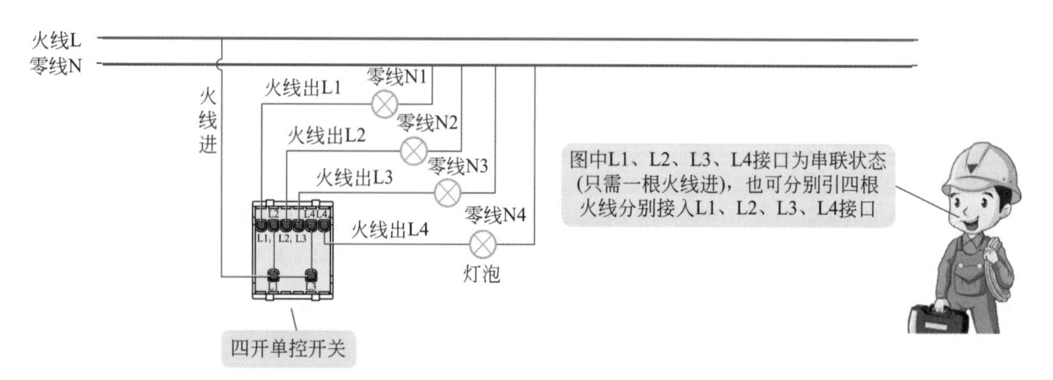

图 8-49 四开单控开关接线方法

8.3.14　二 / 三开双控开关接线

二 / 三开双控开关接线方法如图 8-50 所示。

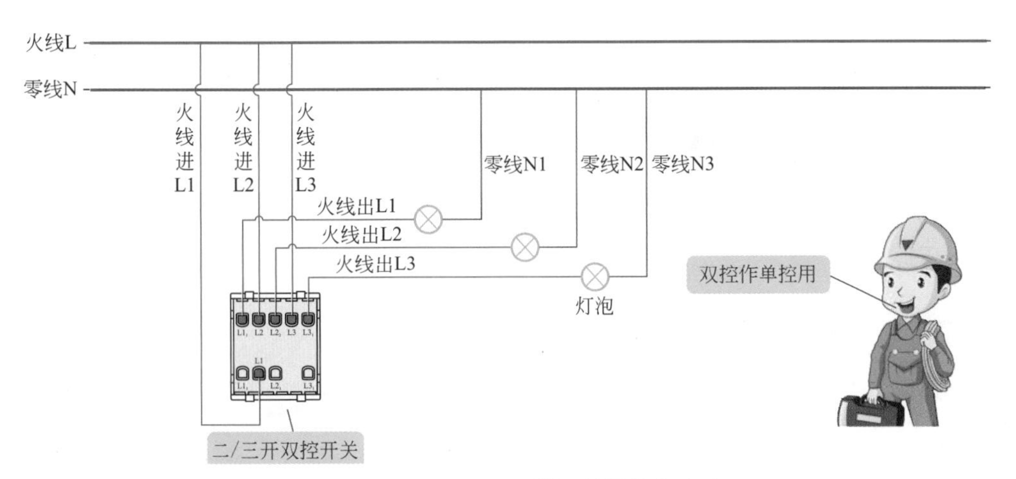

图 8-50　二 / 三开双控开关接线方法

8.3.15　一开多控开关接线

一开多控开关接线方法如图 8-51 所示。

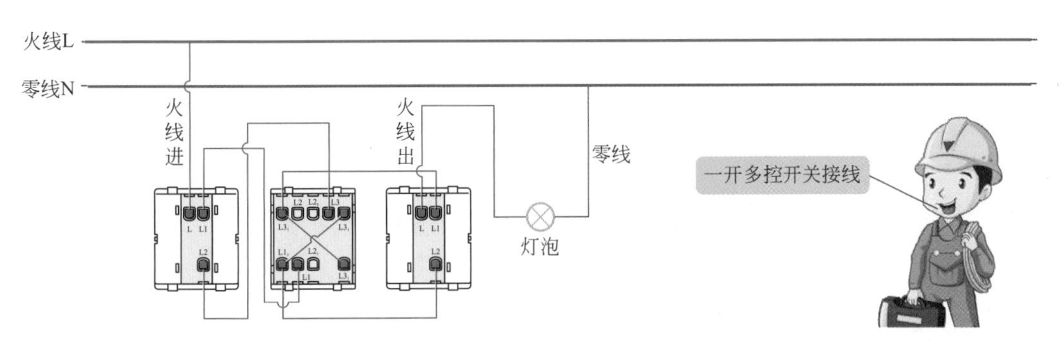

图 8-51　一开多控开关接线方法

8.3.16　两开多控开关接线

两开多控开关接线方法如图 8-52 所示。

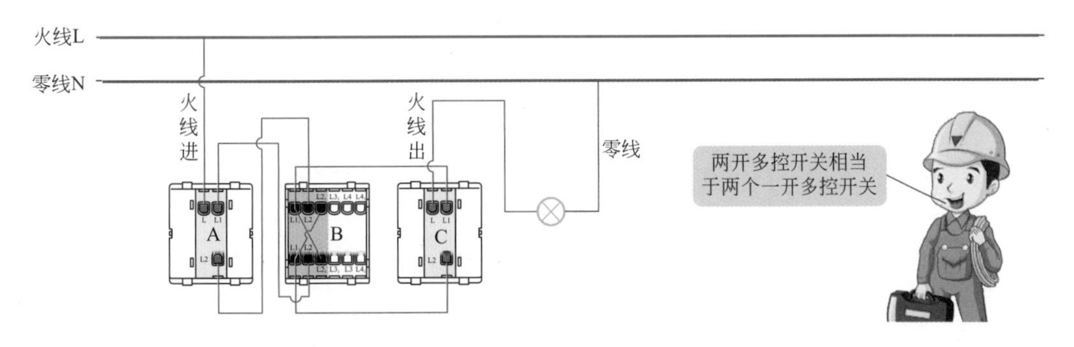

图 8-52

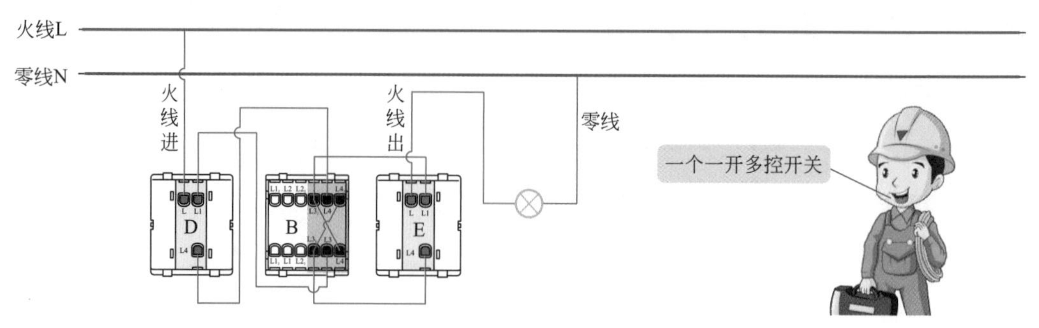

图 8-52　两开多控开关接线方法

8.3.17　一开单控开关接线

一开单控开关接线方法如图 8-53 所示。

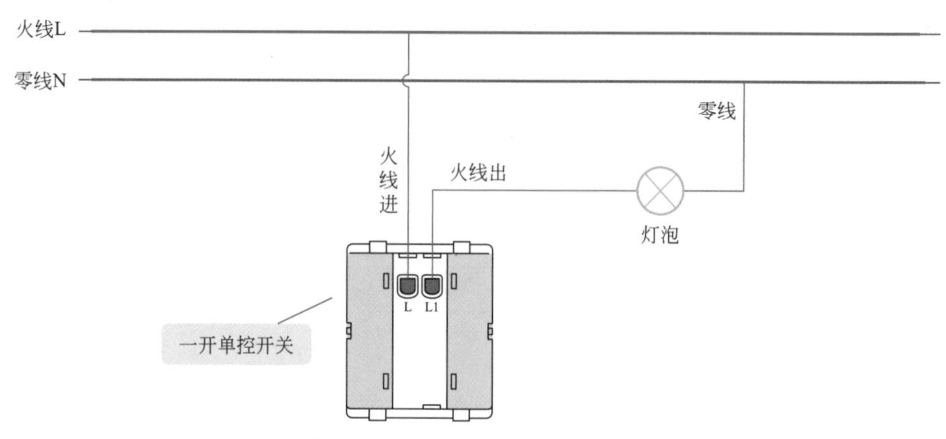

图 8-53　一开单控开关接线方法

8.3.18　二 / 三开连体单控开关接线

二 / 三开连体单控开关接线方法如图 8-54 所示。

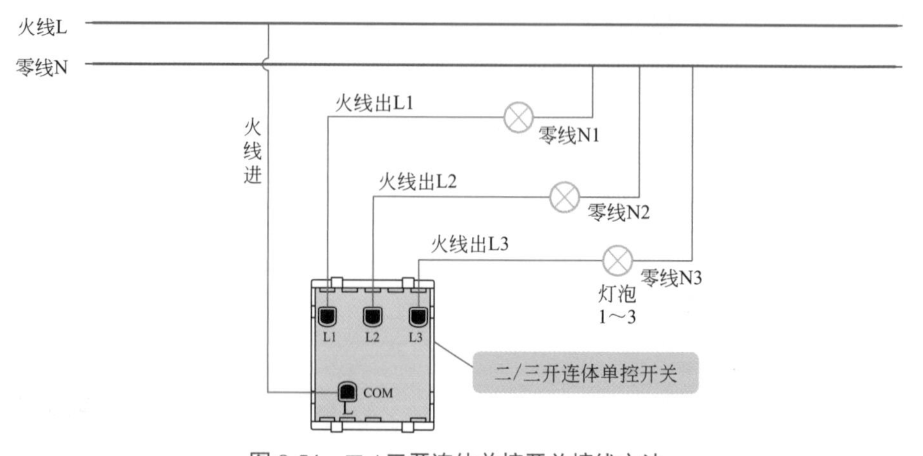

图 8-54　二 / 三开连体单控开关接线方法

8.3.19　四开连体单控开关接线

四开连体单控开关接线方法如图 8-55 所示。

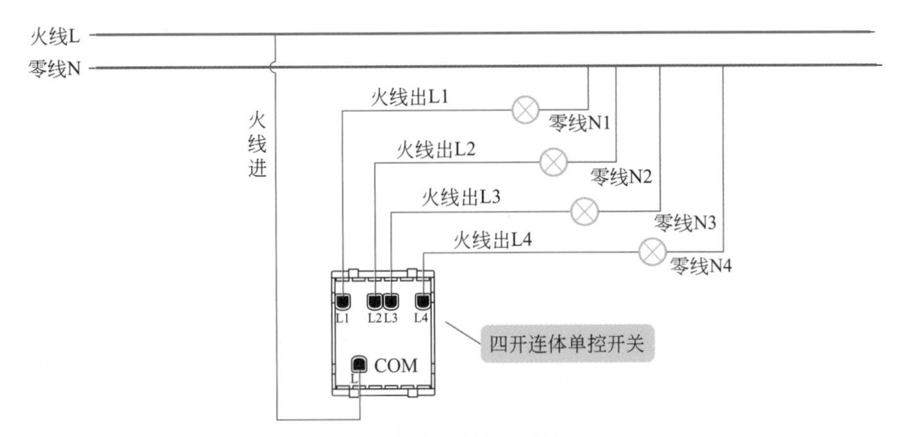

图 8-55　四开连体单控开关接线方法

8.3.20　瓷砖在开关位置开孔大小的要求

瓷砖在开关位置开孔大小的要求图例如图 8-56 所示。

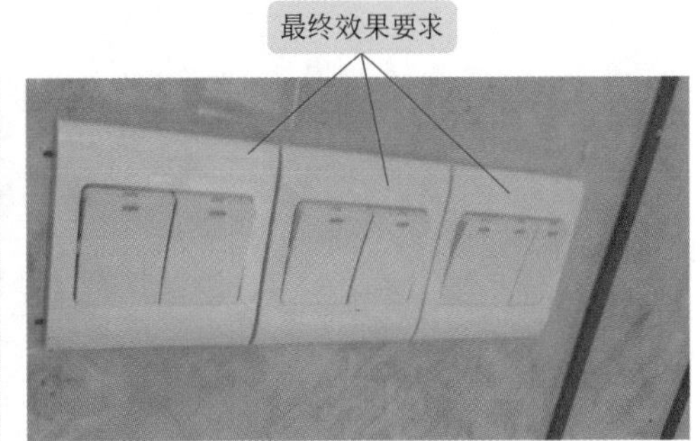

图 8-56　瓷砖在开关位置开孔大小的要求图例

8.3.21　灯线头位置处要求

灯线头位置处必须采用波纹管进行保护，如图 8-57 所示。

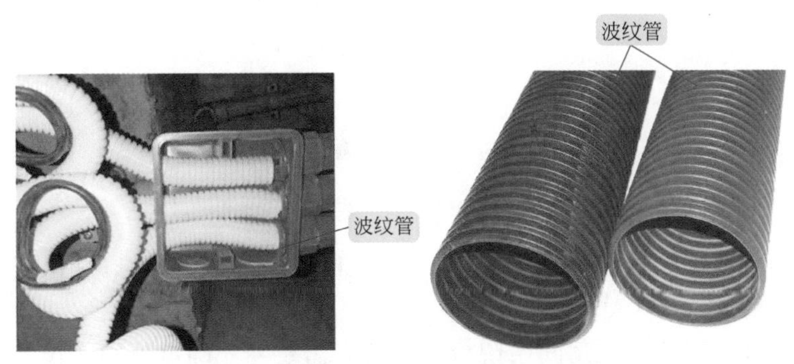

图 8-57　灯线头位置处必须采用波纹管

提醒

在同一回路，电线应穿入同一根管内，但管内总根数不应超过 6 根，电线总截面积（包括绝缘皮）不应超过管内截面积的 40%。

8.3.22 灯具的安装方法与要求

安装灯具最基本的要求就是牢固。室内安装壁灯、台灯、落地灯、床头灯、镜前灯等灯具时，高度低于 2.4m 及以下的灯具的金属外壳均需要可靠接地，如图 8-58 所示。

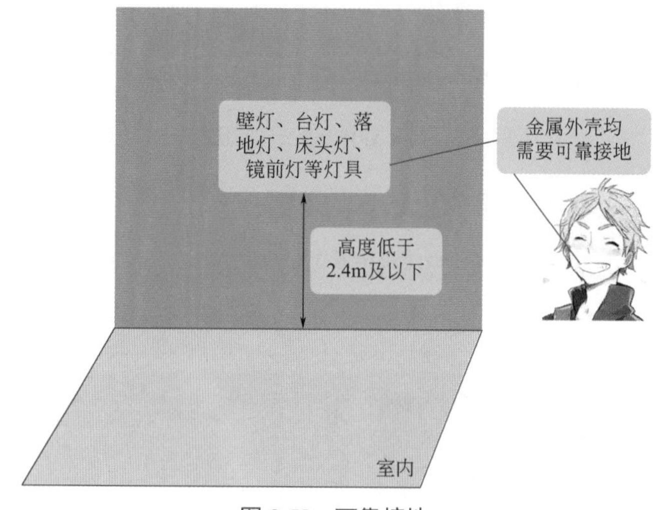

图 8-58　可靠接地

卫生间、厨房装矮脚灯头时，宜选择使用瓷螺口灯头接线。螺口灯头接线方法是开关火线接在中心触点端子上，零线接在螺纹端子上，如图 8-59 所示。

图 8-59　螺口灯头接线方法

对于台灯等带开关的灯头，开关手柄不应有裸露的金属部分，以确保安全。成排灯具必须横平竖直，允许偏差不大于 3mm。

普通客厅顶灯一般安装在房间居中位置。壁灯需要在先确定沙发的尺寸、位置后，安装在距沙发外沿两侧大约 100mm、距地面 1800mm 高度的位置。普通客厅灯具开关一般安装在距地面 1300mm 的高度，并且采用双开单控面板的灯具开关（见图 8-60）。普通客厅筒灯、射灯一般安装在房间四周位置，如图 8-61 所示。

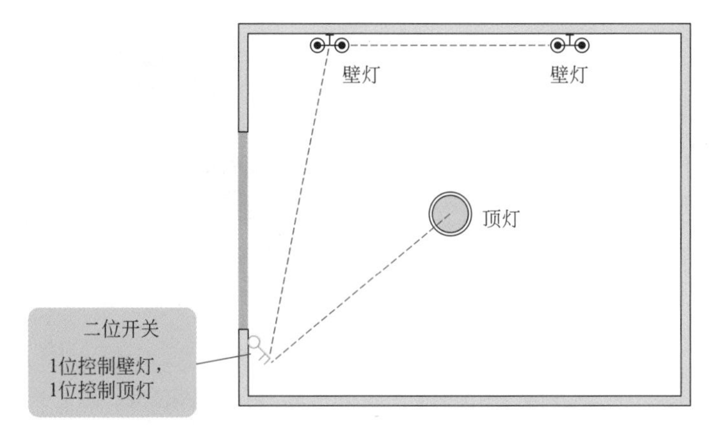

图 8-60　普通客厅的灯具开关安装位置

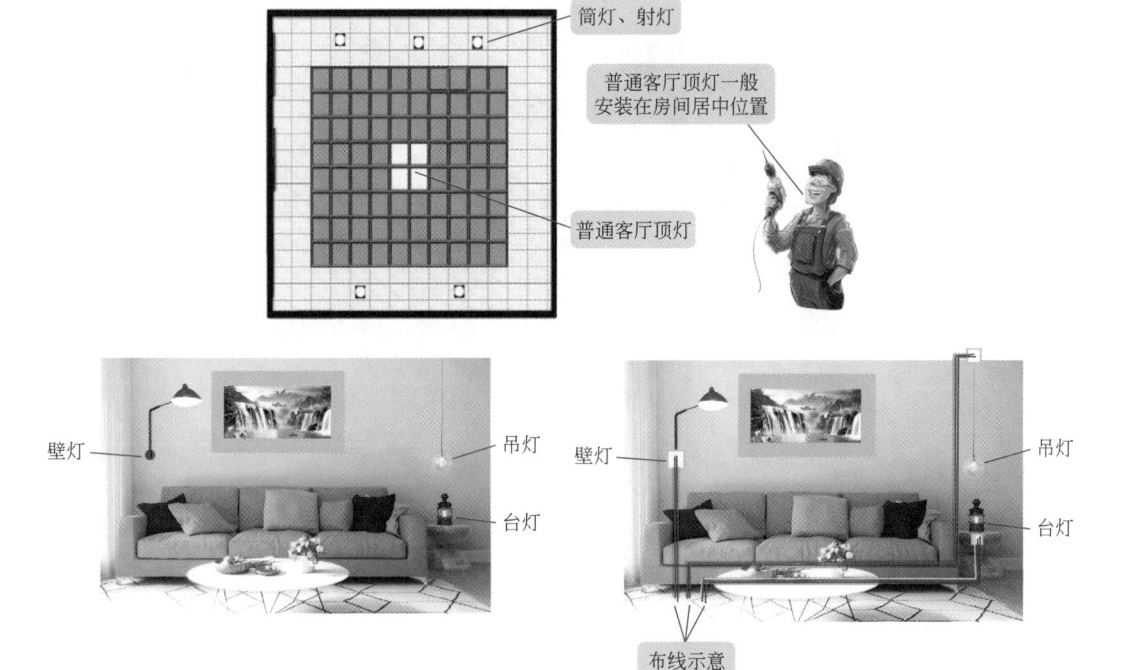

图 8-61　普通客厅的灯具安装位置

8.3.23　厨房照明系统安装方法

厨房照明系统照明壁灯，一般安装在距地面 1350mm 的高度。灯具开关一般安装在门边距地面 1300mm 的高度。

厨房不建议安装射灯。厨房照明系统中开关、灯具安装位置如图 8-62 所示。厨房照明系统中开关、灯具线路安装示意如图 8-63 所示。

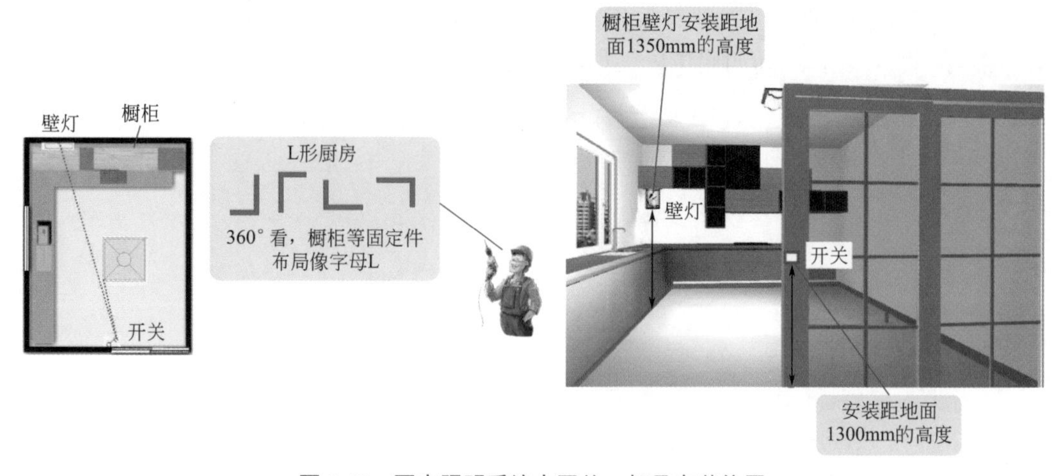

图 8-62　厨房照明系统中开关、灯具安装位置

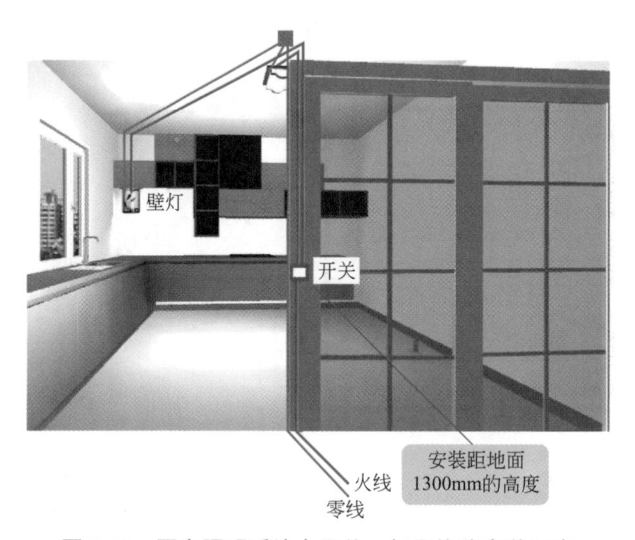

图 8-63　厨房照明系统中开关、灯具线路安装示意

第 9 章 弱电施工技能轻松掌握

9.1 弱电系统设计

9.1.1 家装弱电系统

普通家装的弱电装修一般涉及电话、电视、局域网、家庭影院这四大系统。对于高档别墅等装修，家装弱电系统可能还涉及监控系统、智能安防系统等。

家装弱电系统如图 9-1 所示。

图 9-1 家装弱电系统

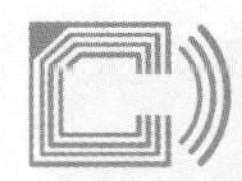

提醒

家装弱电系统电话线必须使用专用电话线穿线管敷设，不能与其他线混穿一管。

9.1.2 弱电系统线材的选择

弱电系统线材的选择方法如图 9-2 所示。

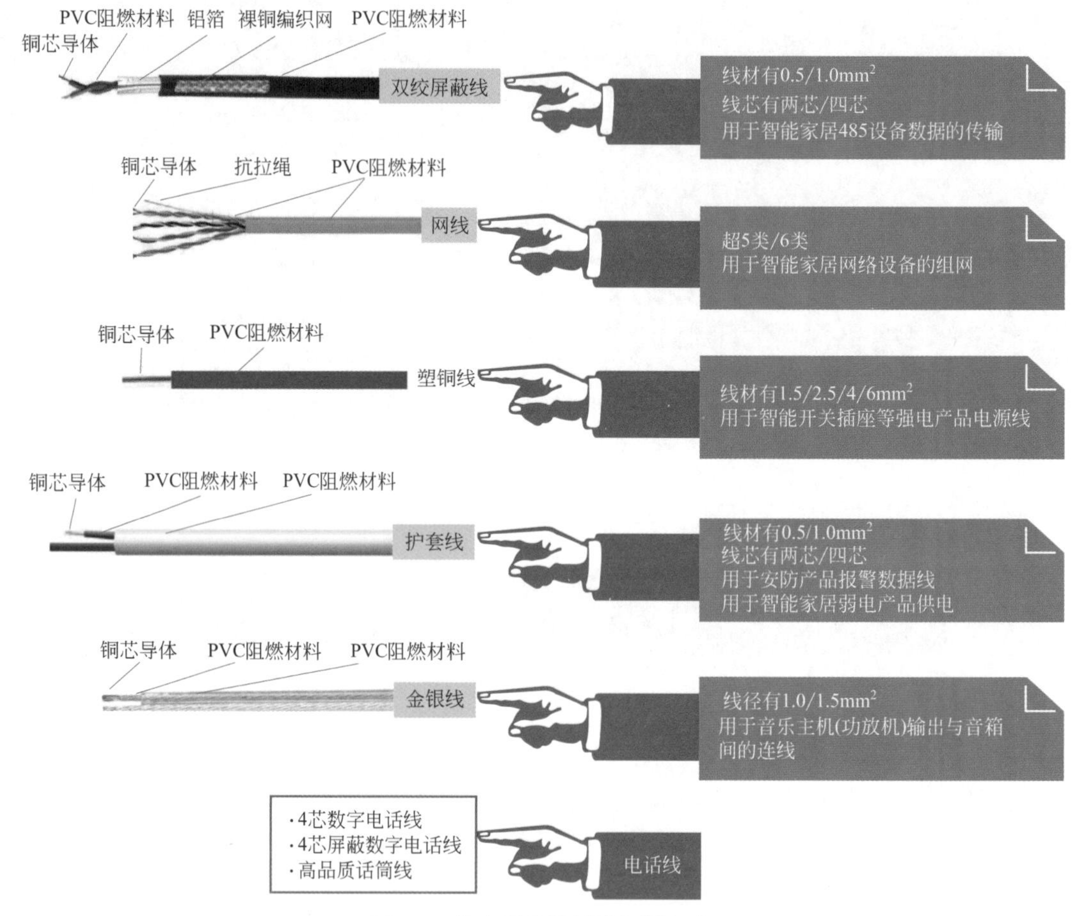

图 9-2　弱电系统线材的选择方法

9.1.3 弱电穿线方法与要求

弱电要求中间不得断点连接，因此弱电线需要从弱电箱引出直接到达弱电面板上（弱电接线盒里），中间没有串接与并联的处理，如图 9-3 所示。

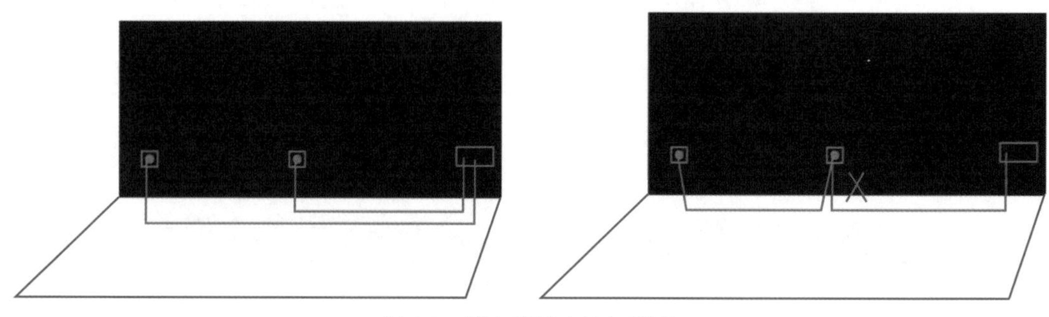

图 9-3　弱电穿线方法与要求

9.1.4　电视线敷设与要求

电视线的类型如图 9-4 所示。

图 9-4　电视线的类型

TV 有线电视线必须采用符合要求的同轴电缆线（宽频 7.5Ω），并严禁对接，如图 9-5 所示。

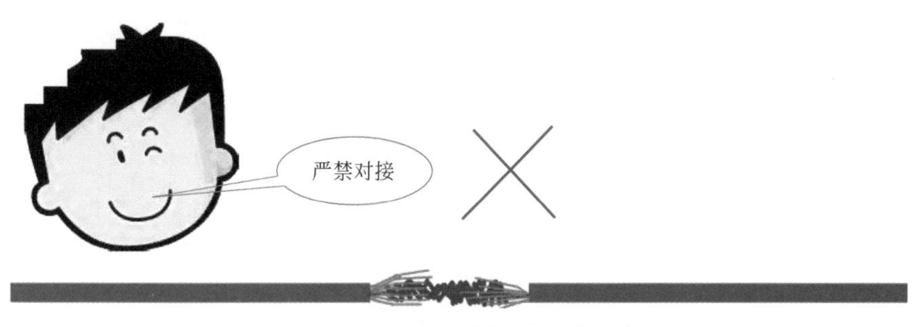

图 9-5　TV 有线电视线严禁对接

TV 有线电视线严禁与网络线混穿一管，如图 9-6 所示。TV 有线电视线四终端以下的安装，需要采用分频器（分配器），并且分配安装在 120 型大 TV 方线盒内，以减少电平信号的损失，同时便于维修。

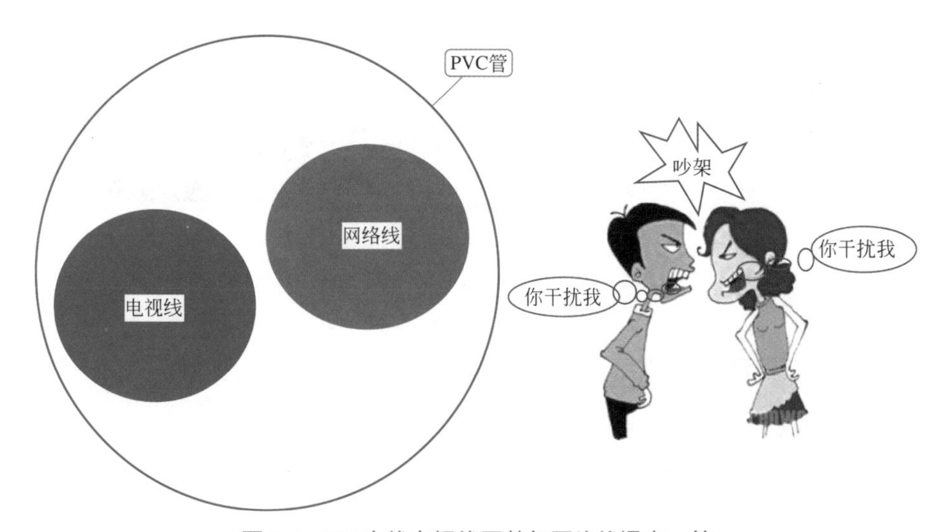

图 9-6　TV 有线电视线严禁与网络线混穿一管

强电线管与弱电线管间距要大于 15mm。强电管与弱电管长于 1m 时，两者间距不得小于 500mm。电话线、电视线等信号线不能和电线平行走线，如图 9-7 所示。

图 9-7　信号线不能和电线平行走线

9.1.5　音响线敷设与要求

需要留足音响线出口的长度，以便以后移位。预留的长度需要达 1m 以上，并且进行相应保护处理。

音响线类型如图 9-8 所示。

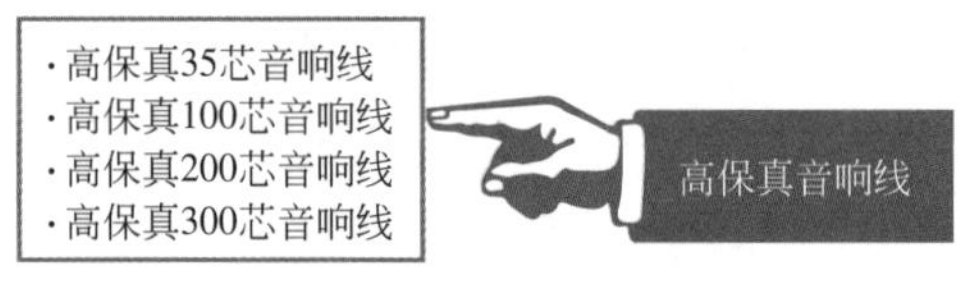

图 9-8　音响线类型

音响线的选择如图 9-9 所示。

背景音乐所用音响线的芯数

- 音频信号传输中会产生“集肤”效应，也就是高频会向导线的边缘聚集
- 如果是100芯，就会分别在100根导线的表面传输，更大的表面积就能传输更多的音频流信号

图 9-9　音响线的选择

9.1.6　普通客厅弱电插座敷设与要求

普通客厅弱电插座主要包括电视插座、网络插座、音响插座。

音响插座需要根据所选设备预留墙面上的插座，或者预留在吊顶里。中置音响、低音炮一般放在电视机下面。

网络线与电话线可以使用同一条线、面板，也就是网络电话面板。另外，电话基本上使用手机，因此有线电话完全没有必要单独走以前的电话线。

对于普通客厅电视插座，需要先确定壁挂式电视机底座安装尺寸，然后根据电视机底座安装尺寸预留强电插座、弱电插座。预留强电插座、弱电插座一般安装在电视机下沿上大约 100mm 处。有的设计根据电视柜高度来确定电视插座的高度。

普通客厅弱电插座如图 9-10 所示。

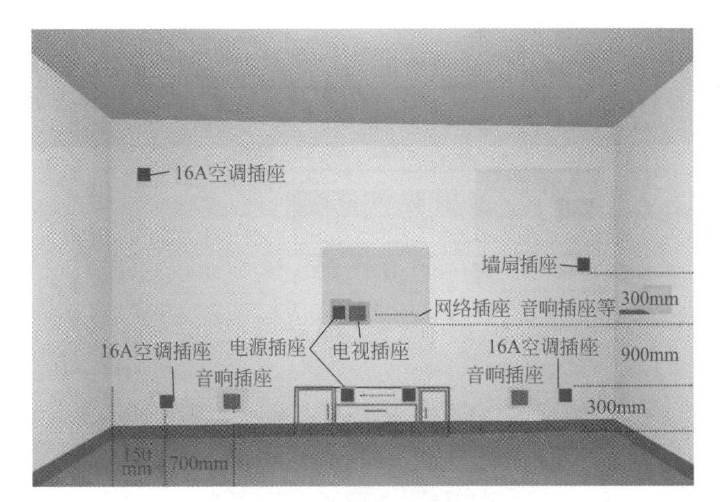

图 9-10　普通客厅弱电插座

9.1.7　智能家居 KNX 系统的特点与系统图

智能家居 KNX 系统如图 9-11 所示。

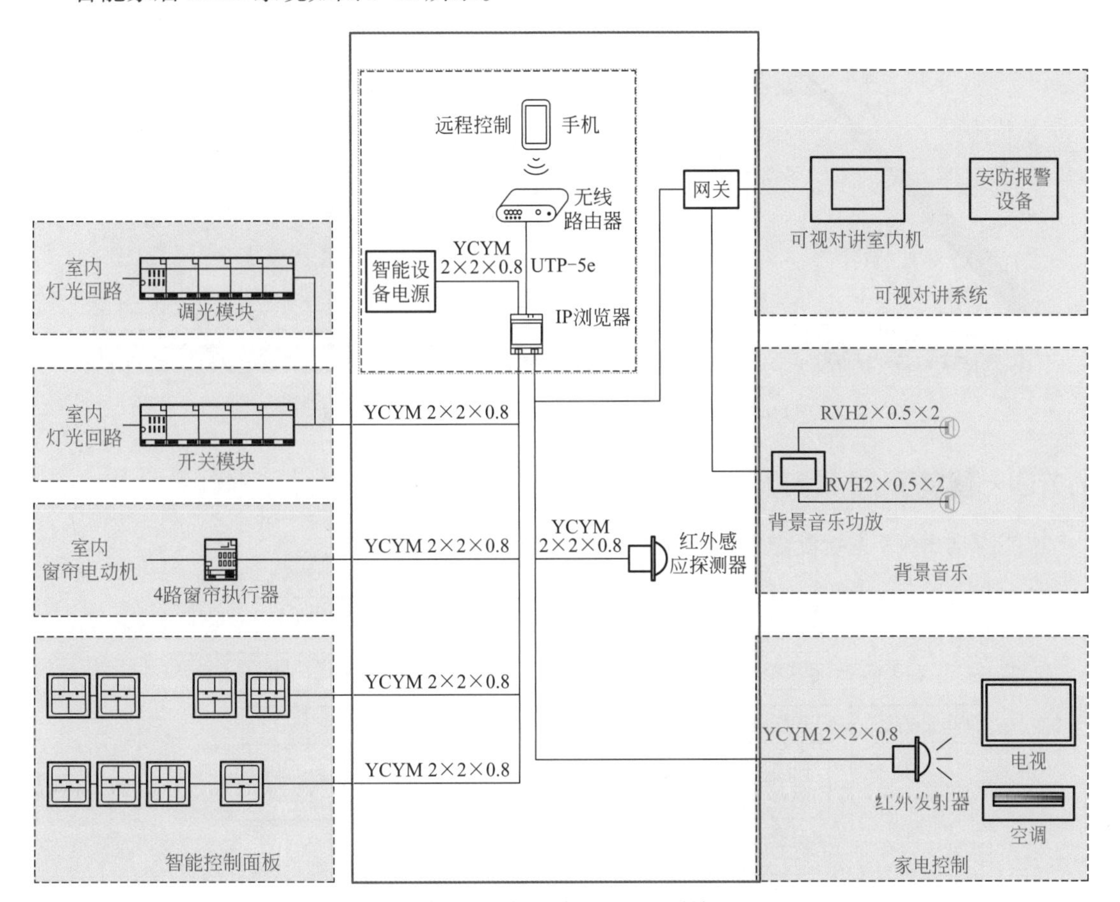

图 9-11　智能家居 KNX 系统

智能家居 KNX 系统的特点如图 9-12 所示。

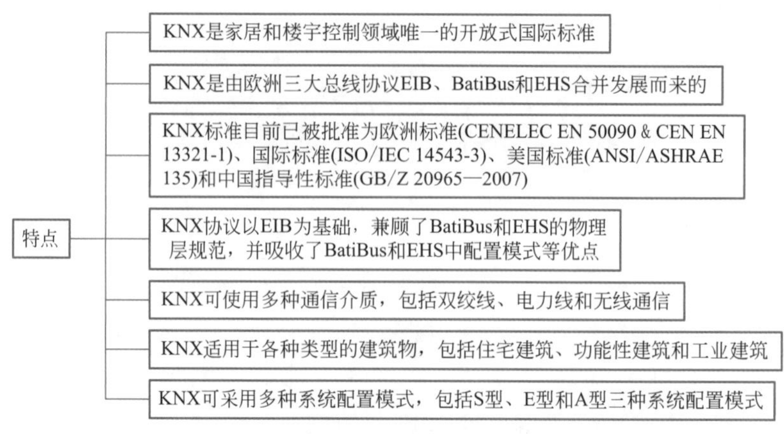

图 9-12 智能家居 KNX 系统的特点

9.1.8 智能家居 KNX 系统布线的要求与特点

智能家居 KNX 系统布线的要求与特点如图 9-13 所示。

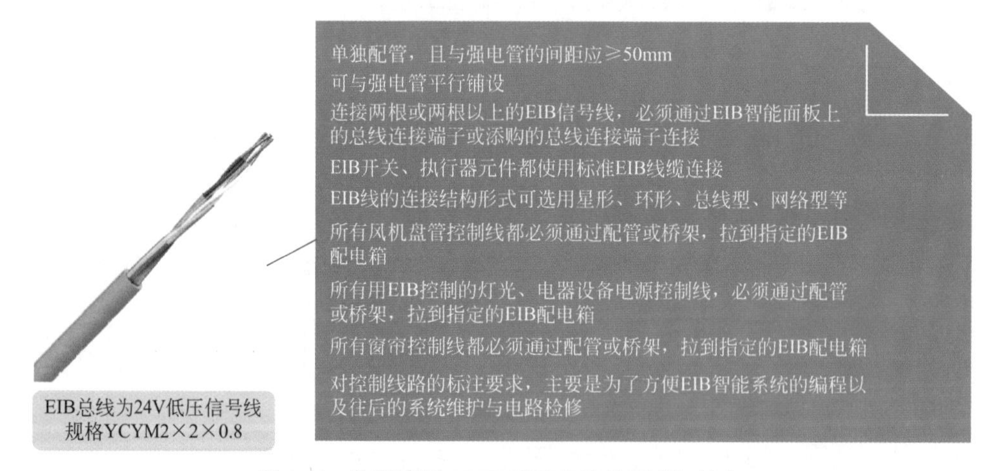

图 9-13 智能家居 KNX 系统布线的要求与特点

9.1.9 智能家居 KNX 系统配电箱的要求与特点

智能家居 KNX 系统配电箱的要求与特点如图 9-14 所示。

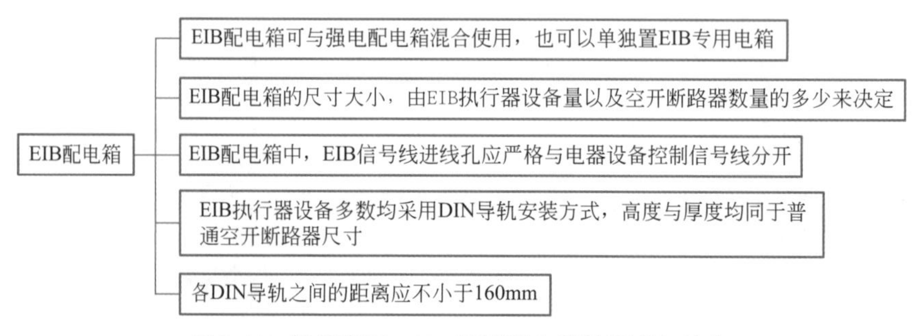

图 9-14 智能家居 KNX 系统配电箱的要求与特点

9.1.10　智能家居 KNX 系统设备安装的要求与特点

智能家居 KNX 系统设备安装的要求与特点如图 9-15 所示。

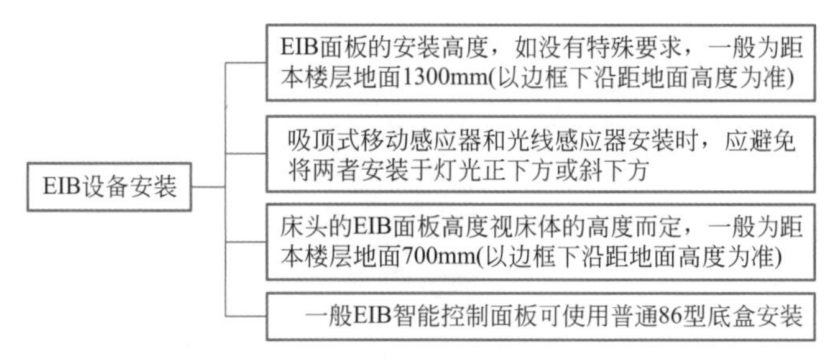

图 9-15　智能家居 KNX 系统设备安装的要求与特点

9.1.11　负载开关的安装与接线方法

一款负载开关的安装方法如图 9-16 所示。

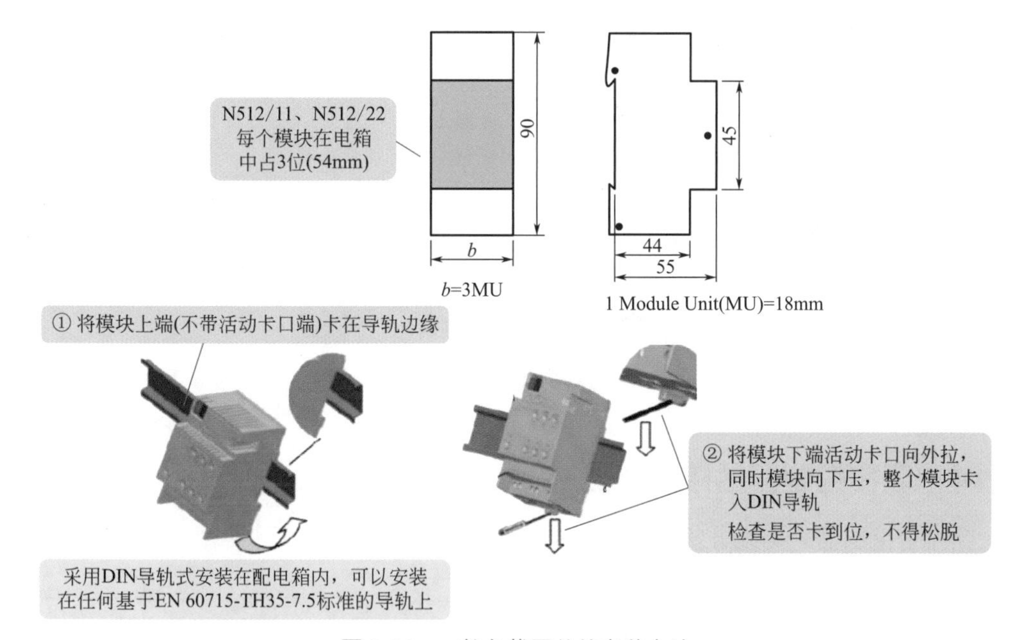

图 9-16　一款负载开关的安装方法

一款负载开关的接线方法如图 9-17 所示。

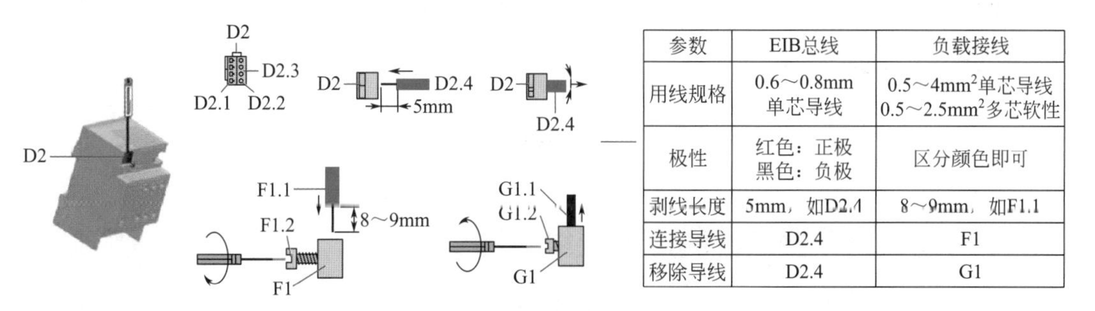

参数	EIB总线	负载接线
用线规格	0.6～0.8mm 单芯导线	0.5～4mm^{2}单芯导线 0.5～2.5mm^{2}多芯软性
极性	红色：正极 黑色：负极	区分颜色即可
剥线长度	5mm，如D2.4	8～9mm，如F1.1
连接导线	D2.4	F1
移除导线	D2.4	G1

图 9-17　一款负载开关的接线方法

9.1.12　灯光调光控制器的接线方法

一款灯光调光控制器的接线方法如图 9-18 所示。

参数	EIB总线	负载接线
用线规格	0.6～0.8mm 单芯导线	0.5～4mm^{2}单芯导线 0.5～2.5mm^{2}多芯软性
极性	红色：正极 黑色：负极	区分颜色即可
剥线长度	5mm，如D2.4	8～9mm，如F1.1
连接导线	D2.4	F1
移除导线	D2.4	G1

图 9-18　一款灯光调光控制器的接线方法

9.1.13　移动探测控制器的接线方法

一款移动探测控制器的接线方法如图 9-19 所示。

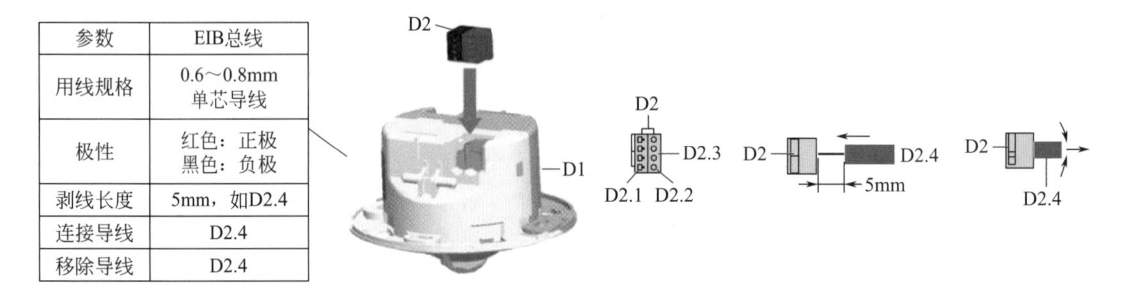

参数	EIB总线
用线规格	0.6～0.8mm 单芯导线
极性	红色：正极 黑色：负极
剥线长度	5mm，如D2.4
连接导线	D2.4
移除导线	D2.4

图 9-19　一款移动探测控制器的接线方法

9.1.14　窗帘控制器的接线方法

一款窗帘控制器的接线方法如图 9-20 所示。

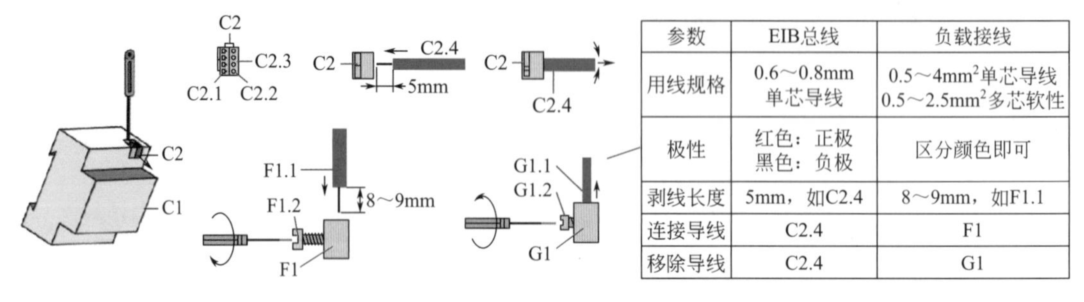

参数	EIB总线	负载接线
用线规格	0.6～0.8mm 单芯导线	0.5～4mm^{2}单芯导线 0.5～2.5mm^{2}多芯软性
极性	红色：正极 黑色：负极	区分颜色即可
剥线长度	5mm，如C2.4	8～9mm，如F1.1
连接导线	C2.4	F1
移除导线	C2.4	G1

图 9-20　一款窗帘控制器的接线方法

9.1.15　背景音乐模块的特点与接线方法

一款背景音乐模块的特点与接线方法如图 9-21 所示。

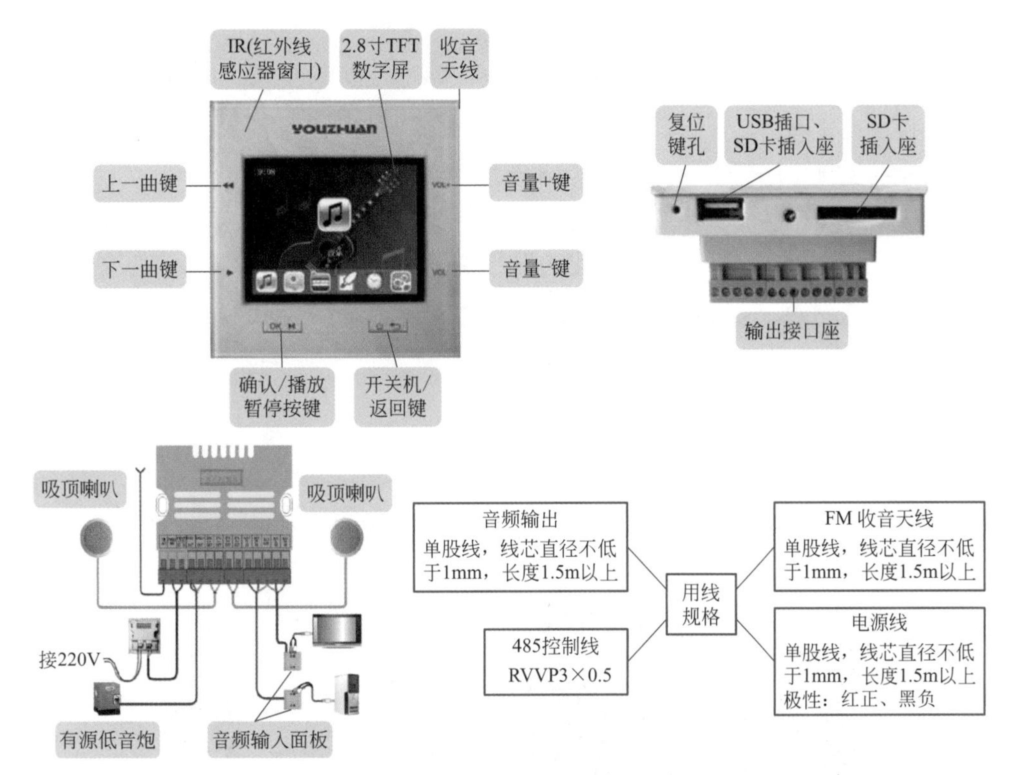

图 9-21　一款背景音乐模块的特点与接线方法

9.2 等电位

9.2.1 等电位概述

建筑中的等电位联结就是将建筑物中各电气装置与其他装置外露的金属、可导电部分与人工或自然接地体用导体连接起来，以减少电位差。

等电位联结有总等电位联结、局部等电位联结、辅助等电位联结，它们的特点如图 9-22 所示。如果浴室安装了电热水器或配置了若干用电设备，则浴室必须做局部等电位联结。

图 9-22　等电位联结的种类与特点

提醒

住宅楼做总等电位联结后，可以防止 TN 系统电源线路中的 PE、PEN 线传导引入故障电压导致电击事故，以及可以减少电位差、电弧、电火花发生的概率，避免接地故障引起的电气火灾事故、人身电击事故。另外，也是防雷安全所必需的。因此，在建筑物的每一电源进线处，一般设有总等电位联结端子板。家装卫浴不装等电位联结，等于冒着生命危险洗澡。

9.2.2 等电位敷设与要求

卫生间等电位的联结线，主要是为了防漏电、防雷电、防静电，以免对人身生命造成危害。卫生间等电位的联结线一般需要采用截面积不小于 4mm^2 的多股铜芯双色线进行连接，如图 9-23 所示。

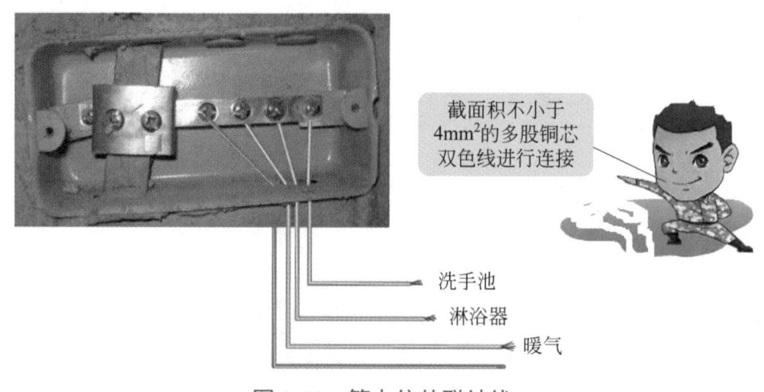

图 9-23　等电位的联结线

等电位联结导线在地板或墙内暗敷时，必须穿 PVC 管保护，以便换线方便与装修美观。

提醒

卫生间内的各种金属管道、结构件等电位的联结线，均需要与等电位联结端子箱互相连接，不得在箱外进行串联。

第 10 章

验收技能轻松掌握

10.1 验收须知

10.1.1 常用验收工具与验收类型

验收时，相关大小工具缺一不可。常用验收工具包括堵头、千斤顶、卷尺、压力表、试压泵、连接软管、流动扳手、生料带、水箱、电流表、小笔记本、小电筒等。

验收可以分为水路验收、电路验收，也可以分为材料验收、布线检查验收、打压试水检查验收、试电检查验收、其他项目验收等。

材料验收——包括水路管线检查、电路管线检查、材料与清单型号检查验收、线管有无破损验收、使用长度要求检查等。

布线检查验收——检查验收水路的布线是否符合规范要求，电路的布线是否符合规范要求。其具体包括水管和电管的距离、位置、走向、分布等。

打压和试电检查——水路检查必须打压试水。电路检查需用电流表检测各个通路。

其他项目验收——主要包括一些细节的检查与核对。

10.1.2 水管材料的检查验收方法与要求

水管材料的检查验收方法与要求如图 10-1 所示。

水管材料检查

首先检查水管的品牌是否与装修材料清单要求一致。
然后检查冷水管、热水管是否具有明确的指示，并且是否存在冷水管当热水管使用的错误行为
最后检查水管有无硬伤划痕、软管有无死弯等情况，以免对日后水管的使用产生影响
如果发现问题，必须整改

图 10-1 水管材料的检查验收方法与要求

10.1.3 电线管道材料的检查验收方法与要求

电线管道材料的检查验收方法与要求如图 10-2 所示。

电线管道材料检查

① 检查电线材料的品牌是否与装修材料清单要求一致，包括电线、电线套管
② 检查电线是否合理
③ 检查零线、相线(火线)、地线的电线颜色是否有区别。一般零线为蓝色线，火线为红色线，地线为黄绿色细线，不能混着用
④ 测量线管总用量，并且做好详细记录，以便日后结算款项时用
如果发现问题，必须整改

图 10-2 电线管道材料的检查验收方法与要求

10.1.4 水电管线布局检查验收方法与要求

水电管线布局的检查验收方法与要求如图 10-3 所示。

水管布线

① 水管的布线首先要求“横平竖直”，布管走向需要合理
② 一般左右、上下走向的水管与墙面边缘平行
③ 水管与电源、燃气管间的距离必须大于或者等于50mm
④ 冷水管与热水管之间的距离，一般为10～15cm
⑤ 冷水管与热水管一般根据“左热右冷，上热下冷”的规范来敷设
⑥ 冷水管与热水管的弯头必须处于同一平面，并且处于下水口上方
如果发现问题，必须整改

电线布线

① 电线应该为活线
② 电线在线管内不能有接头、扭结
③ 电线在拐弯处应保持圆弧状
④ 弱电与强电间必须保持一定的距离，以免使用时受到干扰
⑤ 强弱电线分布明确
⑥ 所有电线的接头应留有15cm的余量，以便日后安装线盒面板
如果发现问题，必须整改

图 10-3　水电管线布局的检查验收方法与要求

提醒

检查电线是否为活线时，可来回抽动露出的电线，正确的布线应能够灵活地抽动电线。

10.1.5　水电改造细节检查

水电改造细节的检查如下。

① 下水道的检查。

② 排水坡度的检查。

③ 排水管道管径的检查。

④ 排水管道的出口应有存水弯或者沉箱的检查。

⑤ 插座底线的检查。

⑥ 开关插座位置与安装尺寸的检查。

⑦ 开关插座数量的检查。

提醒

排水管管道是否通畅的检查：对排水管道进行排水试验，灌水后通水正常且顺畅，不得出现漏水、泛水等异常现象。室内一般排水管道的管径为 50mm，蹲便器、坐便器的排水管径一般为 110mm。一般开关的高度以 1250 ~ 1350mm 为宜，普通的插座不得小于 300 ~ 350mm 的高度。

对于一些细节的检查，读者可以针对性设计例如表 10-1 的表格，进行逐项检查。细节的检查图例如图 10-4 所示。

表 10-1　检查细节项目

项目名称	检查内容	合格	不合格

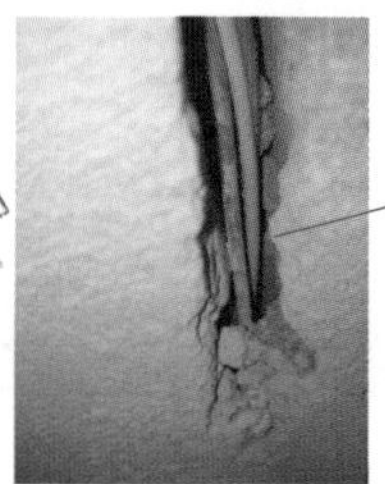

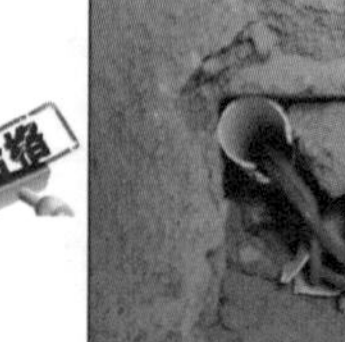

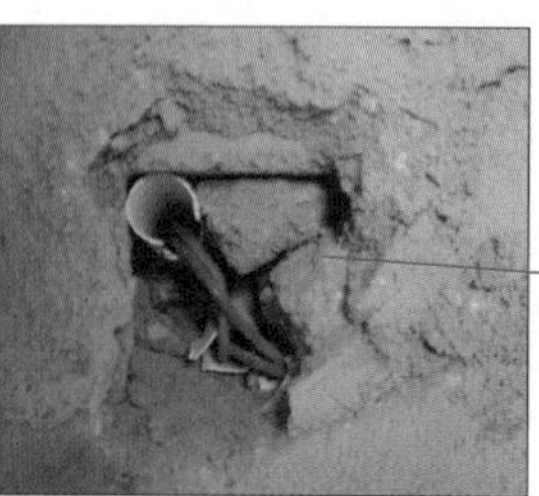

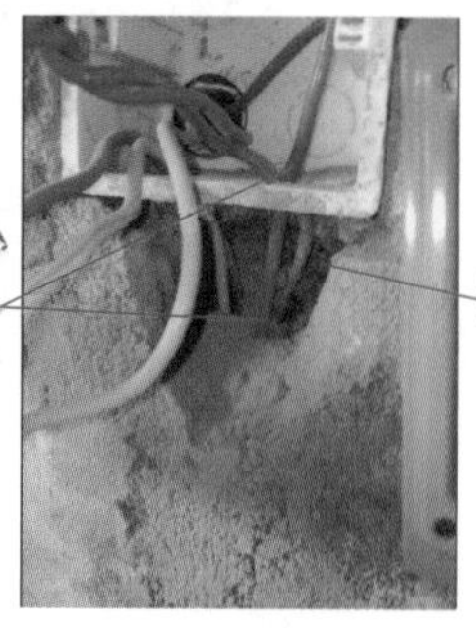

图 10-4　细节的检查图例

10.2 水管试压验收

10.2.1　水管试压验收概述

家装水电验收最关键的两部分就是打压试水、检测电路的使用情况。这两部分的检查是水电施工质量的关键。当然，其检查还需要在正确试压、正确检测的前提下，才算是成功的。如果采用不正确的检测方法，即使检查合格，也不一定符合质量要求。

水管的压力值就是水管内水所受的压力值，该数值与水管质量、壁厚、材料等有关。

家装水管的压力单位一般是 MPa（兆帕），一线水电工师傅常用公斤（kgf）称呼。它们之间的关系如下：

$$1\text{kgf/cm}^2=1\times9.8\times10000/\text{m}^2=98000\text{Pa}=0.098\text{MPa}\approx0.1\text{MPa}$$

水管试压验收综述要求如图 10-5 所示。

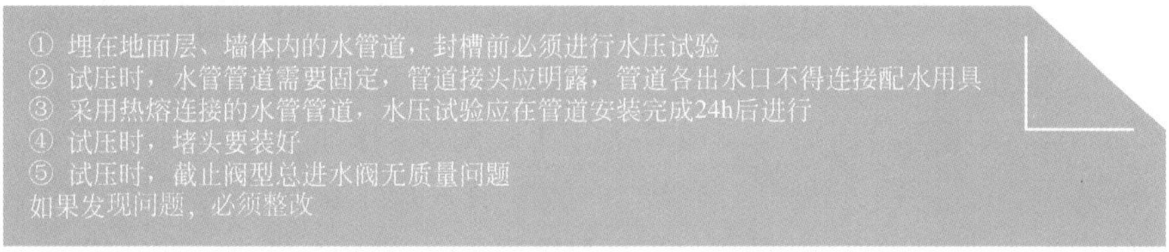

① 埋在地面层、墙体内的水管道，封槽前必须进行水压试验
② 试压时，水管管道需要固定，管道接头应明露，管道各出水口不得连接配水用具
③ 采用热熔连接的水管管道，水压试验应在管道安装完成24h后进行
④ 试压时，堵头要装好
⑤ 试压时，截止阀型总进水阀无质量问题
如果发现问题，必须整改

图 10-5　水管试压验收综述要求

10.2.2　水管试压验收流程

水管试压的工具就是试压泵 + 压力表。水管试压原理就是把安装好的水管、水压表组成一个封闭空间，并且把水注入达到一定的压力。然后根据压力的稳定性来判断是否存在渗漏情况。如果存在渗漏，水管内部压力会减小，则压力表显示数值会下降。

水管试压原理图解如图 10-6 所示。

显示管内部压力
关闭
试压管路管内水是连通的
关闭
加压
封闭空间
试压泵
显示管内部压力
关闭
试压管路管内水是连通的
关闭
加压
相当于
关闭
试压管路管内水是连通的
冷水系统
试压泵
关闭
软管连接成
封闭管路
关闭
冷水系统
软管连接成
封闭管路
关闭
关闭
热水系统

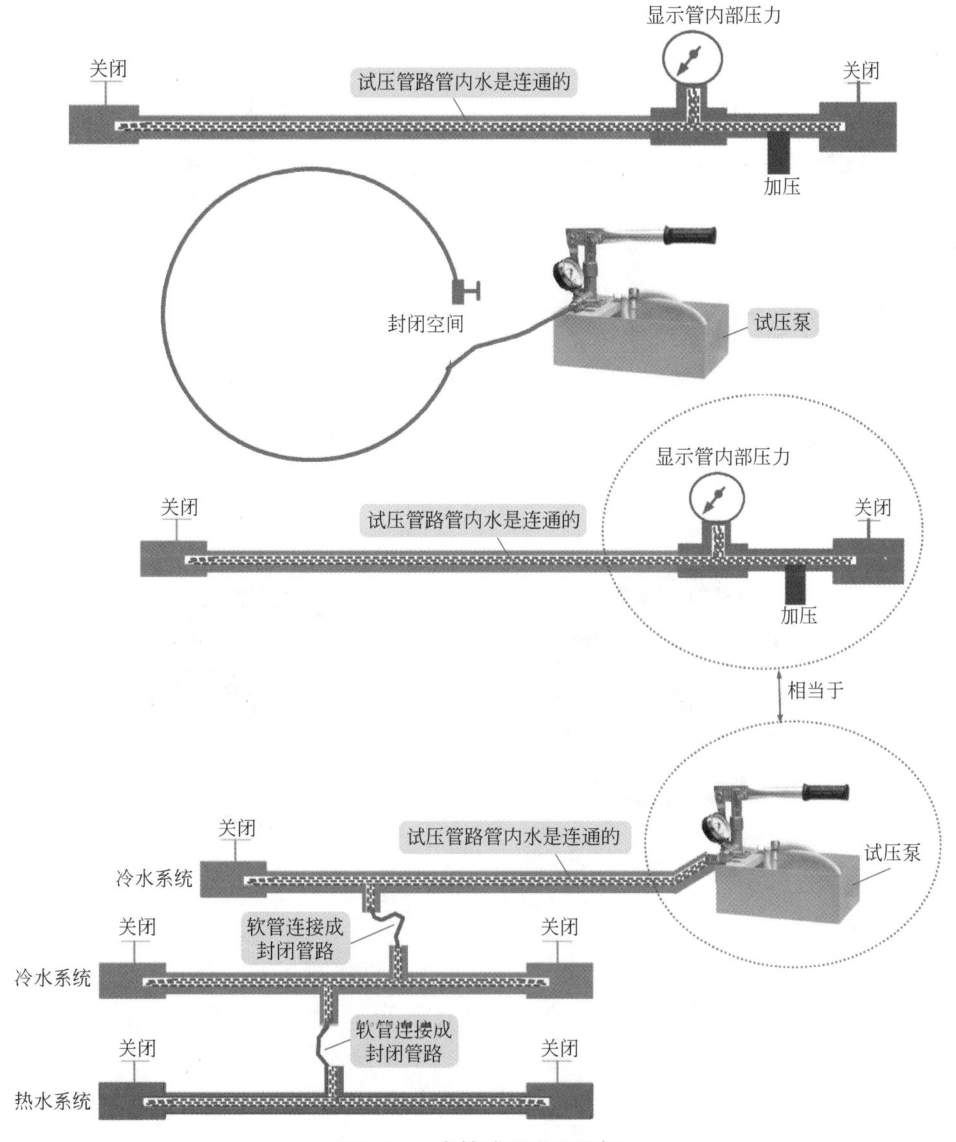

图 10-6　水管试压原理图解

家装水电验收时，一般需要把试压打到 0.8MPa。不建议试压超过太多，以免超过有关工艺、材料的承受力，留下不可逆的破坏，并且是后期才能够显示出来的影响。

一般要求水管试压实验压力高于或者等于 1.5 倍的工作压力试压即可。入户管水压不低于 0.3MPa 试压，相当于 6 层楼的高度。一般家装入户水压大多为 0.3 ～ 0.4MPa。根据 0.4×1.5=0.6MPa，因此有的家装试压打到 0.6MPa 也可，但是不得小于 0.6MPa。

为了更合理地试压，则需要首先确定入户管道的水压，即首先将压力表接到入户进水管上，然后打开进水阀测试入户管道的水压。最后在此基础上乘以 1.5 作为室内水管压力测试的数值。

水管试压时需要先在水管里充满水，在水管的一端连上试压泵，如图 10-7 所示。凡是接口用塞子拧紧，阀门关上。如果连接压力表后显示为 0.0MPa，则说明在没有加压前水管是没有水压的。如果打开水管进水阀门后，试压泵上的压力表显示为 0.2MPa，则说明是水管内的自然水压。能够显示这样的数据，说明试压泵是正常的，如图 10-8 所示。

家装冷水管、热水管连接成一条试压水管，这样做可以将冷水管与热水管一起试压。

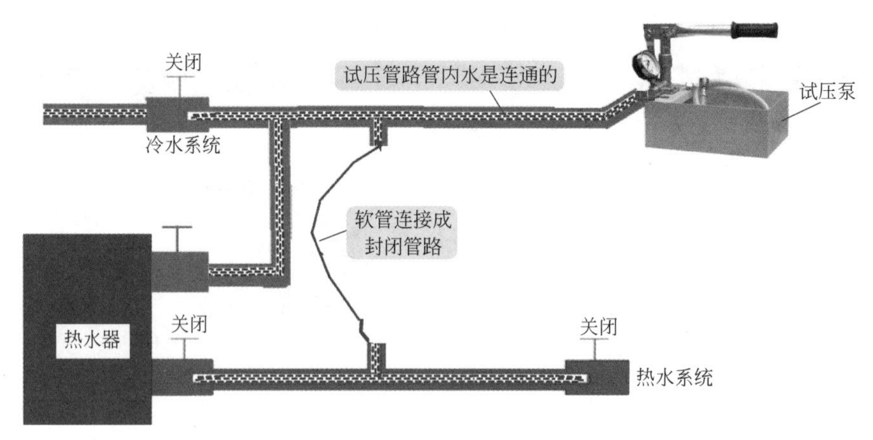

图 10-7 水管试压

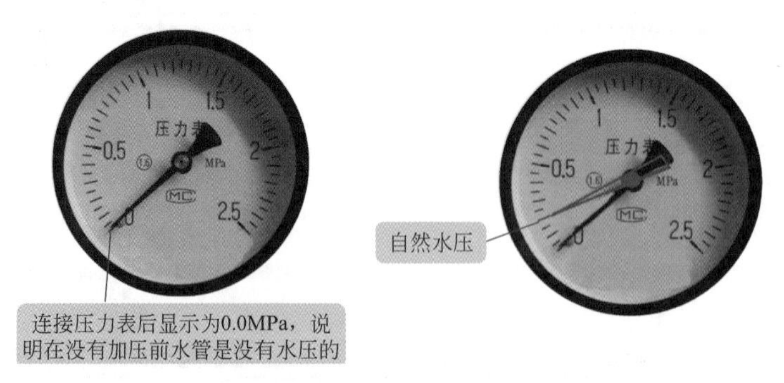

图 10-8 压力表显示

对上水管进行全封闭，连接试压管路后，水压、试压泵正常后就可以加压试压。通过摇动手动试压泵手柄使压力表上升，一直上升到 0.8MPa 时就停下摇动手柄，如图 10-9 所示。停下手动试压泵后，顺次查看水管、水管塞、水龙头等全部管路。

家装试压泵试压不得低于 0.6MPa，试压时间不得低于 2h（有的要求封闭 24h），有的要求保持 4h 应为下降，为合格，如图 10-10 所示。

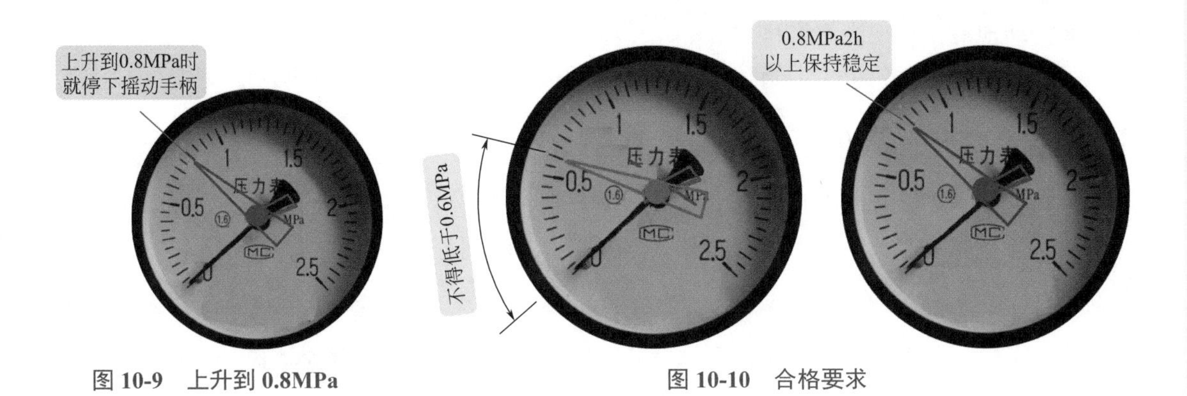

图 10-9　上升到 0.8MPa　　图 10-10　合格要求

打压试水时，也可以把报纸铺设在水管接头处，一段时间后观察报纸是否有渗漏造成的水迹现象。

水管通水后，需要检查水管是否有抖动、滴水等异常情况。如果水管通水出现抖动、松脱，则必须采取措施。

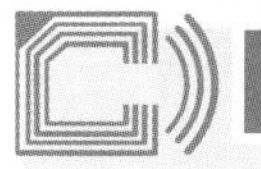

提醒

另外，也可以采用下面检验方法：金属、复合管给水管道系统在试验压力下观测 10min，压力降不应大于 0.02MPa，然后降到工作压力进行检查，应不渗不漏。塑料管给水系统应在试验压力下稳压 1h，压力降不得超过 0.05MPa，然后在工作压力的 1.15 倍状态下稳压 2h，压力降不得超过 0.03MPa，同时检查各连接处不得渗漏。

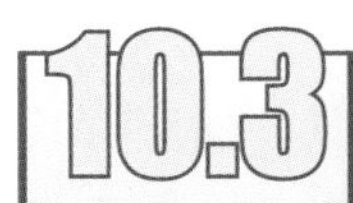

10.3 电路验收

10.3.1　电路验收概述

电路测试验收，也就是检查用电情况。

电路测试验收，首先检查配电箱的布线是否合理，家居电路的总开关有无分类明确，切勿全屋线路使用同一漏电开关。此外，还需要检查漏电开关是否灵活。

接通家居内各用电回路，然后用电流表或万用表检查各回路是否有电流。如果出现电流，则说明该用电回路使用正常。

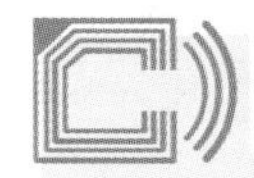

提醒

也可以通过检查回路关断状态的电阻值来判断使用情况：一般各回路的绝缘电阻值不小于 0.5MΩ 为正常。

为了电器线路的安全与使用方便，根据规定每套住宅回路数不宜少于 5 个，开关箱内开关安装牢固。检查时，可以轻轻摇晃开关箱内的各分路开关，查看是否存在松动现象。如

果存在松动现象，则视为不合格。

另外，查看开关箱内的各分路开关是否有明显的标示。如果没有或不明确，则视为不合格。

10.3.2 插座面板是否有电的检测

电路测试时，插座面板是否有电的检测项目是必检项目。插座面板是否有电的检测要点如下：首先在静态检查房屋中所有的开关、插座、总电阀等无问题后，然后拉下总开关箱内开关，接着用电笔或者万用表、电压表等工具或者仪表对插座面板进行检查，如图 10-11 所示。

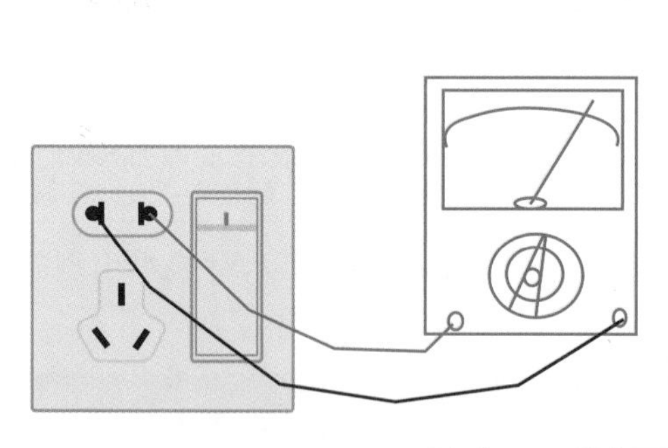

图 10-11 插座面板是否有电的检测

10.3.3 弱电的检测

验收时，弱电需要进行测试，也就是需要检查每条线路是否畅通。网线检测时，可以通过用网线测试仪连接各条网线，再查看屏幕显示，从而判断网线是否存在错误的连接。

10.3.4 拉闸断电的测试

电闸、电度表一般在室外。验收时，应检查电闸是否能够控制室内的灯具、插座。具体检查方法是：拉闸后室内应完全断电，则视为合格。

室内有分闸的，应分别检查各个分闸是否完全控制各分支线路。只有在完全控制的情况下，才视为合格。

图 10-12 电度表

10.3.5 电度表是否通电的检测

家装室外一般装有用电计量表，也就是电度表（见图 10-12），并且目前多为安装 10（40）A 单相电度表。验收时，需要检查电度表运行是否正常。如果电度表运行或快或慢，都应报修。